JN437816

과학 기술과 사회 윤리

과학 기술과 사회 윤리

[홍 경 남 지음]

철학과현실사

머리말

우리는 항상 어떤 관점에서 세계를 바라볼 수밖에 없다. 그리고 우리의 관점은 세계에서 일어나는 여러 가지 사실에다 가치를 매기는 잣대를 포함하고 있다. 모든 관점을 초월한 순수하고 객관적인 사실이란 초월자나 볼 수 있는 것이지 지상의 것이라고 할 수 없다. 이런 점에서 사실과 가치는 본래 상당한 정도로 서로 뒤엉켜 있는 것이다. 과학은 객관적인 사실을 탐구하여 그 본래적 구조를 드러내며, 그러한 의미에서 가치 중립적이라고 주장된다. 이 책은 바로 이러한 과학의 객관성과 가치중립성에 의문을 던지는 것으로부터 시작한다. 그리고 이렇게 주장한다. 과학 기술은 가치 중립적이지 않다. 과학 기술의 실천 과정은 다른 사회적 실천 과정만큼이나 숱한 가치 문제를 담고 있고, 지속적인 윤리적 반성만이 그러한 문제를 해결할 수 있다. 윤리적 반성은 무수한 상황에 유연하게 대처할 수 있도록 하고, 인간으로서 당면하는 여러 유혹에 저항할 수 있는 힘을 준다. 또한 이렇게 주장한다. 현대 과학 기술 중 어떤 것은 아주 위험하고, 그러한 점에서 과학기술자는 자신의 학적인 탐구가 사회에 끼칠 영향을 항시 염두에 두고 연구를 진행시켜야 한다. 과학 기술 연구자는 자신의 연구 내용과 그 가능한 결과에 대하여 사회 일반에 알리려고 노력해야 하고, 일반인은 그러한 연구를 이해하고 그 사회적 영향을 함께 평가할 수 있도록 애써야 한다.

이 책의 제1장과 제2장은 현대 과학 기술과 관련한 전반적인 사회 윤리 문제를 짚어보는 도입부며, 제3~4장은 윤리학 일반을 도덕 논증을 중심으로 소개하였다. 제6~8장은 각기 '과학 기술 연구', '과학 기술 실험', '과학 기술과 환경'을 주제로 삼아 해당 분야에서 제기될 수 있는 윤리적인 문제를 다루었다. 제5장은 도덕 이론과 결단을 주제로 하면서 제3~4장과 제6~8장을 이어주는 다리 역할을 하도록 만들었다.

이 책을 완성하는 데 많은 분들의 도움을 받았다. 우선 과학 윤리 분야를 연구하도록 이끌어준, 은사이신 손동현 선생님께 깊은 감사를 드린다. 책을 교정하면서 많은 도움을 준 후배 전대석과 권영희, 김태호에게도 고마움을 표시하고 싶다. 이 책은 성균관대에서 '과학 기술과 사회 윤리' 과목을 진행하며 완성한 것이다. 과학 윤리에 관하여 함께 생각하고 논의해주었던 성균관대 학생들에게도 고마움을 표한다. 끝으로 부족한 책을 선뜻 편집하고 출판해주신 <철학과현실사> 사장님께 감사드린다.

2006년 12월

홍 경 남

차 례

차 례

제1장 과학 기술과 사회

1. 현대 한국의 과학 기술과 사회 의식

1930년대의 암울한 시기에 만들어져 불렸다는 「과학의 노래」(김억 작사, 홍난파 작곡) 문구를 한번 들여다보자.

> 새 못 되야 저 하늘 날지 못노라
> 그 옛날에 우리는 탄식했으나
> 프로페라 요란히 도는 오늘날
> 우리들은 맘대로 하늘을 나네
> (후렴) 과학 과학 네 힘의 높고 큼이여
> 간 데마다 진리를 캐고야 마네.

당시 과학 기술에 대한 열망이 얼마나 컸는지 짐작할 수 있는 대목이다. 현대 과학 기술이 대개 서구의 그것을 가리키는 것이고 해방과 전쟁을 거치고 나서야 비로소 그런 과학 기술을 제대로 접했다고 할 수 있으니, 우리나라에서 과학 기술과 관련한 역사는 기껏해야 반세기에 불과한 셈이다. 물론 우리에게도 서구의 과학 기술 말고 천문학과 인쇄술 등과 같은 과학 기술이 있었다. 박성래 교수는 한국사에도 과학이 있으며, '과학'이라 함은 민족 과학일 수밖에 없다고 주장한다.[1] 과학은 그 지식으로서의 보편성에도 불구하고 그것을 나타내고 체계화하는 방법에서 민족에 따라 다를 수밖에 없다. 따라서 과학을 체계화하고 교육하는 길은 민족에 따라 서로 다르게 구성될 수밖에 없다는 것이다. 하지만 박성래 교수는 우리의 전통 과학과 현대 과학 기술이 심하게 유리되어 있다고 현실을 진단하고, 우리의 독자적인 민족 과학을 구성하는 일은 앞으로의 과제로 남겨두고 있다.

김영식 교수에 따르면, 현대 한국의 과학 기술은 지나치게 실용적이고 최종 산물 위주의 경향을 특징으로 하고 있으며, 이는 개화기 한국 지식인들의 과학기술관을 특징짓던 이른바 '동도서기(東道西器)'론과 우리 현대 과학의 외래성에서 크게 기인한다. 나아가 한국의 과학 기술은 극도로 전문적이고 폐쇄적이며 비사회적인데, 이는 전통적인 한국 사회에서 과학 기술 담당 계층의 의식 구조를 차지한 '중인 의식(中人意識)'의 잔재를 보여주는 것이라고 한다. 중인은 양반과 상민의 중간 위치에서 어느 편에도 속하지 않고 나름대로의 독자적인 지위를 누리면서 전문적이고 폐쇄적인 집단을 형성하였고, 그래서 스스로 사회와는 유리된 존재라는 의식을 가지고 있었다는 것이다.[2] 그러한 의식들이

---

1) 박성래, 『다시 보는 민족 과학 이야기』, 두산동아, 2002, 36-63쪽 참조.

2) 김영식, 「한국 과학의 특성과 반성」, 『근현대 한국 사회의 과학』, 창작과비평

우리 학문 사회에 '문과(文科)'와 '이과(理科)'라는 두 가지 문화를 형성하게 하였고, 이 두 가지 문화는 다만 상상 속에 존재하는 허상임에도 불구하고 우리에게 지속적으로 상당한 영향력을 행사하고 있다고 김영식 교수는 주장한다.

> 문과에 속한 사람은 이과의 분야들이 인간의 가치나 감정이나 상상력 같은 것과는 상관없이 무미건조하고 기계적이면서 어렵기만 하며 그에 속한 사람들 또한 그런 속성을 가지고 있어서 맹목적이고 정확하기만 할 뿐 인간과 사회의 복잡하고 다양한 문제들에 무감각하거나 무지하다고 본다. 반면 이과생들은 문과의 분야들이 명확한 기준이 없이 잡다하고 부정확한 것으로만 보고, 문과의 사람들 또한 정확히 아는 것도 없으면서 능란한 말장난을 통해 얼버무리기나 하는 부류로 여기는 일도 드물지 않다.[3)]

이렇게 억지로 구분된 두 집단이 서로에 대해 갖는 편견과 과학자들의 중인 의식 등으로 인하여, 과학 기술은 사회적 가치와

사, 1998, 342-363쪽.

3) 김영식, 「과학 문화에 대한 다각적 고찰」, 『한국의 과학 문화 그 현재와 미래』, 생각의 나무, 2003, 45쪽. 김영식 교수의 이러한 견해를 스노우(C. P. Snow)가 1959년도 리드 강연인 「두 문화와 과학 혁명」에서 제시한 견해와 비교해볼 수 있다. "한쪽 극에는 문학적 지식인이 그리고 다른 한쪽 극에는 과학자, 특히 그 대표적 인물로 물리학자가 있다. 그리고 이 양자 사이는 몰이해, 때로는(특히 젊은이들 사이에는) 적의와 혐오로 틈이 크게 갈라지고 있다. 그러나 그보다 더한 것은 도무지 서로를 이해하려 들지 않는다는 점이다. 이상하게도 그들은 서로 상대방에 대해서 왜곡된 이미지를 가지고 있다. 비과학자들은 과학자가 인간의 조건을 알지 못하며, 천박한 낙천주의자라는 뿌리 깊은 선입관을 가지고 있다. 한편, 과학자들이 믿는 바로는, 문학적 지식인은 전적으로 선견지명이 결여되어 있으며, 자기네 동포에게 무관심하고, 깊은 의미에서는 반지성적이며, 예술이나 사상을 실존적 순간에만 한정시키려고 한다"(『두 문화(*The two cultures*)』, 오영환 역, 민음사, 1996, 15-16쪽).

는 별개로 발전하는 것이라는 생각이 일반인과 과학자 사회 전반에 깊숙하게 자리하게 되었다. 일반인은 과학 기술에 관심을 갖지 않아도 되고 이해할 필요는 더더욱 없다는 생각이 우리 사회에 널리 퍼졌고, 과학 기술자들 역시 자신의 분야가 사회의 제반 요소와는 아무런 상관도 없다고 생각하곤 한다는 것이다.

최근에 배아 복제와 관련하여 국가를 떠들썩하게 했던 '황우석 신드롬'도 바로 이러한 의식에서 비롯한 것으로 진단해볼 수 있을 것이다. 과학자들은 과학의 내용을 전달하는 것이 아니라 자신의 입장을 호소하려고 애썼을 뿐이고, 신문이나 방송은 과학에 관하여 많은 것을 이야기하는 듯이 보이지만 거의 이야기하고 있는 것이 없었다. 과학은 사회 속에서 이루어지는 것이기에 사회가 그 의미를 만드는 것이고, 과학자가 아닌 일반인들도 사회의 일원이기에 그 의미 만들기에 동참할 수 있어야 한다. 특정한 과학 기술 영역 또는 연구에 대한 반대를 허용하지 않을 만큼 자신에 찬 이야기가 떠돈다고 하여도, 그러한 이야기는 늘 논쟁의 여지가 있는 것일 뿐이요, 따라서 항상 그에 대한 성찰이 필요한 것이다. 허위와 거짓말하기로 점철된 황우석 사태는 바로 과학이 열광이 아니라 성찰이 필요한 것임을 보여주며,[4] 과학 기술 전반에 대한 우리(일반인과 과학기술자들) 모두의 반성을 촉구하는 것이다.

2. 과학 기술과 사회적 가치

고대 그리스의 플라톤은 과학 기술이 사회적 가치와 유리되어

4) 이충웅, 『과학은 열광이 아니라 성찰을 필요로 한다』, 이제이북스, 2005, 12-14쪽 참조.

있을 때 어떤 일이 벌어질 수 있는지 이미 잘 알고 있었다. 그는 이러한 사실을 신화를 빌어 들려주고 있다.[5)]

> 창조된 모든 생물에게 필요한 것을 나누어주라는 제우스의 명령을 받은 프로메테우스와 에피메테우스는 열심히 그 작업을 수행한다. 어떤 생물에게는 힘을 주고, 다른 생물에게는 재빠르게 피할 수 있는 빠름을 준다. 또한 어떤 생물에게는 날 수 있는 능력을 주고 어떤 생물에게는 땅 속에서 생활할 수 있는 능력을 준다. 추위에 견딜 수 있도록 어떤 생물에게는 두꺼운 가죽을 주고 다른 생물에게는 수북한 털을 준다. 최후로 인간이 남았지만 이미 모든 것을 다른 생물에게 줘버렸기에 인간에게는 줄 것이 아무것도 없었다. 프로메테우스는 신들의 창고에서 뭔가를 훔쳐오기로 결정한다. 제우스의 창고에는 정치적 지혜가 보관되어 있지만 감시가 심하여 훔치기가 불가능할 것 같았기 때문에, 그는 헤파이토스와 아테나의 창고에서 불과 기술을 훔쳐 인간에게 나누어준다. 인간은 불과 기술을 받았지만 몇 명씩 따로 떨어져서 살아서 늘 맹수에게 잡아먹힐 수밖에 없었다. 이에 사람들은 서로 모여 사회를 이루게 된다. 하지만 그들에게는 정치적 지혜가 없기 때문에, 서로 싸우고 죽이는 일이 빈번하게 일어나고 결국 다시 뿔뿔이 흩어지고 만다. 인간이 멸종 위기에 이른 것을 보고 제우스는 헤르메스를 불러 타인에 대한 존경심과 정의감을 인간에게 심어주라고 명한다. 단 인간 모두가 그러한 마음을 갖게 하여야 하며, 그러한 마음이 없는 이가 생긴다면 사회가 병들 것이라고 경고한다.

이 신화에서 언급하고 있는 타인에 대한 존경심과 정의감은 사회적 가치의 가장 기본적인 틀을 이루고 있는 것이라고 할 수

---

5) Plato, *Protagoras* 320c-323a, *The Collected Dialogues of Plato*, (eds.), Edith Hamilton and Huntington Cairns, Princeton Univ. Press, 1982, pp.318-320 참조.

있다. 단지 과학 기술만을 가지고서는 사회를 형성하거나 유지할 수 없는 것이다. 플라톤은 과학 기술이 바로 사회적 가치와 뗄 수 없을 정도로 긴밀하게 서로 얽혀 있음을 이 신화를 통하여 보이고자 한 것이다. 또한 그는 다시 기술의 사용과 관련하여 어떤 기술이든 좋고 나쁜 양면성을 지니고 있음을 타무스 신화를 통하여 드러내려 한다.[6)]

> 기술의 신인 테우스는 이집트 왕인 타무스를 찾아가 자신의 기술을 이집트 전역에 보급해야 한다고 설득하려 한다. 테우스는 자신의 기술이 어떻게 사용되는지 설명하였고, 현명한 타무스는 각 기술에 대하여 찬성하고 반대하는 점을 분명히 한다. 여러 기술 중 문자에 이르러 테우스는 이렇게 설명한다. "오 왕이여, 여기에 이집트의 사람들을 보다 현명하게 만들고 그들의 기억력을 개선할 한 가지 배움이 있습니다. 나의 발견은 기억과 지혜를 위한 비법을 제공합니다." 그러나 왕은 이에 답하여 다음과 같이 말한다. "오 수많은 기술을 지닌 이여, 어떤 이는 기술들을 창조하지만 어떤 이는 그러한 기술들이 그 사용자에게 미치는 득과 실을 헤아려 판단할 의무가 있습니다. 당신은 자신이 만든 문자를 향한 애정 때문에 그 진실한 효과에 정반대되는 것을 말하셨습니다. 사람들이 문자를 배운다면, 그들의 영혼 속에 망각이 자리하게 될 것입니다. 사람들은 문자에 의존하여 더 이상 기억하려 하지 않을 것이기 때문입니다. 이는 그들 스스로가 자신 안에서 사물들을 기억하려 하지 않고 외적인 기호들에 의존한다는 것입니다."

플라톤에 따르면, 스스로 사물을 기억하려 하는 것은 참된 지혜를 추구하는 것이나 외적인 기호들에 의존하는 것은 다만 참

---

6) Plato, *Phaedrus* 274c–275b, *The Collected Dialogues of Plato*, (eds.), Edith Hamilton and Huntington Cairns, Princeton Univ. Press, 1982, p.520 참조.

된 지혜에 대한 공상일 뿐이며 그러한 공상에 가득 차 있는 이들은 다른 사회 구성원들에게 해를 미칠 수 있다. 즉, 플라톤은 올바른 이해 없이 사용되는 과학 기술이 지닌 위험성을 경고하고 있는 것이다. 이는 현 시대의 우리에게도 바로 통용되는 경고라고 할 수 있을 것이다.

20세기 과학 기술의 역사를 돌아볼 때, 우리는 과학 기술 연구가 사회에 엄청난 영향을 미칠 수 있고 어느 정도 진행된 다음에는 그 방향을 바꾸기가 거의 불가능하다는 교훈을 얻을 수 있다. 현대 과학 기술의 연구는 규모 면에서 이미 개인이 감당할 수 없을 정도로 커져 사회적 지원을 필요로 한다. 또한 그 힘은 상상을 초월할 정도로 커졌고 그 복잡성으로 말미암아 어떤 위해나 부작용이 일어날지 예측하기가 점점 더 힘들어지고 있다. 이러한 상황에서 우리는 기술의 발전 초기 단계에서 미래의 가능한 위험이나 부작용을 앞서 진단하고 그 발전 방향을 조정할 필요가 있다. 그리고 예측이 어렵다는 점에 비추어볼 때, 그러한 조정을 각 단계에 걸쳐 끊임없이 지속해나가야 한다. 이렇게 과학 기술의 발전에는 과학기술자의 의도와 사회적 영향이라는 요소가 항상 자리할 수밖에 없고, 이는 과학 기술이 그저 가치 중립적일 수 없다는 강력한 증거가 되는 것이다. 사회적 관심으로부터 유리되어 순수하게 연구만 계속하는 과학자상은 다만 환상 속에서나 가능할 뿐이다.

3. 과학주의와 그에 대한 반성

17세기의 과학 혁명 이후 서구 과학 기술의 발전 과정에서도 역시 과학에 대한 맹목적인 믿음이 자리하고 있었다. 자연은 수많은 진리를 품은 채 우리 외부에서 우리가 그러한 진리를 발견하기만을 기다리고 있고, 우리는 바로 공적인 경험을 통하여 자연이 간직하고 있는 그 수많은 진리를 캐낼 수 있는 것이다. 그래서 진리로 간주되는 과학적 진술은 바로 그에 대응하는 자연 속의 대상(object)을 가지고 있는 것이요, 그렇기에 객관적인(objective) 것이다. 이에 반하여 우리가 의식하는 믿음이나 욕망 또는 고통 같이 주관적인 것은 공적으로 경험하거나 탐사할 수 없기에, 신비적인 것이거나 다만 우리의 상상에 불과한 것일 수 있다.

과학은 이처럼 객관적인 진리를 다루고 있기 때문에, 어떤 사회적 가치에도 의존하지 않는 가치 중립적인 것이다. 따라서 과학자는 사회적 관심과는 무관하게 다만 객관적인 진리만을 추구하며 살 수 있는 것이다. 그리고 과학적 탐구나 그 발전 방향 역시 오직 객관적인 것만을 인정하는 전문적이고 합리적인 과학자들이 정하는 것이기 때문에 진리를 향한 것일 수밖에 없으며, 무지한 일반인들이 가타부타 말할 수 있는 성질의 것이 아니다. 이러한 생각을 '과학주의'라고 칭해보자. 이는 비과학자의 그 어떤 반대도 허용치 않는 거의 이데올로기적인 성격을 띠고 있다고도 볼 수 있다. 그래서 롤린(Bernard E. Rollin)은 이를 또한 '과학 이데올로기'라고 칭하고 있다.[7] 이러한 과학주의적인 태도는 1900년대 초・중반의 논리실증주의에서 그 절정에 달한다. 논리실증주의에 따르면, 오직 경험을 통하여 시험할 수 있는 과학적 진술만이 의미가 있고, 다른 모든 진술은 무의미하거나 그러한

---

7) Bernard E. Rollin, *Science and Ethics*, Cambridge, 2006, pp.11-30 참조.

과학적 진술로 환원 가능한 것이다. 논리실증주의자들 자신의 용어로 말하면 검증 가능성이 유의미성의 기준이다. 심지어 그들은 사회적 가치나 윤리와 관련된 진술을 다만 어떤 느낌의 표출이나 명령을 표현하는 것이라고 치부하고, 참이거나 거짓일 수 있는 명제의 영역에서 아예 추방해버린다.

하지만 그로부터 채 20년이 흐르기도 전에 사람들은 과학 기술이 지니고 있는 어두운 면을 바로 직시하게 된다. 장밋빛 미래를 약속하는 듯이 보였던 공장과 자동차가 수질 오염과 대기 오염을 가져왔고, 고도의 물리화학적 지식은 지구의 멸망을 예언하는 핵무기와 화학 무기의 개발 경쟁을 촉진했으며, 유전공학과 유전자 조작 생물체는 자연 종 자체를 기형적으로 변형시킬 수 있는 위험을 예고했다. 이제 우리는 과학 기술의 폐해와 마주하여 그에 대한 맹신을 뒤로 하고 그것의 가치 중립성이나 객관성에 대한 의문을 바로 던져야 한다. 과학 기술은 다만 우리의 삶을 윤택하게 하는 것인가, 오히려 해칠 수도 있는 것인가? 과학 기술을 우리를 위한 것으로 만들기 위하여 그것이 지닌 어떤 측면들을 통제하거나 거절할 필요가 있는가? 그러한 기술은 인간의 자율성이나 생명권 일반을 침해하지 않는가? 바로 그러한 기술을 가장 잘 이해하는 기술개발자가 이 문제들을 사회적으로 철저하게 규명하고 납득시켜야 하는 것이 아닌가? 그렇게 하지 못할 경우 해당 기술을 그냥 무분별하게 수용하거나 폐기하는 결과를 낳게 되지는 않을 것인가? 롤린에 따르면, 이는 바로 생명공학에서 일어난 일이다.

과학 연구 공동체는 클로닝(cloning), 유전공학, 유전자 조작 식품, 육우 성장 호르몬의 사용, 인간의 유전적 질환을 치료하기 위한 생의학적 동물 모형의 개발 등이 담고 있는 윤리적인 함축 내용들을 해명하는 데 전적으로 실패했다. 그들은 결과적으로 사회적 사고를 진공 상태로 만들어버렸다.[8]

사회적 가치는 과학적인 실천 판단에도 스며 있다고 말할 수 있다. 그러한 판단에도 '정합성', '신빙성', '합당성', '단순성', '가설의 아름다움' 등의 인식적 가치가 들어 있고, 이러한 인식적 가치 또한 가치인 것이다. 물론 인식적 가치는 도덕적 가치와 다르다고 주장할 수 있을 것이다. 도덕적 가치와는 달리 인식적 가치에는 '세계를 정확히 기술'한다는 인식적 관심이 깔려 있다고 말할 수 있다. 하지만 그러한 기술 또한 결국 우리가 어떤 가치라는 안경을 쓰고 바라본 것이다. 그러한 가치가 우리의 인식 세계 밖에서 이루어지는 외적인 정당화를 뜻함은 아니라는 것이다. 사실/가치 이분법의 폐기를 강력하게 주장하는 퍼트남(Hilary Putnam)은 이 점을 다음과 같이 잘 드러내고 있다.

세계에 관한 올바른 기술이 객관성과 동일한 것이라는 생각은 '객관성'이 *대상들과의 대응*을 의미한다는 가정에 의존하고 있다(물론 그 단어의 어원에 대응하는 생각인). 하지만 이러한 생각에 반대 사례들을 제시하는 것이 단지 '살인은 그릇된 것이다'와 같은 규범적 진리들만은 아니다. 내가 다른데서 논증하였듯이 수학적 진리와 논리적 진리도 '대상들 없는 객관성'의 사례들이다. 확실히 많은 철학자들이 수학적 진리를 설명하기 위하여 특유한 대상들(소위 추상적 실재들)을 가정해야 한다고 말하고 있다. 하지만 다음과 같이 물어보면 알 수 있듯이 그것은 전혀 도움이 되지 않는다. '이러한 우스운 대상들이 존재하기를 그친다면 수학이 조금이라도 덜 작용할까?' 수학의 성공

8) 위의 책, 9쪽.

을 설명하기 위하여 '추상적인 실재들'을 가정하는 사람들은 우리가 (또는 경험적 세계의 어떤 다른 것들이) 추상적인 실재들과 상호 작용한다고 주장하지 않는다. 하지만 만일 어떤 실재이든 우리 또는 경험적 세계와 조금이라도 상호 작용하지 않는다면, 모든 것은 그것들이 존재하지 않아도 동일할 것이라고 결론지을 수 있지 않을까?[9)]

퍼트남은 객관성을 기술 내지는 서술과 동일시하지 말아야 한다고 주장하고 있는 것이다. 참이라고 할 수 있는 진정한 진술이면서도 기술이나 서술이 아니라 특정한 맥락에서 적절한 평가를 담고 있는 것일 수 있다. 우리의 언어는 다만 세계를 기술하거나 서술하기만 하는 것이 아니라 수많은 종류의 가치를 가지고 세계를 평가한다. 이렇게 사실과 가치가 얽혀 있음을 직시할 때야 (사실에 관한 지식은 가치에 관한 지식을 가정한다는 사실을 깨달았을 때) 비로소 우리는 좁은 과학적 세계관에서 벗어나 과학적 실천의 모습을 제대로 그리고 합당하게 그려낼 수 있다.

이제 우리가 어떻게 과학을 바라볼 수 있는지 생각해보자. '객관성'이라는 개념은 더 이상 과학자 사회를 지키는 수호자의 역할을 할 수 없다. 과학자 공동체도 다른 여타의 사회 집단만큼이나 사회적인 가치에 영향을 받을 수밖에 없다. 따라서 여타 사회 영역에서 작용하고 있는 규범을 과학자 사회에도 마찬가지로 적용해야 한다. 물론 과학자 공동체가 다른 가치와는 구분되는 '인식적 가치'를 담고 있음은 인정할 수 있다. 머튼(R. K. Merton)이 제시한 과학 공동체 규범(공유주의, 보편주의, 무사무욕, 회의주의)이 바로 그러한 인식적 가치의 이상을 표현한 것이라고 할

9) Hilary Putnam, *The Collapse of the Fact / Value Dichotomy*, Harvard Univ. Press, 2002, p.33.

수 있을 것이다.[10] 하지만 그러한 이상의 실현은 적어도 우리 사회에 공통적으로 작용하고 있는 도덕적 가치의 제한 속에서 이루어져야 한다. 홍성욱은 과학적 실천에서 인식적 가치가 사회적 가치와 어우러져 있는 모습을 다음과 같이 기술하고 있다.

> 나는 과학에 사회적 요소가 '밑천'으로 작용하는 경우가 있다고 생각한다. 그리고 이럴 경우 사회적 요소는 인식적인 요소로 변형되어 과학자들의 실천 속에서 다른 인식적인 요소들과 함께 그 실천을 구성한다. 그렇기 때문에 대부분의 과학자들은 그것이 과학 외적인, 사회 문화적 종류의 영향이었다는 사실도 잘 느끼지 못한다. 우주의 조화에 대한 케플러의 믿음, 뉴턴의 연금술과 신플라톤주의, 리터의 자연철학, 패러데이의 종교관, 캘빈의 증기 기관, 다윈의 정치경제학, 아인슈타인의 시계, 바이마르 시대의 물리학에 적대적이었던 지적 분위기 등이 과학으로 침투하면, 과학자들의 실천 속에서 이러한 외적 요소들은 인식적이고 합리적인 요소들과 같이 혼재되어 사실과 설명을 구성하는 데 사용된다. 즉, 인식적 요소와 사회적 요소가 따로 존재하는 것이 아니라, 그것이 과학자들에 의해서 사용될 때는 다르지 않은 것으로 간주된다는 것이다. 다른 말로 하자면, 과학자의 실행 속에 섞였을 때, 사회적인 것과 인식적인 것의 차이는 존재하지 않는다. 과학의 실행 속에서는 사회적인 것이 합리적이고, 합리적인 것이 사회적인 것이다.[11]

과학자인 소칼(Alan Sokal)은 과학의 절대성에 대한 공격일 수 있는 '이론과 가치에 사실의 맥락 의존성'을 주장하는 철학자

---

10) 로버트 K. 머튼 1973, 『과학사회학(*The Sociology of Science*)』, 석현호 외 2인 역, 민음사, 1998, 507-521쪽.

11) 홍성욱, 『과학은 얼마나』, 서울대 출판부, 2004, 32-33쪽.

들을 비웃기 위해 자신의 과학적 지식을 이용하여 그들을 풍자하는 허위 논문을 발표하는(「경계를 넘어서 — 양자 중력의 변형 해석학을 향하여」12)) 지적인 사기 행각을 벌였다. 사실 그것은 오히려 오직 진리 추구의 이상만을 담고 있는 과학에 대한 신념이 흔들리고 있다는 불안에서 나온 그릇된 시도였다고 생각한다. 사실이 이론과 가치에 의존한다고 하여 과학이 가지고 있는 객관적인 진리 추구의 이상이 흔들리는 것은 아니다. 가치와 사실이 얽혀 있다고 주장하는 것은 그렇게 가치와 사실이 얽혀 있음 그 자체가 객관적인 사태라는 것이다. 그리고 이렇게 가치와 사실이 얽혀 있다는 주장은 모든 과학 지식이 전적으로 사회가 구성하는 것이라거나 '실재'는 사회적 합의의 결과라고 주장하는 것과는 전혀 다른 것이다. 다만 사회 속에서 이루어질 수밖에 없는 과학적 활동에는 사회 문화적인 요소가 인식적 요소와 더불어 자연스럽게 녹아 들어갈 수밖에 없는 것이고, 그래서 그 모든 요소를 배제한 순수한 사실적 지식이라는 주장은 허구나 환상이라고 말하고 있는 것이다.

역사상 과학 기술 내지는 과학기술자가 정치 사회적 이데올로기를 가지고 인간에 해를 끼쳤던 가장 참혹한 경험을 말하라면 바로 나치의 인체 실험 사례를 꼽을 것이다. 히틀러는 게르만 민족에 의한 국가사회주의 건설이 의사들의 도움 없이는 절대로 불가능하다고 선전하였고, 당시 대부분의 의료과학자들은 앞장서서 히틀러를 지지하였다고 한다. 히틀러가 보기에 국가와 사회의 건강은 개인의 건강과 같은 것이었고, 그 건강을 수호할 책임을 의료과학자들에게 맡긴 것이다. 그들은 유대인과 집시와

12) Alan Sokal, "Transgressing the Boundaries : Towards a Transformative Hermeneutics of Quantum Gravity", *Social Text* No. 46 / 47, 1996, pp.217-252.

유전적 결함이 있거나 정신적 결함이 있는 사람들을 국가라는 몸의 병원균들로서 제거해야 할 대상으로 간주하였다. 당시 이들이 국가사회주의의 건설이라는 명목으로 자행한 실험은 말로 표현할 수 없을 만큼 극악한 것이었다. 김옥주는 당시 상황을 이렇게 기술하고 있다.

나치 독일의 우생학 정책 제1단계는 불임법이었다. 1933년 '유전적 질환이 있는 자손 방지를 위한 법'은 1907년 미국의 법을 본뜬 것이었다. 나치 독일의 보건 의료 정책으로 정신병자와 간질환자와 맹인과 귀머거리와 알코올중독자 40만 명이 강제로 불임 수술을 당했다. 그러나 의사들은 열성 인자 보유자도 포함하여 인구의 10~15%를 시술해야 한다고 역설했다. 제2단계는 1939년에 시작된 안사술(Euthanasia)이었는데, 대대적인 홍보를 통해 정신병자와 불구자와 행려 및 무익한 식충들을 굶겨 죽이자는 국가 시책을 홍보하였다. 나치의 논리는 '살 가치가 없는 인생'들이 사회의 부담이 된다는 것이었다. 이 정책으로 제2차 세계대전 중 독일 정신병자들의 반이 굶어 죽었고 1939년 히틀러가 안락사를 승인한 뒤 2년 동안 7만 명의 정신병 환자가 살해되었다. 제3단계는 인종 대학살이었다. 1941년 이후 안사술은 병원의 일상적인 일이 되었다. 가스에 의한 살해는 1939년부터 시작되었는데, 1941년 가을에 독일 전역의 정신병원 가스실이 해체되고 그 시설 및 장비가 아우슈비츠를 포함한 몇 군데로 집중하면서 그 시설을 운영하던 의사와 간호사와 기술자가 같이 따라왔다. '살 가치가 없는 인생들인 정신병자'들을 죽이던 논리에 근거하여 유대인, 동성연애자, 공산주의자, 집시, 슬라브족, 전쟁 포로들이 가스로 죽음을 당했다. 1945년 1월 27일, 아우슈비츠의 유대인포로수용소가 해방될 때까지 600만 명의 유대인이 인종 청소라는 명목 아래 나치에 의해 학살된 것이다. 놀랍게도 이와 같은 안사술과 인종 학살에, 의료인은 강제 동원이 아

니라 자발적으로 참여했다.[13]

또한 의료 과학자들은 과학 발전이라는 미명 아래 수용소 포로를 대상으로 잔인한 인체 실험을 실시했다. 고도에 따른 압력 실험, 냉동 실험, 말라리아 실험, 가스 실험, 약물 실험, 바닷물 실험, 전염균 실험, 불임 실험, 티푸스 실험, 독 실험, 방화 폭탄 실험 등이 그것이다. 그들은 또한 전 세계 인종과 민족의 해골 구조와 특성을 연구한다면서 포로들을 살해하여 뼈를 채집 전시하기까지 했다.[14]

1946년 10월에서 1947년 8월에 걸쳐 주로 나치의 의료과학자들을 피고로 하여 이루어진 뉘른베르크 재판은 전 세계적인 주목을 받으면서 진행되었다. 여기에서 다루어졌던 쟁점은 '인체 실험을 정당화할 수 있는 보편적인 기준은 무엇인가'라는 문제였다. 당시 피고인 나치 의사들은 인체 실험에 참여했던 자신들의 행위를 정당화하면서, 인체 실험과 관련한 보편적 윤리 기준이 존재하지 않았고 자신들은 단지 순수하게 '국가와 과학 발전'을 위하여 실험을 수행했을 뿐이라는 근거를 제시한다. 이러한 피고들의 주장에 맞서 재판을 진행하면서 결국 최종 판결문에다 소위 '뉘른베르크 강령'이라고 불리게 된 윤리 원칙을 함께 제시하게 된다. 이 원칙은 인간 존중에 기초한 피험자의 자발적 동의 요건, 해로운 위험의 부재 요건, 실험의 효율성 요건 등을 포함한

13) 김옥주, 「뉘른베르그 강령과 인체 실험의 윤리」, 『의료·윤리·교육』 제5권 제1호, 2002년 6월.

14) Telford Taylor, "Opening Statement of the Prosecution December 9, 1946", *The Nazi Doctors and the Nuremberg Code: human rights in human experimentation*, (eds.), George J. Annas and Michael A. Grodin, Oxford Univ. Press, 1992, pp.67-93 참조.

다. 이러한 강령을 제시하게 된 배경에는 세계적으로 나치의 잔혹한 인체 실험과 같은 일이 다시는 일어나지 않게 하기 위하여 국제법과 같은 성격을 그것에다 부여하자는 재판부의 합의가 있었다고 한다. 단, 이 강령의 기준에 의거하여 피고들을 재판했던 것은 아닌데, 그러할 경우 당시 다른 많은 나라에서 여러 비윤리적인 실험을 수행했던 의사들과 과학자들 역시 같은 기준에 의거하여 처벌을 받아야 했기 때문이다. 뉘른베르크 강령은 인간에 대한 모든 연구 행태를 규제하기에는 부적절하고 너무 추상적이라는 비판을 받았지만, 이후 생명 윤리 등을 정립하는 데 근간이 되었다.

이렇게 나치의 의료과학자들이 과학 발전이라는 가치를 내걸고 거대 규모로 자행한 인체 실험은 과학 기술이 사회적인 가치와는 유리된 순수하고 독립적인 영역일 수 있다는 생각이 얼마나 허망한 것인지 여실히 보여주는 사건이라고 할 것이다. 또한 과학 기술과 관련한 윤리적인 결단을 더 이상 과학 기술자 개인의 의지에만 내맡길 수는 없는 일이며, 과학 기술 공동체를 통괄하는 윤리 규범과 윤리 의식이 필수적이라는 교훈도 던져준다. 그리고 나치의 의료과학자들이 뉘른베르크 재판에서 자신들을 변호하며 제시했던 근거와 관련하여 현대의 과학 기술자 일반이 어떤 반대를 제기할 수 있으며, 그들이 처한 상황에서 얼마나 윤리적으로 자유로울 수 있는지 반성해봄직하다.

제2장 과학 기술과 윤리

1. 과학기술자의 사회적 책임

최근 국내에서 배아 복제 연구를 둘러싸고 이루어졌던 논란은 과학 기술의 연구가 결코 진리 탐구만을 목표로 하여 이루어지는 것이 아니라 과학적 연구 행위 자체가 과학자의 신념과 결단에 의해서 좌우되는 것이며, 잘못된 결단이 이루어지는 경우 그로 인하여 사회적 위기나 혼란이 도래할 수 있음을 여실히 드러내었다고 할 것이다. 과거 과학자들은 흔히 과학자의 연구 행위가 가치 중립적인 것이기에, 과학자들 자신이 과학 정책의 수립과 연구의 실행 및 연구 결과의 이용까지도 오직 진리 탐구라는 순수한 목표에 의거하여 이루어낼 수 있다고 보았다. 하지만 일례로 과학자들이 참여했던 핵 폭탄 개발과 투하 및 수소 폭탄의 개발로 이어지는 핵무기 군비 경쟁 등은 크나큰 사회적 재난과 위협을 초래하였고, 이는 과학의 가치 중립성이라는 주장을 뒤흔들기에 충분한 사건들이었다.

이를 인식하여 스웨덴 왕립 과학아카데미는 이미 1978년에 과학 정책 윤리에 관한 심포지엄을 열고 그 결과를 책자의 형태로 발간하는 등의 노력을 기울이기도 하였다.15) 예컨대 그 책자에 실린 「과학과 진보와 파괴」라는 논문에서 알펜(Hannes Alfven)은 과학자들이 당면하고 있는 윤리적 딜레마를 세 가지로 제시하고 있다. 첫째, 어떤 지식이 인류의 생존에 위협이 될 수 있는 경우에도 그 지식을 위한 연구가 적합하다고 우리는 주장해야 하는가? 둘째, 새로운 물질의 안전성이 충분하게 시험되지 않은 경우 생태계와 우리의 공생을 위하여 그러한 물질을 제조하는 것을 늦출 수 있는가? 셋째, 군비 경쟁을 가속화하는 데에서 과학자의 역할을 축소시켜야 하는가?16) 알펜에 따르면, 이 세 가지 문제가 딜레마인 이유는 그러한 물음에 긍정하는 행위를 취할 경우 각기 강력한 자본을 무기로 하는 권력을 적으로 삼게 될 것이기 때문이다.

이제 과학 기술과 관련한 윤리에 대한 강조는 세계적인 추세라고 할 수 있다. 1999년의 세계과학회의(World Conference on Science)에서 채택한 선언문을 보아도 이를 짐작할 수 있다. 해당 선언문에서는 '사회 속의 과학과 사회를 위한 과학'을 표방하며 "과학 연구의 실행과 그 연구로부터 나온 지식의 이용은 항상 인류의 복지를 목표로 해야 하고, 인간의 존엄성과 권리 및 전

15) Torgny Segerstedt(ed.), *Ethics for Science Policy : Proceedings of a Nobel Symposium*, Pergamon Press, 1979.

16) Hannes Alfven, "Science, Progress and Destruction", *Ethics for Science Policy : Proceedings of a Nobel Symposium*, (ed.) Torgny Segerstedt, Pergamon Press, 1979, p.159.

지구적 환경을 존중해야 하며, 현 세대와 미래 세대들을 향한 우리의 책임을 고려해야 한다"고 진술하고 있다.[17] 또한 이를 위하여 각 국가들은 과학적 실천에서 윤리 문제와, 과학 지식 및 그 응용에서 윤리 문제를 다루는 적절한 조치를 내놓아야 한다고 요구하고 있다. 과학적 지식은 사회를 벗어나 있는 것이 아니라 사회적 지식인 것이고 인간과 사회와 지구 환경이라는 맥락 속에서 얻어지는 것이기에, 그 지식의 개발 및 사용과 관련하여 인간과 사회 및 환경에 미치는 영향을 고려하지 않을 수 없다는 것이다.[18] 이는 곧 과학적 지식의 개발과 사용이 어떠해야 하는지 묻는 것이고, 과학 기술과 관련한 사회 윤리적인 물음이라고 할 수 있다. 김진은 이러한 물음들 중에서 오늘날 가장 긴급한 것으로서 두 가지를 꼽고 있다. 첫째, 과학 연구의 성과가 원폭이나 수폭의 개발과 같이 인류의 생존을 직접적으로 위협하거나 인간 복제와 같이 인간의 존엄성을 크게 훼손하는 방향으로 적용되는 경우에 과학자의 사회적 책임에 관한 문제를 제기할 수 있다. 둘째, 과학 연구의 진행 과정에서 의도적인 부정 행위나 그에 대한 묵인이 이루어질 경우 연구 공동체 내부의 윤리적 덕목에 관한 문제를 제기할 수 있다.[19]

과학자의 사회적 책임에 관하여 심각하게 생각해볼 수 있게 하는 사례 하나를 들어보자. 1993년 9월 13일에 홀(Jerry Hall)과 스틸맨(Robert Stillman)은 세 명의 동료들과 미국생식학회 회

17) "Declaration on Science and the Use of Scientific Knowledge", *UNESCO ICSU World Conference on Science*, Budapest, Hungary, 1999. <www.natur.com/wcs/m12s.html> 참조.

18) 유네스코한국위원회, 『과학 기술과 인권』, 당대, 2001 참조.

19) 김진, 「과학 및 공학과 윤리의 만남」, 『공학윤리』, 철학과현실사, 2003, 25쪽.

합에서 한 논문을 제출했는데, 이 논문 내용이 전 세계에 커다란 충격을 안겨줬다. 그들은 해당 논문에서 자신들이 인간 배아를 복제했다고 기술했다. 그들은 당시 자신들이 곧 논쟁의 격랑에 휩싸일 것이라는 생각을 전혀 하지 못했다. 그 이야기는 전 세계 신문의 전면을 화려하게 수놓았고 『타임(*Time*)』지와 다른 잡지의 표지를 장식했다. 저널리스트와 논평자들은 아기 농사, 히틀러의 생애, 우생학 프로그램, 다른 신세계 시나리오의 시각을 들추어냈다. 전 세계의 인사들은 그 연구가 소름끼치도록 나쁘고 부도덕한 것이라고 비난했고, 미국의 클린턴 대통령은 과학적 목적으로 인간 배아를 창출하기 위하여 국가 기금을 사용하는 것을 금지하도록 명령했다. 대중의 공포들 중 몇 가지를 완화시키려는 시도에서 홀과 스틸맨은 텔레비전 쇼에 모습을 드러냈고, 스스로를 단순히 지식에만 관심이 있는 사심 없는 과학자로서 묘사함으로써 자신들의 연구가 가지는 윤리적인 함축 내용을 벗어나고자 노력했다. 복제 실험에 대한 대중의 반응은 대부분 부정적이었지만, 연구자들은 미국생식학회 회합에서 큰 찬사를 받았다. 생식 연구자들은 임신에 어려움을 가지는 부부들에게 이 작업이 가지는 잠재적인 이득을 열심히 선전했다. 단지 몇 개의 수정란만을 산출할 수 있는 부부의 경우, 그 수정란을 복제하여 다수의 수정란을 만든다면 임신 기회를 늘릴 수 있다는 것이었다.

1997년 2월 23일에 스코틀랜드의 과학자들이 성체 세포로부터 '돌리'라는 이름의 양을 복제했다고 발표했을 때도 대중의 반응은 비슷했다. 그 새끼 양은 1996년 7월에 태어났지만 과학자들은 6개월이 넘도록 이를 비밀에 부쳤고 그동안 돌리의 성장을 지켜보며 『네이처(*Nature*)』지에서 자신들의 발견을 검토하기를 기다렸다고 한다. 당시 에든버러 로슬린연구소의 발생학자인 윌머트(Ian Wilmut)와 그의 동료들은 암양의 젖통에서 나온 세포들을 실험실에서 배양하고 그 세포들로부터 핵들을 제거하였고, 이 핵들을 세포핵이 제거된 양의 난자들에다 융합하기 위하여 전류를 가하였다. 그들은 다음으로 암양의 자궁에다 수정란들을 이식하여 발달하기를 기다렸다. 이러한 방식으로 창출된 277개의 배아들 중에서 단지 19개만이 생육 가능하였고, 이것들 중 단지 한 개만이 태어났다고 한다. 이 놀랄 만한 발표 이후에 곧 오레곤의 과학자들은 자신들이 레서스 원숭이를 배아 세포로부터 성공적으로 복제했다고 발표하였다.[20] 동물 복제는 농업과 의약업과 생명공학 분야 등에 아주 큰 영향을 미칠 수 있다. 예컨대 복제 기술이 유전자 치료 기술과 결합하여 의학적으로 중요한 화합물을 내놓는 동물을 산출할 수도 있다. 윌머트는 양을 약품 공장으로 변화시키는 과정을 개발하기 위하여 그의 연구를 수행했다. 그의 작업은 부분적으로 양의 우유로부터 추출할 수 있는 약품들을 판매할 계획을 가지고 있는 회사의 지원을 받았다고 한다. 당시 윌머트의 복제 연구가 일반 대중에 회자되자, 영국 정부는 해당 연구를 지원하지 않을 것이라고 공표하고 1998년에는 지원을 완전히 중단했다.

우리는 이러한 사례와 마주하여 과학과 사회라는 큰 두 축을 중심으로 다음과 같은 질문을 던질 수 있을 것이다. 동물 복제나 배아 복제 연구의 사회적 결과는 무엇이고, 생물학적으로는 우리 생물계에 어떤 변화를 일으킬 수 있는가? 배아 복제는 인간의 존엄성을 위협할 가능성이 있는가? 그렇다면 배아 복제나 동물

20) David B. Resnik, *The Ethics of Science*, 1998, Routledge, pp.8-9 참조.

복제에 관한 연구를 멈추어야 하는가? 과학자들은 그 사회적 영향과는 상관없이 자신들이 중요하다고 여기는 어떤 종류의 연구라도 추구할 권리가 있는가? 과학자들은 자신들의 연구 내용에 대하여 일반 대중에게 어느 정도까지 알려야 하고, 일반 대중의 의견은 그러한 연구의 향방에 어느 정도로 반영될 수 있는가?

2. 과학 기술 공동체의 윤리적 이상과 실상

'과학사회학' 분야의 선구자인 미국의 사회학자 머튼(R. K. Merton)은 과학자 집단에는 다른 사회 집단에서 찾아보기 힘든 독특한 규범들이 있다고 분석하였으며, 이를 네 가지로 제시했다. 첫째, 과학자는 연구 결과와 자료를 서로 공유한다(공유주의 : communism). 둘째, 과학자는 정치 사회적 구속 없이 자유로이 과학 활동에 임하며 관찰과 검증 등의 과학적 기준에 의해서만 연구 결과를 평가한다(보편주의 : universalism). 셋째, 과학자는 특정한 이해 관계에 따르지 않는다(무사무욕 : disinterestedness). 넷째, 과학자는 논리적 엄밀성과 객관성을 추구하고 충분한 증거 없이 판단을 내리지 않는다(회의주의 : skepticism).[21] 머튼은 실제 모든 과학자가 이러한 규범에 따라 연구 활동을 행하고 있으며, 이 덕분에 과학자 집단은 합리적이고 객관적인 지식을 산출한다고 주장했다.

많은 과학 기술자들은 이러한 머튼의 주장이 옳다고 보며, 그런 이유로 과학에는 아무런 중요한 윤리적 문제도 일어나지 않

21) 로버트 K. 머튼, 앞의 책, 507-521쪽.

는다고 믿는다. 그들은 실로 과학을 '객관적'이라고 간주하는 것이다. 과학은 객관적인 방법을 사용하여 사실을 연구하고, 지식과 합의를 산출한다. 이에 반하여 윤리는 주관적인 가치에 관한 것으로서, 그와 관련하여 단지 의견과 불일치만이 자리할 뿐이다. 따라서 과학기술자들은 연구를 수행하는 데에서나 과학 기술을 가르치는 데에서 윤리적 문제에 관여할 필요가 없다. 과학기술자들은 물론 윤리적인 기준을 따를 필요가 있으나, 그러한 기준은 이미 과학 공동체 안에 분명하고 확실하게 자리해 있는 것이다. 과학자들은 자신들이 데이터를 날조하거나 위조하는지 여부를 알기 위하여 철학적이고 윤리적인 논의에 참가할 필요가 없다. 과학 기술 영역은 다른 영역의 인간 경험과 관련한 애매한 윤리적인 문제 등이 감히 범접할 수 없는 객관성의 성소를 이루고 있는 것이다.

하지만 오늘날 일례로 과학 기술의 개발과 그 특허 취득 과정에서 나타나는 비밀주의와 정치 사회적 구속과 경제적인 이해와 우선권 획득을 위한 경쟁적인 선행 발표 등은 이러한 머튼의 규범이 다만 이상에 불과한 것이 아니냐는 반성을 불러일으키고 있다. 즉, 과학에도 사회 제도적인 윤리적 규제가 필요하다는 새로운 의식이 나오는 것이다. 하지만 이러한 새로운 의식에도 불구하고 과학 기술 공동체 내부에서 일어나는 윤리적 부정 행위가 별로 심각한 것이 아니라고 생각하는 과학기술자들이 있다. 그들은 그러한 부정 행위가 아주 드물고 중요하지 않은 이례적인 것이기에, 그러한 이례는 개인의 심리학적인 병리 현상으로서 설명할 수 있다고 본다. 비윤리적으로 행동하는 과학기술자는 틀림없이 정신적으로 혼란스러운 상태에 있는 것이다. 단지 정신적으로 문제가 있는 사람만이 데이터 날조나 표절 같은 부정 행위를 저지를 수 있다는 것이다. 과학 기술에는 범죄가 끼여들 여지가 없다. 왜냐하면 객관적인 과학적 방법과 주의 깊은 평가 체계는 충분히 과학 기술의 연구 규범을 깨뜨리는 이들을 걸러낼 수 있기 때문이다. 따라서 혹여 과학 기술 공동체에서 부정 행위가 일어난다고 하더라도, 그것은 해당 연구자 개인의 문제에서 비롯된 것이지 그 연구 환경에서 기인한 것은 아니라고 그들은 생각한다.

윤리적인 부정 행위를 심각하게 받아들이면서도 과학기술자의 윤리 교육에 관해서는 부정적인 태도를 취하는 사람들이 있을 수 있다. 이미 과학기술자는 어릴 때부터 사회 윤리를 체득해 왔기에 특별히 윤리나 도덕에 관하여 따로 학습할 필요가 없다는 것이다. 또한 과학기술자 사회에서 꼭 필요한 윤리는 과학 기술 연구 체계에 이미 암암리에 포함되어 있어, 연구 활동 중에 선임자를 본받거나 스스로 능히 체득할 수 있는 것이라고 본다. 그러한 연구 체계에는 윤리적인 문제가 빚어질 수 없도록 자가 단속할 수 있는 자가 검증 제도가 포함되어 있다. 예컨대 이는 세 가지 과정을 담고 있다. 연구비 심사 과정에서 동료(전문가)의 심사나 평가를 받는 '동료 심사(peer review)', 논문 출판과 관련하여 해당 분야의 전문가들이 투고된 논문을 심사하는 '논문 심사(referee system)', 실험을 재연하거나 실험 결과를 재현해보임으로써 실험 결과를 검증하는 '추시(replication)'가 그것이다. 과거에 이러한 자가 검증 제도가 얼마나 효력을 발휘했는지 확인하기는 어려우나, 현재 과학 기술계의 현실을 들여다보면 특허 경쟁과 심화된 상업주의로 말미암아 그 제도가 신뢰하는 만큼의 효과를 거두지 못하고 있다고 평가할 수 있을 것이다. 과학 기술계의 실상이 어떠한지 과학 기술의 역사에서 실제 일어났던 부정 행위를 통하여 알아보자.

표절하기

고대의 가장 위대한 천문학자라는 프톨레마이오스(Klaudios Ptolemaeos)의 『알마게스트(*Almagest*)』 7권에는 항성들을 폭넓게 담아낸 별자리 지도가 들어 있다. 프톨레마이오스는 이 별자리 지도를 바탕으로 천동설을 펼쳤다. 이 위대한 프톨레마이오스가 자신의 별자리 지도를 만들면서 니케아의 히파르코스(Hipparchos)의 계산법들을 사용했지만 그 출처를 밝히지 않았다고 한다. 기원전 2세기에 이집트의 알렉산드리아에 살았던 프톨레마이오스는 거의 그곳을 벗어난 적이 없었다. 그리고 그리스 사람인 히파르코스는 천문학 관찰의 대부분을 로도스 섬에서 했다. 알렉산드리아는 로도스 섬에서 위도로 5도 아래 있는 곳이다. 따라서 로도스에서 바라보는 천체의 각도는 알렉산드리아에서 바라보는 것과 조금은 다를 수밖에 없다. 그래서 로도스와 알렉산드리아에서 관찰한 결과들은 차이점이 조금이라도 있게 마련이다. 그런데 프톨레마이오스의 별자리 지도에 있는 1025개의 별들 가운데 알렉산드리아에서만 볼 수 있는 별은 단 한 개도 없다고 한다. 한마디로 프톨레마이오스는 늘 알렉산드리아에서 별을 관찰했으면서도 로도스에서 볼 수 있는 별들의 자료들만 찾아 모았다는 말이 되는 것이다. 이러한 사실을 통하여 프톨레마이오스가 처음부터 자기만의 천문학 자료를 모으는 수고는 하지 않은 채 히파르코스가 이룩한 결과들을 그대로 가져다가 약간의 계산만 했다는 결론을 내릴 수 있다. 프톨레마이오스가 천문학에서 나타나는 문제들을 해결하기 위해 『알마게스트』에서

보기로 든 별들도 모두 로도스 섬의 위도에서 관찰할 수 있는 것들뿐이라고 한다.[22)]

데이터와 연구 결과의 허위 발표(데이터 다듬기와 솎아내기)

계산기를 발명한 배비지(Charles Babbage)는 과학 기술계에서 데이터 날조까지는 아니라고 하더라도 데이터 위조나 변조 행위는 흔히 일어난다고 주장하며, 대표적으로 데이터 다듬기(trimming)와 데이터 솎아내기(cooking)를 그 사례로 들고 있다. 데이터 다듬기는 얻은 데이터가 어느 한쪽으로 치우칠 때 지나친 부분을 떼어내어 모자란 부분을 메우는 데이터 위조 행위를 가리키고, 데이터 솎아내기는 실험 횟수를 증가시키면서 예측된 데이터에 어긋나는 부분은 솎아버리는 데이터 위조 행위를 가리킨다. 역사적으로 이러한 데이터 위조를 행한 대표적인 과학자로서 멘델(Gregor Mendel)을 꼽을 수 있다. 20세기의 유전학자들은 멘델이 제시한 데이터가 너무나 정확했기에 멘델의 방법을 면밀히 검토하게 되었고, 그가 자신의 기대에 부합하는 데이터만을 선택적으로 솎아낸 것이라고 평가했다. 다음 글은 익명의 논평자가 「땅 위의 완두콩」이라는 제목으로 한 잡지에 투고한 것으로, 멘델에 대한 평가가 어떻게 이루어졌는지 엿볼 수 있는 대목이다.

> 애초에 고독한 궁리에 머리를 짜는 멘델이었다. 멘델은 '완두를 써 보자'고 했다. 그러자 완두가 있었다. 멘델은 완두를 밭에 파종하고

---

22) W. 브로드 · N. 웨이드 1983, 『과학사에 오점을 남긴 배신의 과학자들』, 박익수 역, 겸지사, 1996, 21-23쪽. 하인리히 창클 2003, 『과학의 사기꾼』, 도복선 역, 시아출판사, 2006, 22-28쪽 참조.

'자라라. 늘어나라. 자가 교배하여라'라고 완두에게 당부했다. 그렇게 되었다. 멘델은 완두를 보고 만족했다. 의기양양했다. 그는 완두를 채집하여 둥근 콩과 주름진 콩으로 나누고, 둥근 것을 우성이라고 주름진 것을 열성이라고 명명했다. 실험은 성공을 거둔 것으로 생각했다. 그러나 셈하여보니 둥근 것이 450개, 주름진 것이 202개였다. 법칙에 의하면 주름진 콩 한 개에 둥근 콩이 세 개라야 했다. 이래서는 좋지 않았다. '적의 짓이다. 암야를 틈타 내 밭에 못 쓸 완두를 뿌린 것이다' 라고 멘델은 분노하여 테이블을 내리치면서 소리쳤다. '나에게서 사라져라. 저주받은 너. 훼방꾼인 완두여. 들쥐들에게나 무참히 잡아먹힐 머나먼 암흑 속으로 사라져라.' 그랬더니 그대로 되었다. 300개의 둥근 콩과 100개의 주름진 콩이 남았다. 의기양양. 이 얼마나 멋진 일인가. 그리하여 멘델은 발표했다.[23]

사이비 과학 이론 조작하기

리센코(Trofim Denisovich Lysenko)는 우크라이나에서 태어나 키예프대에서 농학을 전공하여 박사 학위를 받았다. 리센코는 1929년에 '낮은 온도로 처리하여 물에 불린 밀의 씨앗을 봄에 뿌리게 되면 여름에 심는 밀보다 수확이 더 많아진다'는 미추린 농법을 발표하면서 널리 알려지게 되었다. 세간의 의혹에 대하여 자기 아버지가 관리하는 밭에서 저온 처리를 한 밀 씨앗과 그렇지 않은 밀 씨앗을 직접 심고 수확하여 전자의 수확량이 눈에 띄게 많다고 주장하였다고 한다. 당시 소련의 밀 생산량이 급격하게 줄어들었기 때문에, 소련의 농정 정치가들에게는 이 한 번의 실험만으로도 리센코의 농법이 믿을 만한 것일 수 있었다. 또한 그 농법은 라마르크의 획득 형질의 유전 이론과 유사한 면

23) W. 브로드 외, 앞의 책, 32-33쪽.

이 있었다. 외부의 자극으로 생명체의 발달을 원하는 쪽으로 변화시킬 수 있다는 것이기 때문이다. 당시 소련에서 멘델의 유전 이론은 반동적인 것이었다. 필요한 교육을 통해서 당이 바라는 맞춤형 인간을 서둘러 만들어야 할 판인데, 멘델의 유전 이론에 따르면 인간 발달에 영향을 미치는 모든 유전적 요인을 다 없애 버려야만 그런 일이 가능하기 때문이다. 획득 형질의 유전 이론이 소련에서 각광을 받은 것은 바로 그러한 이유에서였다.

다음 몇 해 동안 씨앗의 저온 처리에 기초한 수확 증대는 리센코가 약속한 바에 미치지 못했지만, 리센코는 승승장구했다. 성공은 자신에게 돌리고 실패는 모두 다른 이에게 돌리는 재능이 그에게 있었기 때문이다. 그리고 자신의 연구 결과를 학술지에는 발표하지 않고 다만 일반 언론에만 발표했다. 그런 식으로 검증 없이 지명도를 높이며 오데사 유전학연구소의 책임자 자리에 올랐고, 자신의 농법을 여러 다른 작물에도 적용하여 수확량을 크게 향상시켰다고 정부에 보고했다. 자신의 말을 의심하는 학자는 정치 성향이 불온하다고 입을 막았고, 주변을 자신의 인물로 채워 넣어 권력 기반을 공고히 했다. 그래서 실제로는 그 농법을 사용하여 수확량이 늘지 않았지만 대부분의 농장과 연구소는 살아남기 위하여 수확량이 늘었다고 상부에 보고해야 했고, 그렇지 않은 곳의 책임자는 시베리아로 쫓기는 신세가 되었다.

1940년대에 리센코는 모스크바학술원의 유전학연구소와 모스크바 농학아카데미의 책임자 자리를 역임했고, 소련의 전체 농업 관련 연구를 총괄하며 막강한 권력을 휘둘러 자신의 뜻에 반대하는 숱한 유전학자(저명한 유전학자인 니콜라이 바빌로프를 포함한)들을 숙청의 제물로 삼았다. 이제 그는 아예 라마르크주의를 리센코주의로 탈바꿈시키고, 이를 최상의 학문 원리로 격상시켰다. 그는 심지어 시베리아의 황량한 벌판에다 겨울 밀을 씨로 뿌리게 한 적도 있다. 그렇게 해서 추위에 잘 견디는 씨앗을 얻을 수 있다는 것이었다.

1965년 정치 지도부는 리센코의 농법에 기초한 밀 수확량이 엄청나게 줄었음을 확인했고 리센코에 대한 의심의 눈초리를 보내기 시작했다. 흐루시초프가 실각하고 난 뒤에 과학자들은 리센코의 실험 농장을 검사하겠다고 나섰고, 마침 그의 농장에서는 우유의 유지율을 높이는 사육법 실험이 이루어지고 있었다. 리센코는 우유의 생산량을 줄임으로써 유지율을 높일 수 있다고 주장하였지만, 리센코의 젖소는 다른 젖소에 비해 오히려 유지율이 낮은 것으로 드러났다. 조사자들은 그 밖에도 다른 실험 조작 사실까지 확인했다. 이후 리센코는 대부분의 권력을 잃게 되었지만 여전히 학술회 회원으로 남아 있었고, 1976년에 모스크바에서 숨을 거두었다.[24]

부주의와 자기 기만

유타대의 화학과 학과장인 폰스(Stanley Pons)와 사우스햄튼대 연구소에서 연구하고 있던 플라이슈만(Martin Fleischmann)은 1989년 3월 23일에 기자 회견을 열고 자신들이 상온에서 핵융합을 일으키는 데 성공했다고 발표했다. 이들은 중수 속에 들어 있는 한 쌍의 팔라듐 전극만 있으면 고등학생이라도 핵융합을 이루어낼 수 있다고 주장했으며, 상업화될 경우 자신들의 기술은 사실상 석유와 석탄과 원자력을 대체할 수 있는 충분한 열과 전기를 산출할 수 있다고 호언장담했다. 하지만 그들은 기자 회

---

24) W. 브로드 외, 앞의 책, 197-209쪽. 하인리히 창클, 앞의 책, 127-133쪽 참조.

견 자료에서 아주 일반적인 내용만을 제시하였고, 사실상 그들이 했던 실험을 재연할 수 있는 구체적인 방법은 드러내지 않았다. 대부분의 핵융합 과학자들과 물리학자들은 일단 폰스와 플라이슈만의 주장을 의심했지만, 언론은 이 굉장한 발견을 무한한 청정 에너지원을 찾아낸 것이라고 하여 환호하였고 지면을 해당 기사로 가득 채웠다.

표준적인 핵융합 이론에 따르면 핵융합은 오직 극도로 높은 온도와 압력에서만 일어날 수 있다. 기존의 '고온' 핵융합 연구는 실험실에서 바로 그런 극한 조건을 산출하는 데 초점을 두었고 수십 년에 걸쳐 아주 느리고 점진적인 성과만을 보였기에 21세기까지 그렇게 이용의 전망이 밝지 않다고 예측하고 있는 상태였다. 폰스와 플라이슈만의 실험은 핵융합을 통상적인 압력을 가지고 상온에서 이루어낼 수 있다고 하였으므로 기존의 표준적인 핵융합 이론에 정면으로 배치되는 것이었다. 그들은 중수를 용매로 하는 LiOD 용액 속에다 팔라듐 전극 두 개를 집어넣었다. 두 전극 사이에 전류를 흘리면, 중수가 듀테륨(deuterium : 중수소)과 산소로 분해되면서 상당량의 듀테륨이 음극으로 쏠린다. 이때 음극에 독특한 구조가 듀테륨을 충분히 패킹시켜 트리튬(tritium : 삼중수소)으로 융합시키면서 열과 중성자들을 산출한다. 폰스와 플라이슈만은 이러한 과정에서 놀랄 만한 양의 열이 나옴을 관찰했다고 주장했는데, 이 정도의 열은 통상의 화학적 수단이나 소량의 트리튬과 중성자들만으로는 산출할 수 없는 것이었다.

이러한 환상적인 실험에 대해서 듣고 나서 회의적인 과학자도 있었지만 곧 세계 도처의 연구소에서는 이 실험을 재연해보려는 시도들이 일어났다. 하지만 폰스와 플라이슈만이 특허권을 염두에 두고 자신들의 실험을 자세하게 드러내지 않았기 때문에 많은 시행착오가 잇달았다. 어떤 실험실에서는 저온 핵융합을 확인했다고 발표했다가 서둘러 취소하는 일도 일어났다. 그리고 재연을 시도한 대부분의 실험실에서 실패했다는 보고가 잇달았다. 수년이 지난 후 대부분의 핵융합 과학자들은 폰스와 플라이슈만의 연구가 부주의한 실수, 엉성함 또는 자기 기만에 기초한 것이었다고 믿게 되었다.

사실 저온 핵융합 실험을 발표한 기자 회견 이전에 폰스와 플라이슈만은 가까운 거리에 있는 브리검영대의 물리학 교수 존스(Steven Earl Jones)와 같은 연구를 하고 있음이 밝혀져, 공동으로 연구하고 『네이처』에 공동으로 발표할 것을 약속한 상태였다. 존스 교수는 이미 핵융합 사실을 드러내는 중성자를 검출할 수 있는 성능이 뛰어난 중성자 분광기를 만들어놓고 있었다. 그러나 폰스와 플라이슈만은 이러한 약속을 깨고 미리 저온 핵융합에 관한 논문 하나를 『전기 화학 분석 저널』이라는 잡지에 보냈다. 그리고 유타대 총장까지 합세하여 존스 교수와 같이 『네이처』의 편집부에 원고를 보내기로 한 날보다 하루 전에 기자 회견을 열어 저온 핵융합 실험 내용을 발표해버린 것이다. 발표 후 반향이 엄청났기 때문에 존스 교수의 항의는 그냥 그러한 열광속에 묻히고 말았다. 또한 폰스와 플라이슈만은 핵융합 성공이 세간에 알려지면 팔라듐 값이 가파르게 치솟을 것을 예상하고 팔라듐과 관계가 있는 회사의 주식들을 미리 사놓았고, 그들의 예상대로 팔라듐 값은 발표 후 하늘 높은 줄 모르고 치솟았다.

MIT의 물리학자인 페트라소(Richard D. Petrasso)는 『네이처』에 실은 한 논문에서 폰스와 플라이슈만의 방법들을 하나하나 따지며 반박하였다. 게다가 그들이 이론적 근거로 삼은 네른

스트(Nernst) 방정식을 이용한 계산(팔라듐 음극에 1000기압 이상의 압력이 생겨나리라는)에 중대한 잘못이 있음을 밝혀내었다. 미국 에너지부의 조사위원회는 1989년 10월에 저온 핵융합은 일어날 수 없다고 결론지었다. 유타대 총장은 사임했고, 유타대에 있는 폰스와 플라이슈만의 실험실도 문을 닫았다. 이후 그들은 일본 도요타 회장의 지원을 받아 프랑스 남부에서 실험을 계속했지만, 이렇다 할 성과가 없자 도요타도 마침내 1998년에 지원을 중단했고 더불어 팔라듐 값도 곤두박질쳤다.[25]

데이터 날조하기

독일 출신의 쇤(Jan Hendrik Schon)은 1970년생으로 콘스탄츠대에서 1997년에 마이크로 전자공학과 나노 기술 분야를 전공하여 박사 학위를 받았다. 그는 그 후 수십 편의 학술 논문을 권위 있는 학술지에 발표하며 전 세계에서 여러 상을 휩쓸었다. 2002년 여름에는 독일의 막스플랑크연구소에서 슈트트가르트의 고체물리학연구소 소장 자리를 제안하기에 이르렀다. 하지만 2002년 9월 25일 세계적 연구소인 미국의 벨연구소에 근무하던 32세의 쇤 박사는 1998~2001년에 걸쳐 발표한 25개의 논문에서 최소 16건 이상의 실험 데이터를 변조하거나 날조하였다는 의혹을 받고 연구소에서 해고당했다. 쇤 박사의 연구는 노벨상 수상감이라고 할 정도로 탁월한 것으로 평가받아왔기 때문에 과학계의 충격은 더욱 컸다. 그는 1998년부터 박사후연구원으로 벨연구소에 온 이후에 놀라운 결과물을 담은 논문을 계속 발표하였

---

25) David B. Resnik, 앞의 책, 11-12쪽. 하인리히 창클, 앞의 책, 74-83쪽 참조. 「저온 핵융합의 현주소」, <http://blog.naver.com/lsh108/120001919616> 2004년 4월 22일.

고, 2001년에는 무려 평균 8일에 한 편씩 발표하기도 했다. 그의 논문은 탁월한 것이었고, 그 중 13편이나 세계적 과학 전문지인 『사이언스』나 『네이처』 등에 게재되어 찬사를 받았다. 그의 연구 성과를 보면, 꿈의 신소재로 불리는 풀러렌(fullerene)의 초전도성을 100°K 이상으로 끌어올려 실용화의 길을 열었다. 또한 그는 유기 결정체에 전하를 주입하여 부도체인 유기 분자를 전도체로 바꿀 수 있는 길을 열었고, 2001년 11월에는 하나의 유기 분자로 트랜지스터를 만들어 나노 과학에 새 지평을 열었다는 찬사를 받기도 했다. 이 단분자 트랜지스터는 가느다란 핀 끝에 1000만 개를 놓을 수 있을 만큼 크기가 작고, 실용화될 경우 실리콘 기반의 정보 기술을 단숨에 바꿀 만큼 획기적인 것이다.

쇤과 같은 분야에 종사하는 다른 과학자들은 그의 탁월한 성과에 고무되어 자신의 실험실에서 쇤의 절차에 따라 실험을 재연해보게 되었다. 하지만 그들은 결코 쇤과 같은 결과를 얻을 수 없었다. 이에 그들은 쇤의 연구 결과에 의심의 눈초리를 보내기 시작했다. 특히 2002년 5월 코넬대의 물리학 교수인 맥코인(Paul Mceuen)은 『네이처』와 『사이언스』에 발표된 세 편의 유기 분자 반도체에 관한 논문에 쓰인 그래프들이 거의 똑같은 모양이란 사실을 발견했다. 그 논문들에 나타난 여러 표본들은 당연히 관련 특성에서 뚜렷한 구조적 차이를 보여야 했기 때문이다. 쇤은 엉뚱한 그래프를 보낸 것이라고 변명했으나, 다른 논문에서도 역시 똑같은 그래프가 사용되었음이 발견되었다. 벨연구소는 이러한 사실을 알고 스탠퍼드대의 응용물리학 교수인 비즐리(Malcom Beasley) 박사가 이끄는 5명의 과학자위원회를 구성하여 쇤의 논문을 조사하게 했고, 위원회는 100쪽이 넘는 보고서에서 쇤이 같은 실험 데이터를 다른 곳에서 반복 사용하였고 데이터 날조 행위까지 저질렀다고 보고했다. 쇤은 대부분의 실험과 데이터 측정을 혼자서 해왔고, 실험 노트를 아예 작성하지도 않았다고 한다. 또한 그는 컴퓨터의 하드디스크 용량 부족으로 그 동안의 실험 데이터를 저장하지 않고 남김없이 모두 지웠다고 밝혔다. 위원회는 이를 윤리적인 부정 행위로 규정했고, 이에 『사이언스』와 『네이처』는 그의 논문에다 '기만적 실험 결과에 기초한 논문'이라는 경고를 붙였다.[26)]

3. 인간으로서 과학기술자와 윤리 교육

과학자 역시 여느 인간처럼 흠과 결점을 가진 인간이다. 과학 이데올로기의 한 주목할 만한 요소는 과학이 전적으로 인간의 일상적 동기를 넘어서게 하는 진리 추구에 헌신한다는 것이다. 이는 아주 낡은 이야기에 불과하다. 과학자 또한 전형적인 인간임을 감안한다면, 거짓과 속임과 절도와 허위와 사기 등이 일반 사회에서처럼 과학자들 사이에도 있을 것이라고 봄이 합당하다. 과학은 직업이다. 일터가 없이 진리만을 추구할 수는 없는 노릇이다.

대학을 거쳐 박사 학위를 취득하고 대학교나 연구소에서 일터를 얻기 위하여 논문 발표에 목을 매고 있는 젊은 과학기술자 홍길동의 현실을 돌아보자. 그는 스스로의 관심사에 비추어 박사 학위 주제를 선택하고, 학위를 얻고 나면 자신의 관심사에 따

---

26) 이영완, 「세계적 과학자 세상을 속이다」, 『과학동아』(2002년 10월). 김대공, 「정직한 과학에 부도덕한 과학자?」, 『과학동아』(2002년 11월). 하인리히 창클, 앞의 책, 91-97쪽 참조.

라 자유로이 주제를 선택하고 연구 활동을 지속할 수 있을 것으로 믿었을 것이다. 하지만 홍길동은 부자가 아니기에 일단 학위를 마치기 위해서는 연구비를 탈 필요가 있었고, 그는 이를 위하여 지도 교수가 수주한 연구 프로젝트에 참여하여 같은 주제로 학위를 마쳐야 했다. 이 과정에서 결혼하고 아이도 둘이나 생겼기에 당장 돈이 될 수 있는 연구 프로젝트를 선택해야 했고, 결국 관심은 없지만 그 돈과 직결되는 연구 프로젝트에 참여할 수밖에 없었다. 그는 현재 연구원 자리라도 보전하기 위해서 불철주야 논문 발표에 매진하고 있다.

연구원 홍길동이 정직하고 의지가 굳다고 하더라도 자꾸 예상치에 어긋나는 실험 결과들이 논문 발표를 지연시키곤 하는 경우, 데이터 다듬기와 솎아내기 기술을 동원하여 눈에 띄지 않을 만큼 실험 결과를 고쳤으면 하는 유혹에 쉽게 빠져들 수 있을 것이다. 바로 심한 경우이긴 하지만 앞서 소개한 쇤이 그러한 상황에 처했던 것이다. 대학교나 연구소에서 좋은 경력을 쌓아 일터를 확보하려는 소망은 돈에 대한 필요성 내지 욕망과 맞물려 과학기술자로 하여금 부정 행위를 저지를 수 있게 만드는 비옥한 토양을 조성한다. 또한 과학기술자 사회에서 부정 행위를 조장할 수 있는 요인으로 이론적인 맹목성을 꼽을 수 있다. 한 믿음이나 이론이 진리라고 확신하는 경우, 데이터는 아무런 문제도 되지 않는다. 이론적 편견이 데이터를 날조하거나 위조하게 한다는 것이다. 사소한 차이를 제외하고는 주어진 현상을 잘 설명하고 있는 이론에 사로잡혀 있을 경우, 우리는 더 나은 데이터를 찾으면서 그러한 차이를 제거하거나 아예 무시해버린다.

하지만 이러한 부정 행위에 대한 과학기술자의 반응은 아주 단순하다. 그들은 그러한 부정 행위의 중요성을 단적으로 부정해버린다. 그들은 과학 기술계의 자가 검증 제도를 들이대며, 과학자가 아니면서 어떻게 과학이 작동하는지 이해하지 못하는 사람들이 과학 기술계에 간섭하는 것을 막고 과학기술자의 자율성을 부르짖는다. 하지만 자율성의 대가는 책임이다. 그래서 앞서 소개한 그러한 과학 기술계의 자가 검증 제도가 어떻게 작동하는지 물어볼 필요가 있다.

동료 심사(peer review)시 제시되는 서류는 계획서와 가능한 실험 자료 이외에는 없다. 즉, 실제적인 연구 과정에서 데이터 날조나 위조가 이루어지지 않을 것임을 보장할 근거가 없다는 것이다. 그리고 동료 심사에 회부되는 연구자의 제안이 심사자에게 악영향을 미칠 내용인 경우, 자신의 익명성이 보장되는 이상 그러한 제안서를 받아들일 심사자는 별로 없어보인다. 논문 심사의 경우에도 사정은 마찬가지다. 보장할 수 있는 것은 연구 방법과 절차의 적절성뿐이다. 전 세계에서 발표되는 논문의 양을 고려해보면, 알려지지 않은 논문을 표절한 경우 그것을 파악하는 일은 거의 불가능하다고 할 수 있다. 또한 흔히 같은 논문에 대하여 정반대의 의견들이 심사자들 사이에서 제기될 수 있다. 추시 과정은 어떤가? 현대 과학 기술의 실험 규모를 고려하여 볼 때, 관심사가 아니거나 돈이 없는 경우에는 재연 시도를 아예 하지 않을 것이다. 또한 재연에 실패한다고 하여 해당 실험이 사기라고 증명할 수도 없다. 실험 과정에서 무시하거나 지나쳐버리는 수많은 다른 변수가 있을 수 있기 때문이다. 부정 행위를 탐지해낼 수 있는 다른 방법으로 과학 기술계 안에 내부 고발 제도가 있다고 또한 주장할 수 있을 것이다. 하지만 내부 고발 이후에 고발자에 대한 과학기술자 공동체 내부의 비난과 해고 등의 가능한 보복 행위를 생각해보면, 그것은 그렇게 좋은 선택지가 아님을 알 수 있다.

인간으로서 과학기술자는 숱한 압력과 유혹에 노출되어 있다. 윤리 교육이 이러한 유혹에 저항하는 데 도움을 주거나, 적어도 그러한 유혹에 지는 것이 함축하는 내용들을 이해하는 데 도움을 줄 수 있을 것이다. 플라톤은 심지어 강도들도 규칙을 가지고 있고 상호 기대감을 느낀다고 주장하였다. 공통의 목적을 위해 모인 사람들의 집단은 어떤 것이든 그들의 행동을 규율하기 위하여 모든 당사자들을 구속하는 윤리에 준하는 어떤 규칙들을 가져야만 한다는 것이다. 과학기술자의 부정 행위가 개인들의 심리학적인 흠이나 병리 현상에 의거해서만 설명될 수는 없음을 보았다. 분명 과학 기술의 연구 환경이 부정 행위를 낳게 하고 윤리적 문제를 불러일으킬 수 있다는 것이다. 즉, 과학기술자의 부정 행위는 과학 기술계에 자리한 구조적 문제를 반영한다고 볼 수 있는 것이다.

과학기술자는 어떤 연구 환경에 처해 있는가? 우선 앞서 지적하였듯이 대부분의 과학기술자들에게 과학 기술은 직업일 수 있다. 그들은 성공적인 직업인으로서 훌륭한 경력을 쌓기 위하여 노력한다. 경력의 좋고 나쁨은 저서와 논문 편수에 달려 있고, 그들은 이를 늘리기 위하여 부정 행위를 저지르려고 할 수 있다. 또한 연구비 신청과 관련하여 제한된 연구 기금을 취득하기 위하여 과학기술자들은 어떤 성공적인 실험 결과를 내놓아야 한다. 실험이 계속하여 잘 이루어지지 않을 때 이들은 그럴 듯하게 데이터를 위조하고픈 욕망에 쉽게 빠질 수 있다. 또한 과학 기술의 연구 결과는 특허권 취득으로 연결되며, 이는 경제적인 보상을 뜻하는 것이다. 특히 생명공학과 같은 분야의 거대 프로젝트는 수십 내지 수백억에 달하는 보상 효과가 발생할 수 있다. 따라서 경제적인 동기가 비윤리적인 부정 행위를 저지르는 데 일조할 수 있음은 명백하다. 이는 대학교에서도 마찬가지다. 학생들은 보상을 기대하며 바라는 실험 결과를 얻기 위하여 데이터를 날조하거나 위조하려고 할 수 있다. 그리고 그들은 이러한 데이터 날조나 위조가 쉽게 드러나지 않는다는 사실을 잘 알고 있다. 실험 결과를 어떻게 얻었는지 과정에 대한 물음은 통상 제기되지 않고 실험 결과에만 초점을 맞추어 보상이 이루어지기 때문이다.

따라서 과학에서 윤리적인 부정 행위는 단순히 개인의 심리학적 병리 현상인 이례로서 바라볼 수 없는 것이다. 그러한 부정 행위는 연구 및 학습 환경에 자리한 요인들로부터 나오는 것일 수 있다. 단지 몇 번의 부정 행위라고 하더라도 과학 기술의 위상을 해치고 과학 기술에 대한 대중적 지원을 중단하게 만들 수 있다. 과학 기술은 거대한 정치 사회적 맥락 속에서 일어나는 협력 활동이다. 과학 기술의 연구는 중요한 정치 사회적이고 도덕적인 귀결을 낳을 수 있다. 과학기술자라고 하여 여러 다른 삶의 분야에서 일어나는 윤리적인 문제를 피할 수는 없다. 순수하게 객관적인 과학이란 그러한 문제들로부터 도피하고픈 이들이 만든 신화일 뿐이다. 또한 과학기술자 사회 안에서도 윤리적인 의견 차가 항시 자리할 수 있다.

우리는 삶의 도정에서 끊임없이 윤리적인 딜레마와 마주하고 도덕적인 선택을 이루어낸다. 그리고 이 과정에서 우리는 여러 윤리관이 지니는 의미를 학습하고 자신의 도덕적 선택에 관한 반성을 이루어낸다. 특히 전문화된 업무나 직업과 관련한 윤리는 공식적인 윤리 학습을 통해서만 배울 수 있을 것이다. 또한 복잡한 사회 제도 속에서 특정한 분야의 윤리에 관하여 충실히 학습하려면 공식적인 윤리 교육을 받아야할 필요가 있다. 그렇지 못할 경우, 해당하는 분야의 윤리적인 문제를 충분히 논의하고 반성할 기회를 얻지 못할 것이기 때문이다. 특히 과학 기술 분야에서 지속적으로 과학기술자들에게 윤리적 문제를 환기하고 자문할 기구가 필요하다고 할 것이다. 과학 기술은 가치 중립적이지 않다. 지속적인 윤리 교육만이 과학 기술과 관련하여 제기되는 수많은 문제를 해결하는 길이 될 수 있을 것이다. 윤리 교육이 없다면 그러한 문제들에 대한 인식이나 반성조차 없을 수 있기 때문이다. 다시 말하거니와 과학기술자도 인간이다. 윤리 학습은 인간으로서 당면하는 여러 유혹에 저항하거나 그러한 유혹으로 인한 결과를 이해하는 데 도움을 준다. 과학기술자에 대한 윤리 교육의 주요점은 과학주의에 대하여 반성하고 윤리적 사고를 체득하게끔 하는 것이다. 특히 대학의 젊은 과학기술자가 윤리에 관하여 사고하고 반성하지 못함은 큰 사회적 불행이라고 할 수 있다. 이는 사회에서 과학 기술에 대한 신뢰성을 잃게 하고 과학기술자에 대한 이해를 저해하며, 사회 복지를 위한 과학 기술의 기여도를 떨어뜨린다.

제3장 윤리와 도덕적 정당화

1. 윤리와 도덕

1) 윤리, 도덕이란?

국어사전을 찾아보면 '윤리'는 '사람이 지켜야 할 도리와 규범'이고, '도덕'은 '사람이 지켜야 할 도리 및 그것을 자각하여 실천하는 행위의 총체'라고 되어 있다. 즉, 의미상 별 차이를 보이지 않으면서 다만 도덕이라는 말이 윤리라는 말보다 더 넓은 외연을 가지는 것처럼 정의되어 있는 것이다.

그 한자적 의미를 보면, 윤리(倫理)의 '倫' 자는 '인륜', '윤리', '차례', '무리', '결', '가리다' 등의 뜻을 가지며, '理' 자는 '다스리다', '깨닫다', '사리', '도리', '나무의 결' 등의 뜻을 가진다. '倫' 자는 뜻을 나타내는 사람인 변(人) 부와 음을 나타내는 윤(侖)이 합하여 이루어져 있고, 侖은 다시 책과 모으는 일을 나타내는 집의 합자로서 책을 모아 읽고 생각하여 정리하는 일을 가리킨다. 음을 나타내는 侖(사람이 책을 읽고 많은 것을 생각함)과 사람(人)들과의 관계에서 지켜지는 차례와 질서라는 뜻이 합하여 '인륜'을 뜻하게 되는 것이다. '理' 자는 음을 나타내는 '里'와 구슬(王←玉)을 닦아내다는 뜻을 합하여 '다스리다'는 뜻을 가진다.

도덕(道德)의 '道' 자는 '길', '도리', '재주', '말하다' 등의 뜻을 가지며, '德' 자는 '큰', '덕', '도덕', '정의', '은혜', '은덕', '복', '행복', '목성' 등의 뜻을 가진다. '道' 자는 뜻을 나타내는 책받침(쉬엄쉬엄 가다) 부와 음을 나타내는 동시에 뜻을 나타내는 '首'가 합하여 이루어져 있고, 首(도는 변음)는 다시 사람 머리와 같이 사물의 끝에 있는 것(처음, 근거)이란 뜻을 나타낸다. 이렇게 '道'는 한 줄로 통하는 큰길이나 도덕적 근거를 가리킨다. '德' 자에서 음을 나타내는 '直'(덕은 변음)은 바로 보거나 옳게 보는 일을 가리키고 두인 변 부는 행동을 가리키며 '心'은 정신적인 사항임을 가리킨다. 이렇게 '德'은 행실이 바른 일, 남이 보나 스스로 생각하나 바람직한 상태에 잘 부합하는 일, 공정하고 포용성 있는 마음이나 품성, 도덕적 이상 또는 법칙에 좇아 확실히 의지를 결정할 수 있는 인격적 능력, 의무적 선 행위를 선택하고 실행하는 습관 등을 나타낸다.

이러한 윤리 내지 도덕에 해당하는 영어의 morality, 라틴어의 mores, 그리스어의 ethos, 독일어의 sitte 등은 모두 관습이나 습속의 의미를 담고 있다. 자신을 둘러싸고 있는 환경에 순응하고 자신이 소속하고 있는 집단의 구성원으로 살아간 방식과 습속에서 도덕 내지 윤리가 생긴다고 보는 것이다. 이렇게 인간 사회에서 도덕이나 윤리의 필요성은, 앞서 프로메테우스 신화와 타무스 신화에서 사회 형성이나 기술의 사용에서 인간에 대한 존경심과 정의감을 강조한 플라톤의 주장에서도 또한 엿볼 수 있었던 것이다. 도덕 내지 윤리는 인간 사회의 유지를 꾀하는 것이기에, 우리에게 가장 중요한 것인 옳음(정의, 공정)의 기준과 좋음(행복, 선)의 기준을 담아낼 수밖에 없다. 또한 그러한 기준 설정은 특정 사회에만 적용되는 관습을 넘어서 누구나 합리적으로 동의할 수 있는 보편적인 성격을 가질 수밖에 없다. 인간은 누구나 좋음을 추구하고, 이러한 좋음을 보편적으로 실현하기 위하여 옮음은 필수적인 것이기 때문이다. 윤리학은 바로 이러한 좋음이나 옳음의 보편적 기준에 대한 반성적 학문이다.

윤리학은 통상 세 가지로 분류할 수 있다. 기술적 윤리학, 규범 윤리학, 메타 윤리학이 그것이다. 첫째, 기술적 혹은 경험적 윤리학은 상이한 집단과 제도, 문화권에서 작용하는 도덕과 인륜과 같은 복잡한 현상을 서술, 설명하려고 시도한다. 그리고 경우에 따라서는 인간의 행위에 대한 경험적인 이론을 일반화하려고 시도한다. 이를 우리는 통상 그저 '도덕'이나 '윤리'라고 부른다. 둘째, 규범 윤리학은 당대의 지배적인 도덕을 비판적으로 검토하고 올바른 행위의 형식이나 원리를 정초하려는 목표를 가진다. 셋째, 메타 윤리학은 도덕적 명제의 언어적 요소와 형식을 비판적으로 분석하고 그 도덕적 명제를 정당화하는 방법을 발전시키는 과제를 담당한다. 통상적으로 반성적인 학문으로서 '윤리학'이라고 하면 바로 이 규범 윤리학과 메타 윤리학을 가리키는 것이다.

2) 기초적인 도덕적 물음

윤리적이거나 도덕적인 인간이 됨으로써 우리는 비로소 자유로울 수 있고, 우리의 삶은 멋지고 훌륭한 것일 수 있다. 이를 몸으로 보여주며 가르치려 한 이가 바로 소크라테스다.

소크라테스는 "어떻게 살아야 할까"라는 질문을 아테네 사람들에게 묻고 다니면서 우리가 따라야 할 보편적이고 항구적인 도덕 기준을 확보하려고 하였다. 하지만 이러한 소크라테스에게 오히려 나라의 도덕 질서를 어지럽히고 젊은이들을 타락시켰다는 죄목으로 사형이 언도된다. 플라톤의 <대화편> 중 하나인 『크리톤』은 이러한 상황에서 소크라테스의 처형 하루 전날 아테네의 부호로서 소크라테스의 절친한 친구인 크리톤이 소크라테스에게 적극적으로 탈옥할 것을 권하는 장면을 그려내고 있다. 크리톤은 소크라테스에게 현실적인 탈옥의 이유를 제시한다. 정치적 이유로 탈옥하는 것은 흔한 일이고, 자신에게 소크라테스의 탈옥을 가능하게 할 수 있는 능력이 있는데도 그리하지 않는 것은 대중의 평판을 거스르는 것이다. 또한 남아 있는 어린 자식들을 위해서라도 그는 탈옥을 해야 한다.

늙은 친우의 이러한 애절한 탈옥 종용에 대하여 소크라테스는, 과연 그러한지에 대한 판단, 행위의 기준 및 원칙을 찾아보자며 다음과 같이 주장한다.

> 여보게나 크리톤! 자네의 그 열의가 만일에 어떤 정당성을 갖추었다면, 그야 큰 가치가 있는 것일세. 그러나 만일에 그렇지 못하다면, 그 열의가 더하면 더할수록 그만큼 더 곤란한 것일세. 그러니 우리가 그걸 실천해야만 할 것인지 아니면 하지 말아야 할 것인지를 검토해 보아야만 하네. 이건 내가 이제 비로소 하는 것이 아니라, 언제나 추론해보고서 내게 가장 좋은 것으로 판단되는 그러한 원칙(logos) 이외에는 내게 속하는 그 어떤 것에도 따르지 않는 그런 사람이기 때문

일세. 이전에 내가 해오던 바로 그 주장들을 내게 이런 운명이 닥쳤다고 해서 이제 내던져버릴 수도 없지만, 그것들이 내게는 거의 같은 것들로 보이며 따라서 이것들을 이전에도 그랬던 것들과 똑같은 것들로서 받들며 존중하네. 현재로서는 우리가 이것들보다 나은 것들을 말할 수 없다면, 내가 자네와 동조하지는 않을 것이라는 걸 잘 알아두게나. 설령 많은 사람의 힘이 오늘날보다 더한 것으로 마치 아이들에 대해서 하듯 우리에게 겁을 준다 한들, 투옥과 죽음 그리고 재산 몰수의 압력을 가하면서 그리한들, 그렇게 하지 않을 걸세. 그러니 이 문제를 우리가 어떻게 검토해보는 것이 가장 적절하겠는가?[27]

소크라테스는 올바른 것들과 올바르지 못한 것들, 추한 것들과 아름다운 것들 그리고 좋은 것들과 나쁜 것들과 관련해서는 많은 사람의 의견에 따르는 것이 아니라 전문가인 한 사람이나 진리 자체가 말하는 것에 유념해야 한다고 주장한다. 소크라테스에 따르면, 우리의 삶에서 가장 소중한 것은 그저 사는 것이 아니라 훌륭하게 사는 것이다. 그리고 훌륭하게 살기 위해서는 올바르지 못한 일을 고의로 해서는 안 되고 약속을 지켜야 한다. 따라서 탈옥은 나라와 다른 관련된 시민들을 해치는 올바르지 못한 일임을 알고 있고 아테네의 시민으로서 지키기로 약속한 법률을 깨뜨리는 행위이기에, 자신은 탈옥할 수 없다고 완강히 주장하며 죽음을 맞이한다. 이 일화는 도덕적 판단과 그 기준에 관하여 반성적으로 생각해볼 수 있는 전형적인 계기를 마련한다.

우리의 일상은 수만 가지 것들로 가득 차 있고, 그러한 것들 중에서 좋은 것과 나쁜 것 또는 옳은 것과 그릇 것을 구분하기란 쉽지 않다. 삼겹살 구이는 저녁에는 좋은 것이었지만 아침에는

27) 플라톤, 『크리톤』, 46b-46c, 『플라톤의 네 대화편(에우티프론, 소크라테스의 변론, 크리톤, 파이돈)』, 박종현 역주, 서광사, 2003, 217-219쪽.

나쁜 것일 수 있다. 술은 조금 마시면 좋은 음식일 수 있지만 많이 마시면 몸에 해를 미치는 나쁜 것일 수 있다. 격렬한 운동은 젊은이에게는 좋은 것이지만 노인에게는 나쁜 것일 수 있다. 우리의 혀는 선한 말을 들려줄 수 있다는 점에서 가장 좋은 것이기도 하지만, 세상의 온갖 악을 쏟아낼 수도 있다는 점에서 가장 나쁜 것이기도 하다. 옳고 그른 것 또한 마찬가지다. 일반적으로 거짓말은 사회에 악영향을 낳기에 그릇된 것이지만, 때로는 그렇게 하는 것이 옳은 것으로 보일 경우도 있다. 불치병에 걸린 사람에게 금방 나을 수 있다고 거짓말을 하거나, 급작스런 사고로 부모를 잃은 어린아이에게 부모가 외국에 나갔다고 거짓말을 하는 경우가 그러하다. 일반적으로 폭력은 옳은 것이 아니지만 사회적 약자가 폭행을 당하고 있을 때 맞서 싸우지 않고 지나쳐 버린다면 오히려 그것은 옳은 일이 아닐 것이다.

이러한 상황에서 소크라테스의 "어떻게 살아야 할까"라는 물음이 우리에게 어떤 지침을 줄 수 있는가? 소크라테스는 구체적인 상황에서 우리가 따를 수 있는 특수한 지침을 추구한 것이 아니라 반성적인 삶 자체를 추구한 것이다. '반성'이라 함은 굳어 있는 고정된 것이 아니라 무수한 상황에 유연하게 대처할 수 있는 힘을 준다. 그래서 반성하지 않는 삶은 살 가치가 없다고 소크라테스는 주장했던 것이다. 반성하는 삶은 훌륭하고 멋진 삶이요, 이는 누구나 원하는 삶일 것이다. 물론 사람마다 그들이 원하는 삶은 각기 다를 수 있다. 길동이는 무술의 달인이 되기를 바라고 있고, 몽룡이는 학식을 갖춘 사람이 되기를 바라며, 갑돌이는 갑순이와 함께 하는 평범한 소시민의 삶을 바라고 있다. 사람들이 바라는 바는 이렇게 다를 수 있지만 그러한 바람들이 공통적으로 지향하고 있는 면이 있다. 사람들은 결코 나쁜 삶을 추구하지는 않는다. 즉, 그들은 바로 좋은 삶을 살기를 바란다는 것이다. 물론 그 좋음의 실현은 수만 가지 형태로 나타날 수 있지만 좋음을 지향한다는 사실은 여전히 남아 있다. 좋고 나쁜 삶을 가리는 것이 바로 소크라테스가 이야기하는 반성의 힘이다.

3) 도덕의 기초로서 자유

인간에게는 좋은 삶과 나쁜 삶을 선택할 수 있는 자유가 주어져 있다. 이러한 자유가 없고 우리 모두가 자신에게 주어진 삶을 운명적으로 살 수밖에 없다면 '훌륭함'이니 '반성'이니 '좋음'이니 '올바름'이니 하는 말은 아무런 의미도 없을 것이다. 모든 것은 원래 그러한 것이고 그런 식으로 흘러갈 수밖에 없기 때문이다. 동물의 세계를 보자. 육식 동물들은 먹이사슬에 따라 다른 동물을 희생시켜 자신의 생존을 도모한다. 다른 동물을 희생시키는 행위가 인간이 보기에 끔찍스럽고 잔인한 일로 비춰질 수도 있으나 그 동물들에게는 다른 선택의 여지가 없는 것이다. 우리는 흔히 연약해보이는 비둘기나 토끼, 노루 등은 좋은 동물로 여기고, 사나워 보이는 까마귀나 늑대 등은 나쁜 동물로 간주하곤 한다. 하지만 실상을 알고 보면 금방 이러한 생각이 잘못된 것임을 알 수 있다.

로렌츠(Konrad Zacharias Lorenz)의 『재미있는 동물 이야기』의 한 토막을 소개해보겠다. 로렌츠가 아프리카산 염주비둘기와 유럽산 꿩비둘기의 교잡종을 육성해보려고 함께 새장 안에 두고 볼일을 마치고 하루 뒤에 돌아와 보았는데, 새장 안에 소름끼치는 광경이 펼쳐져 있었다고 한다. 꿩비둘기가 새장 한쪽 구석에

쓰러져 있었는데, 머리에서 꼬리 부분에 이르기까지 깃털이 모두 뽑혀지고 가죽이 전부 벗겨져 있었다. 그리고 그 적나라한 광경 한가운데 평화의 상징인 비둘기가 먹이를 움켜잡은 독수리처럼 오만하게 떡 하니 서 있었다는 것이다.

> 쓰러져 있는 비둘기가 최후의 기력을 짜내서 도망치려고 일어나자마자 염주비둘기는 즉시 다시 넘어뜨리고 날개로 상대를 강타했다. 그리고 또다시 냉혹하기 짝이 없는 살해 작업에 착수했다. 더구나 자신도 이미 지쳐서 꾸벅꾸벅 눈을 감고 졸다가는 다시 눈을 뜨는 형편이었다.[28)]

이러한 상황은 온순하다고 알려져 있는 산토끼와 노루사슴의 싸움에서도 드러났다고 한다. 하지만 사나운 것으로 알려진 까마귀와 늑대의 경우에는 전혀 의외의 일이 벌어진다. 까마귀는 동료나 주인의 눈을 쪼지 않았으며, 늑대는 상대방이 항복한 경우에 더 이상 공격을 시도하지 않았다. 과연 어느 쪽이 더 좋은 동물이고 어느 쪽이 더 나쁜 동물이라고 말해야 할까? 로렌츠는 이러한 행태를 진화에 따른 사회적 억제력이 있고 없음의 차이에 기인한 것이라고 설명한다. 비둘기와 산토끼와 노루사슴은 폭력이 있다고 하여도 그 무리의 생존을 위협할 정도는 되지 못하기에 사회적인 폭력 억제력을 발달시키지 못하였지만, 까마귀나 늑대의 경우에는 폭력이 억제되지 않을 경우 그 무리의 생존에 치명적인 영향을 미치기에 그러한 억제력을 발달시킬 수밖에 없었다는 것이다.

우리 인간에게도 분명 생물학적인 측면에서 어찌할 수 없이

---

28) K. Z. 로렌츠, 『재미있는 동물 이야기』, 정성호 역, 오늘, 1993, 218쪽.

예정되어 있는 측면이 있다. 그렇지만 우리는 나쁜 삶을 멀리하고 좋은 삶을 지향할 선택의 자유를 가지고 있다. 우리는 그 어떤 상황에서도 미리 예정된 길이 아니라 자신의 길을 찾아내어 그 길을 갈 수 있는 것이다. 우리는 자신에게 주어진 행동 양식을 반복하며 살지 않으며, 모두가 각자 자신의 삶을 살아간다. 프롬(Erich Pinchas Fromm)이 「윤리학과 정신분석학(Ethics and Psychoanalysis)」[29]에서 말한 것처럼, 인간은 지루함과 불만을 느끼고 자신이 낙원에서 추방되었다고 믿고 있는 유일한 생물일 수 있는 것이다.

내가 원하지 않아도 나에게 수많은 일이 일어날 수는 있지만, 나는 나의 의지에 따라 그러한 일들에 대처할 수 있다. 나는 내가 좋다고 그리고 내가 옳다고 판단한 일을 행할 수 있다. 그렇다고 하여 내가 원하는 것들을 바로 얻는다거나, 원하는 방향으로 사태를 바로잡을 수 있는 것은 아니다. 우리의 자유를 제한하는 힘은 세상 도처에 깔려 있다. 이것은 물리적인 강제력일 수 있고 정신적인 압박일 수 있다. 그렇지만 우리는 그러한 구속에서 벗어날 수 있는 자유를 진정으로 원한다. 나를 둘러싸고 있는 모든 사람들은 모두 저마다의 자유를 누리면서 살고 있다. 그들은 자신의 의지를 가지고 결단을 내리고 그러한 결단에 따라 행한다. 나는 그들과 수많은 대화를 나누고 그들을 이해한다. 이러한 대화와 이해가 가능한 것은 우리 모두가 자유로운 존재임을 서로 알고 있다는 뜻이다. 자유가 없다면 모든 일은 자동적으로 이루어질 것이요, 우리의 행위에 대한 근거나 이유를 찾아 대화하고 이해하는 일은 아무런 쓸모도 없는 것이기 때문이다. 이렇게 우

29) Erich Pinchas Fromm, *Man for himself : an inquiry into the psychology of ethics*, Henry Holt and Company, 1946, pp.30-37 참조.

리의 자유를 기초로 하여 좋고 나쁜 것과 옳고 그릇 것을 가리고 판별하게 하는 삶의 지혜를 찾는 것이 바로 윤리학의 기능이라고 할 수 있을 것이다.

4) 자유로운 결단과 반성

우리의 일상을 보면, 심각하게 생각하여 결단을 내리고 그에 따라 행하는 일은 상당히 드문 일인 것처럼 보인다. 그냥 아무 생각 없이 자동적으로 일상이 이루어지는 것 같다. 아침에 달콤한 잠을 떨쳐버리지 못하면서도 자리에서 일어나 세수를 하고 아침을 먹고 전철을 타고 학교로 향한다. 학교에 와서 도서관에 자리를 잡고 수업을 듣고 친구들과 떠들며 점심을 먹는다. 나는 이 와중에 숱한 행위를 하였을 것이다. 과연 이러한 행위는 자유로운 결단과 더불어 이루어진 것인가?

오늘이 주말이 아니라 평일이어서 아침에 일찍 일어났고, 습관적으로 세수를 했으며, 배가 고파 아침을 먹었고, 공부를 해야 하니까 전철을 타고 학교로 향했다. 이러한 행위들의 면면을 보면 의무와 습관과 충동이 미묘하게 뒤엉켜 행위의 이유를 이루고 있는 것으로 보인다. 사회의 구성원으로서 나에게 부과된 의무 때문에, 사회적 관습이 나에게 틀을 지운 습관 때문에, 불현듯 내 안에 생겨난 충동 때문에 나는 이러저러한 행동을 한다는 것이다. 하지만 이러한 의무나 습관이나 충동은 삶의 중요 문제와 관련하여 신중하게 결단해야 하는 경우에는 그렇게 적합한 것이 아닌 것으로 보인다.

나는 내 친구 몽룡이가 에이즈 환자인 것을 알고 있다. 그리고 어느 날 내가 알고 지내는 춘향이가 몽룡이와 사귀고 있는 것을 알게 되었는데, 춘향이는 몽룡이가 에이즈 환자라는 사실을 모르고 있는 것을 확인하였다. 나는 어떻게 해야 할까?

자재과 직원인 나는 직속 상사인 부장이 창고에서 몰래 제품을 빼돌리고 있다는 사실을 발견하였다. 부장도 내가 자신의 비리 사실을 발견하였다는 것을 알고 있는 것 같은데, 아무런 언질도 주지 않는 것으로 보아 내가 당연히 입을 다물고 있으리라 믿고 있는 것 같다. 사실 부장은 나의 고등학교 선배이고, 다행히도 부장이 빼돌리고 있는 물량이 적어 발각될 위험도 거의 없어보인다. 그리고 이번 일만 입을 다물면 나의 인사 고과에도 큰 도움이 될 것 같다. 나는 어떻게 해야 할까?

기관사인 나는 열차를 몰고 있다가 브레이크가 고장이 났다는 사실을 알아차리고 본부에 급하게 그러한 사실을 통보한다. 본부에서는 열차로부터 50km 떨어진 지점에 인부들 5명이 작업하고 있다는 사실과, 본선에서 분기한 선로에도 역시 비슷한 지점에 인부들 2명이 작업하고 있다는 사실을 알려온다. 그리고 본부로부터 그들에게 연락할 방도가 전무하기에 분기점에서 우회하라는 지시를 받는다. 나는 어떻게 해야 할까?

비행기가 바다에 불시착하여 10인승 구명 보트에 15명이 타게 되었다. 보트에는 물이 스며들 수밖에 없었고 승무원인 내가 어떤 조치를 취해야 할 상황이었다. 이 구명 보트는 12명까지는 그럭저럭 견딜 수 있게 설계되었고, 이 상황에서 아무 조치도 취하지 않을 경우 한 시간 후에는 가라앉을 수밖에 없음을 나는 알고 있다. 나는 어떻게 해야 할까?

나는 조디와 메리라는 이름을 가진 샴쌍둥이의 부모다. 메리는 폐와 심장이 없어 조디에게 생명을 의지하고 있다. 의사는 이 두 아이가 같은 심장과 폐를 사용하기 때문에 그대로 두면 수개월 안에 모두 사망한다고 진단했다. 메리를 떼어내야 조디라도 살릴 수 있다. 나는 이러한 수술을 허용해야 하는가?

이 모든 경우에 사회적 통념이나 관습이나 습관이나 충동은 나의 행위를 위한 충분한 근거가 될 수 없을 것이다. 모두가 '아니'라고 할 때 '예'라고 할 수도 있는 것이다. 왜 나는 사회적 통념이나 관습에 따라서 행해야 하는 것인가? 내가 보기에 옳지 못한 행위라 할지라도 남들이 다 그러니까, 직장 상사가 시켰기 때문에 그렇게 했다고 나의 행위를 정당화할 수 있을까? 충동도 마찬가지다. 목전의 성취감 때문에 충동적으로 어떤 일을 해놓고 후회하는 일이 얼마나 빈번한가. 자신이 진정으로 원하는 일을 하고자 한다면 우리는 이러한 통념과 관습과 충동으로부터 자유로울 필요가 있다. 그리고 그러한 자유의 힘을 주는 것은 바로 반성이다. 이러한 반성을 통하여 소크라테스와 함께 인간에게서 '좋음'과 '옳음'이 무엇인지 끊임없이 캐묻고, 스스로 좋다거나 옳다고 판단한 근거에 따라 행할 수 있는 것이다.

이렇게 우리에게 주어진 자유는 우리가 선택할 수 있는 여지를 제공한다. 아주 소소한 일상의 일로부터 시작하여 극히 중요한 삶의 문제에 이르기까지 우리에게는 여러 선택지가 주어진다. 우리는 우리에게 닥칠 일을 선택할 자유는 없지만 우리에게 닥친 일에 대응하여 무엇을 할 것인지 선택할 자유는 있는 것이다. 우리는 우선 결단이 왜 필요한지 상황을 파악할 것이다. 이러한 상황은 다수의 선택지를 허용하는 것일 수도 있고 소수의 선택지만을 허용하는 것일 수도 있다. 물론 이러한 선택지 중에서 우리가 받아들이고 있는 윤리적인 기준에서 너무 벗어나 있는 것은 과감히 배제시킬 것이다. 우리에게 주어진 선택지가 어떤 것이 있는지 파악하였다면 다음으로 각각의 선택지가 가져올 수 있는 결과에 대하여 고려할 것이다. 그리고 그러한 결과를 저울질하여 우리가 당면한 상황에서 어떤 선택지가 가장 적합한 것인지를 판정할 것이다.

이렇게 결단하는 일은 상당히 치밀한 검토와 반성을 필요로 하는 지난한 작업이라고 할 수 있다. 그리고 도덕적인 문제와 관련한 결단은 우리의 삶에서 극히 중요한 것이기에 조금의 소홀함도 치명적인 결과로 이어질 수 있다. 그래서 도덕과 반성은 항상 함께 갈 수밖에 없는 것이다. 윤리학은 고정된 도덕적 체계를 다루는 것이 아님을 명심해야 한다. 마찬가지로 우리의 도덕적인 결단은 단지 기존의 도덕 원리를 수용하고 그 원리에 부합하는지를 검토하는 데 그치는 것이 아니라, 그 원리 자체에 대한 반성과 그 원리의 적용에 대한 반성 양자를 동시에 담아내는 것이다. 즉, 도덕이나 윤리는 고정된 것이 아니라 그 자체가 변화무쌍한 우리의 삶을 이루는 일부로서 그러한 삶과 함께 가는 것이라고 할 수 있겠다.

5) 왜 도덕적인 삶인가?

그렇다면 우리는 왜 도덕적인 삶을 살아야 할까? 그냥 멋대로 사는 삶이 훨씬 더 편하고 안락한 것으로 보일 수도 있다. 우리가 도덕적인 삶을 살아야 하는 것은 그러한 삶을 바로 우리가 원하기 때문이다. 소크라테스의 답변에 귀 기울여보자. 그것이 더 훌륭하고 좋은 삶이라서, 그것이 더 멋진 삶이라서 우리는 도덕적으로 살아야 한다는 것이다. 인간은 혼자 사는 것이 아니라 사회 속에서 살아간다. 그 누구의 도움도 없이 혼자서 인간이 되기는 불가능하다. 인간은 언어를 통하여 서로 이해를 나누고 어떤 문화적인 토대를 공유한다. 그래서 멋진 삶을 산다는 것은 그것을 혼자서 가진다는 의미만이 아니라 남에게 그러한 멋진 삶을 준다는 의미도 동시에 갖는 것이다. 나 혼자서 멋진 삶을 살기란 불가능하다.

이러한 멋진 삶을 살려면 자신의 행동에 대하여 반성할 수 있는 능력이 있어야 한다. 그리고 아무렇게나 살지 않기로 결심하는 것, 조만간 죽는다고 할지라도 모든 게 마찬가지인 건 아니라는 신념을 갖는 것이 필요하다. '도덕'에 대해 이야기하면 대부분의 사람들은 그 이유를 정확히 알지 못하면서도 관행에 따라 존중하고 있는 명령이나 관습을 생각한다. 하지만 진정한 어려움은 어떤 조항에 복종하거나 주어진 규칙에 항거하는 것이 아니라 그 이유를 이해하는 것에 있다. 어떤 태도는 마음에 들고 어떤 태도는 마음에 들지 않은 이유를 이해하는 것, 삶이 무엇이며 우리의 삶을 멋진 것으로 만들어주는 것이 무엇인지를 이해하는 것이 그것이다. 다른 사람들과 이야기를 나누어 그들이 옳을 때 그것을 인정하고, 그들의 말에 귀를 기울일 줄 알아야 한다. 동시에 고독 속에서 스스로 결단을 내릴 수 있어야 한다. 나의 자유를 남이 대신 행사할 수는 없는 것이니까.

무질서하고 약탈이 횡행하는 사회에 살기를 바라는 사람은 없다. 하지만 질서 있고 조화로운 사회를 이루어내려면 일단 그 사회의 구성원 각각이 그 사회 질서를 이루어내는 도덕을 지키고 따라야 한다. 나는 개인적으로 자유로우면서도 한 사회의 구성원이기에 그 사회 도덕을 지키는 한에서 자유롭다고 할 수 있다. 결국 비도덕적인 삶보다는 도덕적인 삶이 나의 본질을 잘 표출해내는 것이라 할 수 있을 것이고, 나에게 멋진 삶을 보장해줄 수 있는 것이라 할 수 있다.

2. 도덕적 주장과 정당화

1) 도덕적 주장이란

일단 주장은 감탄이나 의문이나 느낌을 표현하는 것과는 달리 참이거나 거짓일 수 있는 명제를 내세우는 것이다. 이러한 주장 중에는 '사실이 이러저러하다고 서술하는' 사실 주장이 있고 그 어떤 기준에 견주어 '가치를 매기는' 평가적 주장이 있다. 사실적 주장과 평가적 주장의 사례를 들어보자.

사실적 주장

가) 지구는 둥글다(과학적 사실).

나) 삼각형의 내각의 합은 180도다(기하학적 사실).

다) 몽룡이가 과거에 급제했다(경험적 사실).

라) 이순신 장군이 거북선을 만들었다(역사적 사실).

평가적 주장

마) 소크라테스는 훌륭한 사람이다(인격적 가치).

바) 거짓말은 그릇된 것이다(도덕적 가치).

사) 금융 거래에서 타인의 명의 도용은 금융실명제를 위반하는 일이다(법적 가치).

아) 「모나리자」는 아름다운 그림이다(미적 가치).

자) 공공 장소에서 시끄럽게 떠드는 것은 예의에 어긋나는 일이다(예절 가치).

도덕적 주장은 평가적 주장 중에서 마)와 바)의 주장을 꼽을 수 있을 것이다. 마)의 주장은 인격적 품성에 관하여, 바)의 주장은 인간의 행위에 관하여 가치 판단을 내리고 있다. 이렇게 도덕적 주장은 어떤 품성이나 행위가 옳다거나 그르다고 진술하고, 이에 기초하여 그러한 품성이나 행위를 권고하는 형태를 취한다. 소크라테스가 훌륭한 사람이기에 그의 행위나 품성을 본받아야 한다고 권고할 수 있고, 거짓말은 그릇되기에 거짓말을 해서는 안 된다고 권고할 수 있다. 이렇게 평가나 권고를 나타내기 위하여 통상 '해야 한다', '옳다', '그르다', '훌륭한', '찬탄할 만한', '잔인한', '비인간적인' 등의 용어를 사용하곤 한다.

권고하거나 평가하는 용어가 있다고 하여 모두 도덕적 주장인 것은 아니다. 어떤 물건을 사거나 운동을 하거나 자리를 고를 것인지 권고하는 주장이나, 예술과 문학에서 미적인 것을 평가하거나 감각적인 평가를 담고 있는 주장처럼 권고나 평가와 관련하면서도 도덕적인 것으로 보이지 않는 주장들도 숱하게 있기 때문이다. 이러한 주장들 중에서 도덕적인 것은 아니나 권고를 담고 있는 주장은 주로 이해타산과 관계가 있다. 이해타산 주장은 '~을 원한다면 ~해야 한다'는 형식을 갖추고 있다.

차) 날씬해지려면 꾸준히 운동을 해야 한다.

카) 일찍 일어나는 새가 벌레를 잡는다(벌레를 잡으려면 일찍 일어나야 한다).
타) 춘향과 결혼하려면 과거에 급제해야 한다.
파) 출세하려면 줄을 잘 서야 한다.

이렇게 이해타산적인 주장이 항상 특정한 목표나 이해를 내세우는 데 반하여, 도덕적인 주장은 무조건적인 의무를 표현한다. "공정해야 한다", "약속을 지켜야 한다" 등의 주장에서 보듯이, 도덕적 주장은 단지 그것이 마땅히 행해야 할 의무이기에 해야 한다고 권고하는 것이다.

도덕적 의무나 금지를 표출하는 도덕적 주장 이외에 도덕적 허용을 드러내는 도덕적 주장이 있다. 개고기 식용, 낙태, 안락사, 배아 복제, 사형 제도 등의 논쟁적인 도덕적 문제와 관련하여 도덕적 의무나 금지를 강하게 주장하지 않고 다만 개고기 식용이나 낙태나 안락사나 배아 복제나 사형이 도덕적으로 허용될 수 있다고 약하게 주장하는 사람들이 있다. 도덕적으로 허용될 수 있는 것은 일상적으로 숱하게 있을 수 있지만 별로 중요하지 않은 문제와 관련한 주장까지도 모두 도덕적 주장이라고 하기에는 무리가 있다. 그래서 우리는 인간의 삶에서 중요한 문제에 관한 도덕적 허용 진술을 도덕적 주장이라고 간주할 수 있을 것이다.

2) 도덕적 주장의 정당화

도덕적 주장은 인간 삶의 중요한 문제와 관련하여 이러저러한 명제가 옳다고 서술한다. 그렇다면 그러한 명제가 옳다는 것을 뒷받침할 근거나 이유가 마련되어야 한다. 아무런 근거나 이유도 없는 주장은 다만 독단적인 자신의 의견 표출에 불과할 것이고, 그것을 선뜻 받아들일 사람은 거의 없을 것이기 때문이다. 특히 그것이 도덕적 주장과 같이 중요한 삶의 문제에 관한 주장이라고 한다면 더욱 그러할 것이다. 이렇게 어떤 주장이 옳음을 드러내거나 입증하기 위하여 근거나 이유를 대는 활동을 '정당화'라고 부른다.

어떤 주장을 정당화하기 위하여 제시할 수 있는 이유로서 경험을 통하여 얻을 수 있는 증거(과학적 증거와 통계적 증거를 포함하여)와 참인 것으로 알려진 일반 원리 등을 제시할 수 있다. 이러한 이유들은 해당 주장과 마찬가지로 참인 것으로서 제시되며, 한데 어울려 그 주장을 지지한다. 제시된 이유를 입증하는 증거가 다시 주어질 수 있으나, 어딘가에서 시작하여야 하기에 다른 모든 것의 기초가 되면서 그러한 증거를 댈 수 없는 이유가 있을 수 있다.

이렇게 어떤 주장이 참임을 입증하는 '정당화'는 이미 참인 것으로 밝혀진 주장과 관련하여 그것이 왜 그러한지 이유를 대는 '설명'과 구분해야 한다. 예를 들어 '인구가 증가하고 있다'고 주장하고 그 이유로서 '음식과 의료 체계 개선으로 인한 평균 연령의 증가'를 들고 있다면, 이것은 인구 증가를 이미 참인 것으로 밝혀진 것으로 보고 그 사실을 밝히는 이유를 대고 있기에 설명이라고 할 것이다. 하지만 수년 동안의 인구 조사에 기초한 통계치를 제시하고 현재의 인구가 과거의 인구보다 확연히 많아졌음을 지적하면서 인구가 증가하고 있다고 주장한다면, 이것은 아직 참이 밝혀지지 않은 어떤 주장이 참임을 입증하려고 하는 것이기에 정당화라고 할 수 있다. 이러한 정당화의 맥락과 설명의 맥락은 구분하기 어려운 경우가 있다. 앞서 정당화 사례에서 주장하는 이가 '평균 연령이 증가하고 있기에 인구가 증가하고 있다'고 표현하여 마치 '평균 연령 증가'를 '인구 증가'를 입증하기 위한 이유를 제시하고 있는 것으로 보이게끔 하는 경우가 그러할 것이다. 이러한 경우, 우선 주장자의 의도를 물어야 한다. 주장자는 이 맥락에서 정당화를 꾀하고 있는 것인가(한 주장이 옳다고 입증하려고 하는가), 설명을 꾀하고 있는 것인가(옳음이 입증된 사실을 밝히려고 하는가)? 다음으로 그 맥락이 과연 정당화의 맥락인지 설명의 맥락인지 확인해야 한다. 이 맥락에서 주어진 이유들은 어떤 주장이 옳다고 입증하는 것으로 볼 수 있는가, 아니면 옳음이 입증된 사실을 밝히는 것으로 볼 수 있는가? 물론 설명이 정당화와 전혀 무관한 것은 아니다. 정당화 과정에서 어떤 주장을 뒷받침하기 위하여 제시된 이유를 (왜 그것이 사실인지) 분명히 드러내려고 설명을 사용할 수도 있다.

도덕적 주장의 정당화를 위한 근거나 이유로서 다시 도덕적이거나 평가적인 진술을 제시할 수밖에 없다고 주장되곤 한다. 경험적 진술은 객관적인 사실과 대조를 해보면 그 참 여부가 드러날 수 있기에 원리상 참이거나 거짓일 수 있는데, 도덕적 주장을 이루는 평가적 진술은 그러한 사실적 진술과는 달리 참이거나 거짓일 수 없다는 것이다. 평가를 하려면 기준이 있어야 할 것이고 아무리 그 근거를 캐들어 간다고 하여도 가장 기초적인 기준 역시 다른 기준을 필요로 하는 평가적 진술일 수밖에 없다. 최종적으로 기댈 수 있는 것이 없기에 결국 그러한 평가적 진술의 참이나 거짓은 가정될 수밖에 없을 것이다. 그렇다면 사실적 진술을 가지고 그러한 기초를 마련할 수는 없을까? 하지만 많은 도덕 이론가들은 사실에서 가치를 이끌어낼 수 없다고 반대하곤 한다. 이와 관련한 논의는 윤리학에서 논쟁적인 '사실' / '가치', '존재' / '당위' 이분법과 관련이 있기에 다음 절에서 '상대주의'를 논의하며 따로 상세히 다룰 것이다.

3) 정당화와 논증

누군가가 어떤 주장을 제시하고 그것을 뒷받침하는 근거나 이유를 대면서 정당화를 시도하고 있을 때, 우리는 그가 '논증'을 제시하고 있다고 말한다. 논증을 제시하고 있는 사람을 '논자'라고 부를 수 있다. 논자가 제시하는 주장은 '결론'이라고 칭하고, 결론을 뒷받침하기 위한 근거나 이유는 '전제'라고 칭한다. 통상 여러 이유가 하나의 주장을 뒷받침한다는 것을 감안하면, 전제가 하나 이상일 수 있음을 짐작할 수 있을 것이다. 즉, 논증은 하나의 결론과 하나 이상의 전제로 이루어진다. 이러한 논증의 구조를 드러내기 위하여 다음과 같은 '논증 표준화 형식'을 사용할 수 있다.

논증 표준화 형식

1. (전제 1)
2. (전제 2)
3. (전제 3)

....

4. (전제 n-1)

---

5. (결론 n)

다음 논증을 위 형식에 따라 표준화해보자.

열심히 공부하는 사람만이 자신의 시험 성적을 높일 수 있다. 길동은 이번 학기에 열심히 공부할 수 없었다. 그의 시험 성적은 지난 학기와 마찬가지로 나쁠 것이다.

1. 열심히 공부하는 사람만이 시험 성적을 높일 수 있다.
2. 길동은 이번 학기에 열심히 공부하지 않았다.

---

3. 길동의 이번 학기 시험 성적은 지난 학기처럼 나쁠 것이다.

이렇게 논증을 표준화할 경우, 논증의 골자를 이루는 전제와 결론 이외에 부수적인 부분은 과감하게 생략하고 전제와 결론 역시 단순 명료하게 서술문으로 제시하는 것이 바람직하다. 이러한 논증 표준화는 전체 논증의 구조를 한눈에 볼 수 있게 하고, 논자가 결론을 지지하기 위하여 어떤 이유를 어떤 방식으로 제시하고 있는지 쉽게 알 수 있게끔 한다.

어떤 텍스트가 논증을 포함하고 있는지 알아보기 위하여 통상 논증 지시어가 있는지 여부를 먼저 확인한다. 논증 지시어 중에서 전제를 가리키는 지시어로는 '왜냐하면', '때문에', '그 이유는' 등이 있고, 결론을 가리키는 지시어로는 '따라서', '그러므로', '그러한 까닭에' 등이 있다. 이러한 논증 지시어는 단지 논증을 쉽게 찾아내기 위한 지표일 뿐이다. 즉, 그러한 지시어 단어가 있다고 하여 꼭 논증이 있는 것도 아니고, 없다고 하여 꼭 논증이 없는 것도 아니다. 논증은 학술 논문, 문화 비평, 신문, 잡지, 영상물, 광고, 일상적인 담화 등 도처에서 나타난다. 논증은 단지 정보를 제시한다거나 사실을 나열하는 것이 아니라, 근거나 이유에 기초하여 어떤 주장을 제시하는 것이다. 이러한 점에 초점을 맞추어 논증 찾기 과정에서 단지 논증 지시어가 있는지만 살필 것이 아니라 과연 텍스트의 저자가 '이유 있는 주장'을 제시하고 있는지에 주목하여야 한다.

논증에는 빠진 전제가 있을 수 있다. 우리는 통상 누구나 받아들일 수 있는 가정이거나 맥락상 암암리에 드러날 수 있는 가정은 생략하곤 한다. 그래서 오직 텍스트 안에서만 전제나 결론을 찾는 것은 그러한 가정을 놓치게끔 한다. 다음 논증을 보자.

> 루팡이 그 살인을 범하였음에 틀림없다. 현장에서 발견된 살인 무기에 루팡의 지문이 묻어 있었고, 당시 루팡 이외에는 아무도 범행 현장에 접근할 수 없었기 때문이다.

1. 지문은 사람마다 고유한 것이다.
2. 살인 무기에 루팡의 지문이 묻어 있었다.
3. 루팡만이 피해자에게 접근할 수 있었다.

---

4. 루팡이 살인 범행을 저질렀다.

위 논증에서 지문이 사람마다 고유한 것이라는 가정이 없다면 루팡을 바로 범인으로 지목할 수 없을 것이다. 이러한 가정은 우리의 배경 지식을 이루는 것으로서, 틀리거나 의심스러운 가정일 수도 있다. 따라서 어떤 가정이 생략되어 있는지 분명하게 알고 논증 표준화 과정에서 분명하게 명시할 필요가 있다.

논증은 또한 하부 논증을 포함할 수 있다. 한 주장을 뒷받침하는 이유 또한 다시 근거를 대야 하는 주장일 수 있기에, 한 논증은 하나 이상의 하부 논증을 포함할 수 있다. 다음 논증을 표준화해보자.

> 부모에게 아이의 성을 선택할 수 있게 허용하는 것은 심각한 사회적 비용을 치르게 할 것이다. 자신의 여성 배우자를 찾을 수 없는 남성들이 숱하게 많을 것이다. 또한 대부분의 범죄를 남성이 저지르기에 잔혹한 범죄 또한 상당하게 증가할 것이다.

1. 부모에게 아이의 성을 선택할 수 있게 한다면 대부분의 부모는 남자아이만 낳으려 할 것이다.
2. 남성들의 수가 여성들의 수에 비하여 상대적으로 증가할 것이다.
3. 많은 남성들은 자신의 여성 배우자를 찾을 수 없게 될 것이다.
4. 남성이 대부분의 범죄를 저지른다.
5. 잔혹한 범죄의 수가 증가할 것이다.
6. 부모에게 아이의 성을 선택할 수 있게 하면 심각한 사회적 비용을 치를 것이다.

---

7. 부모에게 아이의 성을 선택할 수 있게 해서는 안 된다.

전제 1, 2와 결론 7은 각기 빠진 전제와 결론이고, 전제 1~6과 결론 7이 하나의 주요 논증을 이루고 있다. 전제 1~6은 다시 하부 논증을 이루어 하부 논증의 전제 1~5가 하부 논증의 결론 6을 지지하는 형태를 취하고 있다. 또한 (1, 2, 3)과 (1, 2, 4, 5)가 각기 전제와 결론으로 이루어진 또 다른 하부 논증이라고도 볼 수 있을 것이다.

한 논증에서 전제가 결론을 지지하는 방식은 여러 가지가 있을 수 있다. 그 가장 단순한 형태는 하나의 전제가 하나의 결론을 지지하는 방식이다. 전제가 둘 이상 등장하는 경우, 전제는 각기 따로 결론을 지지할 수도 있고 서로 결합하여 결론을 지지할 수도 있다. 위 논증에서 전제 1~6은 결합하여 결론 7을 지지한다. 또한 1~6의 하부 논증에서 전제 1~5 또한 결합하여 하부 논증의 결론 6을 지지한다. 다음 논증은 전제가 각기 따로 결론을 지지하는 경우다.

공공 장소에서 흡연은 금지되어야 한다. 공공 장소를 이용하는 비흡연자들 또한 간접 흡연으로 인한 피해를 당할 수 있기 때문이다. 설혹 간접 흡연의 폐해가 없다고 하더라도 흡연으로 인하여 생기는 냄새와 그을음은 공공 장소에서 발을 돌리게 한다.

1. 공공 장소에서 흡연이 허용되면 비흡연자들도 간접 흡연으로 인한 피해를 당할 수 있다.
2. 흡연으로 인하여 생기는 냄새와 그을음은 공공 장소를 더럽힌다.

---

3. 공공 장소에서 흡연을 금지하여야 한다.

전제 1과 2는 각기 공공 장소에서 흡연을 금지하여야 한다고 주장하기 위하여 충분한 이유를 형성하고 있는 것으로 보인다. 이 전제들은 서로 결합하지 않고 각기 따로 결론을 지지한다.

전제가 결합하여 결론을 지지하는 경우와 전제가 각기 따로 결론을 지지하는 경우 두 가지에서, 어느 하나의 전제라도 생략하거나 추가하게 된다면 결론을 지지하는 정도가 크게 달라진다. 전제가 각기 따로 결론을 지지하는 경우 전제 하나를 생략한다고 하여도 다른 충분한 이유를 형성하고 있는 전제로 인하여 결론 지지도는 약화되지 않을 수도 있다. 하지만 전제가 결합하여 결론을 지지하고 있는 경우에는 사정이 다르다. 전제 하나만을 생략한다고 하더라도 결합 조직에 큰 이상이 생겨 그 결론 지지도가 치명적으로 떨어져버리거나 아예 결론을 지지하지 못하게 되는 경우도 생길 수 있다. 전제를 추가한다면 어떨까? 전제가 결합하여 결론을 지지하는 경우 전제를 추가하게 되면 결론 지지도는 더 높아지는 데 반하여, 전제가 각기 따로 결론을 지지하는 경우에는 전제를 추가한다고 하여도 결론 지지도는 별 영향을 받지 않을 수 있다.

전제가 각기 따로 결론을 지지하는 논증의 경우, 반대 사유가 전제로서 제시될 수 있다. 어떤 주장을 옹호하는 충분한 이유가 여럿 있을 수 있다면 그것에 반대하는 반대 사유 또한 있기 마련이기 때문이다. 논자는 반대 사유를 전제로 제시하면서 그러한 반대 사유가 있음에도 불구하고 자신이 받아들이는 다른 전제로 인하여 결론은 참일 수 있다고 주장할 것이다. 물론 이렇게 전제(반대 사유를 포함하여)가 각기 따로 결론을 지지하는 논증이, 전제가 결합하여 결론을 지지하는 논증과 함께 하부 논증으로서 한 논증에 나타날 수도 있다.

4) 도덕 논증의 특징

도덕 논증은 도덕적 주장을 결론으로 삼고 이루어진 논증이다. 앞서 보았듯이, 도덕적 주장은 도덕적 의무인 것과 도덕적으로 금지된 것과 도덕적으로 허용할 수 있는 것을 진술한다. 이러한 도덕적 주장을 결론으로 하는 도덕 논증의 전제는 사실적 진술과 평가적 진술 모두를 포함할 수 있다. 다음 논증을 표준화해보자.

소위 전범은 왜 처벌당해야 하는가? 그들이 타인을 죽게 하였기 때문이라고 한다면, 전쟁에서 다른 사람을 죽인 모두가 처벌당해야 할 것이다. 전쟁은 필경 잔혹한 일을 동반하기 마련이다. 하지만 우리는 대부분 조국을 지키기 위하여 전쟁에서 싸우는 것이 그릇된 일이 아닐 뿐만 아니라 극히 정당한 일이라고 생각한다. 이렇게 전쟁이 정당한 것이라면 전쟁에서 적을 죽이는 것 또한 그릇된 일이 아니다. 그렇다면 전범이 죄를 범하였다고 어떻게 말할 수 있겠는가?

1. 우리 대부분은, 조국을 위한 전쟁은 잔혹한 일을 동반한다고 하여도 정당한 일이라고 생각한다.
2. 전쟁에서 적을 죽이는 일은 정당하다.
3. 전범은 조국을 위한 전쟁에서 적을 죽인 것이다.

---

4. 전범을 처벌해서는 안 된다.

위 논증은 도덕적 금지를 표출하는 4를 결론으로 삼고 있기에 도덕 논증이다. 전제 1은 일반 사람들이 생각하고 있는 바를 서술하는 사실적 진술이고 전제 3 또한 전범에 관한 사실적 진술이다. 전쟁에서 적을 죽이는 일의 정당성을 따지는 진술인 전제 2는 평가적 진술이다.

통상 도덕 논증의 전제나 결론은 도덕적 문제와 관련하여 중요한 개념을 포함한다. 개념이라 함은 하나의 말이나 구에서 떠올릴 수 있는 관념이나 의미를 가리킨다. 예를 들어 우리는 '자유'라는 개념에서 '네가 바라는 것을 행함' 등의 의미를 떠올릴 수 있다. 다음의 도덕 논증은 '인권'과 '죽음' 등의 문제가 되는 개념을 포함하고 있다.

인간 잔여 배아들로부터 만들어진 배 반포에서 줄기 세포를 추출하는 것은 필연적으로 해당 배아를 파괴하게 된다. 이는 명백히 인권을 유린하는 것이다. 또한 연구 목적으로 인간 배아를 창출하는 행위는 고귀한 생명체인 인간 배아를 과학 연구를 위한 수단으로 전락시킨다. 이러한 배아 복제 연구는 비윤리적인 것이다.

살인죄를 범한 사형수에 대한 가장 큰 벌이 과연 '죽음'일까. 저라면 '너도 죽어봐라' 한다면 '그래 죽지 뭐. 죽여'라고 하며 대들 것 같다. 그러나 만약 누군가 제가 무슨 짓을 한 건지, 사람을 죽인다는 것의 의미가 무엇인지 절절히 깨우쳐준다면 그보다 더 큰 벌은 없을 것 같다.[30]

이렇게 도덕적 문제와 관련한 여러 개념들(권리, 정의, 정직, 용기, 잔인성 등)은 숱한 의미를 담을 수 있고 그 적용 범위가 모호할 수 있기에, 도덕 논증에서 그러한 개념을 사용하려면 그 분명한 의미와 적용 범위를 개념 정의 등을 통하여 명시할 필요가 있다.

도덕 논증은 또한 도덕 원리를 포함한다.

가) 자신이나 남을 해하지 말라.
나) 자신이나 남을 도와라
다) 합리적 개인들이 자유롭게 알고서 선택하도록 하라.
라) 공정하게 대우하라.
마) 모든 이에게 이득이 되게 하라.
바) 약속과 계약을 지켜라.

30) 공지영, 「살인범에게 가장 큰 벌이 과연 '죽음'일까」, 『프레시안』(2005. 5. 22일자).

사) 거짓말(횡령, 사기)하지 말라.
아) 개인의 사생활을 보장하라.

이러한 도덕 원리는 수많은 경우들에 적용할 수 있는 것이며, 통상 표면에 등장하지 않고 암암리에 가정되는 경우가 많다. 위 배아 복제와 사형 제도에 관련한 논증은 '누구도 인간의 생명을 마음대로 앗아갈 수 없다'는 도덕 원리를 전제로 삼고 있다. 또한 앞서 <대화편> 『크리톤』에서, 소크라테스는 '고의로 남을 해쳐서는 안 된다'는 원리와 '약속을 지켜야 한다'는 원리를 전제로 삼아 탈옥을 해서는 안 된다는 결론에 도달하고 있음을 보았다.

5) 텍스트에서 도덕 논증 찾기 및 표준화 전략

가) 결론을 찾는다.
나) 결론을 뒷받침하는 근거나 이유(전제)를 찾는다.
다) 도덕 원리를 찾는다.

텍스트가 주어지면 저자의 정당화 의도를 확인하고 먼저 핵심적인 주장을 찾는다. 그리고 부수적인 부분을 과감하게 생략하면서 그 주장을 단문으로 써본다. 다음으로 그러한 주장을 뒷받침하는 이유를 찾아 전제로서 제시한다. 이러한 이유는 하나일 수도 있고 여럿일 수도 있다. 여럿인 경우에는 하부 논증이 있는지 확인하고 앞의 이유가 뒤의 이유를 지지하는 자연스런 순서로 전제를 나열한다. 역시 이 과정에서도 부차적인 표현은 없애고 단적인 서술문의 형태로 논자가 그 결론을 지지하는 것으로 제시하고 있는 가장 핵심적인 부분만 전제로서 제시한다. 관건이 되는 도덕적 문제 및 관련 개념을 파악하고 논자가 어떤 도덕 원리를 가정하고 있는지 드러낸다. 가정된 도덕 원리가 누구나 수용하고 있는 당연한 것이고 기존의 전제에서 바로 읽어낼 수 있는 것이라면 굳이 전제로서 제시할 필요가 없으나, 불명료하거나 논쟁의 여지가 있는 것이라면 따로 전제로서 제시할 필요가 있다. 그 배열 위치는 다른 전제들과 비교하여 역시 자연스런 논리적 순서를 따라 정한다. 다음 텍스트를 분석해보자.

> 부유한 국가에 사는 우리들은 난파를 당하여 구명 보트에 타고 있는 사람들과 같다. 구명 보트는 이미 꽉 찼는데도 물에서 허우적거리며 보트에 달라붙는 사람들이 남아 있다. 이들을 구조하려고 할 경우 보트는 그 무게 때문에 가라앉을 위험이 크다. 모두 죽는 것보다는 보트에 타고 있는 몇몇 사람이라도 사는 것이 더 낫다. 그래서 보트에 타지 못한 사람들을 구조하지 말고 그대로 죽게 놔두어야 한다. 오늘날의 세계에도 이러한 구명 보트 윤리가 적용된다. 부유한 이들은 가난한 이들을 굶어죽게 놔두어야 한다. 그들을 먹여 살리려고 하다보면 부유한 이들까지도 가난한 이들의 처지로 전락할 것이기 때문이다.[31)]

우선 이 텍스트의 저자는 자신의 주장을 정당화하려는 의도를 가지고 있는 것으로 보이기에 논증을 담고 있는 것으로 판단할 수 있으며, 따라서 결론과 전제를 찾아볼 수 있다. 가난한 나라의 굶어 죽어가고 있는 사람들에 대한 처우를 주로 다루고 있기에, 부자들은 가난한 이들을 돕지 않아도 된다는 것이 핵심적인 주장인 것 같다. 그러한 주장을 지지하기 위하여 부유한 국가에 사는 사람들의 처지가 정원 초과의 위험이 있는 구명 보트에 타고

31) Peter Singer 1979, *Practical Ethics*, Cambridge Univ. Press, 1993, p.236. 하딘(Garrett Hardin)의 논증을 싱어가 재구성한 것임.

있는 사람들의 처지와 같기에 구명 보트의 윤리를 마찬가지로 적용해야 한다는 이유를 들고 있다. 유사성 진술이 나오고 구명 보트의 경우에 적용되는 기준과 선택을 열거한 이후에 가난한 이들에 적용할 수 있는 기준과 선택을 열거하는 순서를 취할 수 있을 것이다. 여기에서 도덕적 문제는 '생명권' 개념과 관련하여 위급한 상황에서 어느 정도로 타인의 생명권을 제한할 수 있는가 하는 것이고, '모두 죽는 것보다는 몇 사람이라도 사는 것이 더 낫다'는 구절에서 '전체 선(이득)을 극대화하라'는 도덕 원리를 가정하고 있음을 읽어낼 수 있다.

1. 부유한 이들은 정원 초과의 위험이 있는 구명 보트에 타고 있는 사람들과 같다.
2. 보트에 사람을 더 태우면 보트에 타고 있는 사람까지 모두 죽을 것이다.
3. 모두 죽는 것보다는 몇 사람이라도 사는 것이 더 낫다.
4. 보트에 타지 못한 사람들은 죽게 놔두어야 한다.
5. 부유한 이들이 가난한 이들을 먹여 살리려고 하다보면 부유한 이들까지 가난해질 수밖에 없다.

---

6. 가난한 이들은 굶어죽게 놔두어야 한다.

다음은 빅토르 위고(Victor Marie Hugo)의 『레미제라블』 중에서 장발장에 관한 이야기 부분을 발췌한 것이다.

장발장은 블리 지방의 가난한 농가에서 태어났다. 어렸을 때 부모님을 여의고 결혼한 누나 집에 얹혀 살았는데 누나의 남편은 일곱 명의 자식을 남긴 채 세상을 떠나고 말았다. 갑작스레 누나와 일곱 명의 조카를 거느린 가장이 된 것이다. 어렵게 지내던 1795년의 겨울이었다. 계절 탓인지 장발장에게는 일거리가 전혀 없었다. 조카들은 배가 고프다고 울어대는데 집에는 빵 조각 하나 없었다. 그 날은 일요일 저녁이었다. 배가 고프다는 어린 조카들을 보던 장발장이 답답한 마음으로 파브로르 거리를 걷고 있는데 어디선가 구수한 냄새가 풍겨오고 있었다. 장발장은 자기도 모르는 사이에 빵 냄새가 나는 곳을 향해 걸어갔다. 맛있는 냄새는 빵 가게에서 나오고 있었다. '아. 정말 맛있겠다. 저 한 줄의 빵만 있다면 조카들의 허기진 배를 채워줄 수 있을 텐데. 하나만 슬쩍 할까?' 이런 생각이 드는 순간, 그런 마음을 떨치기라도 하듯 장발장은 고개를 흔들었다. '아니야, 절대 그럴 수는 없어.' 장발장은 마음을 굳게 먹고 걸음을 옮겼다. 하지만 곧 눈앞에는 배고파 울고 있을 어린 조카들의 모습과 구수한 냄새를 풍기던 빵이 자꾸 어른거렸다. 그래 다시 빵 가게에 가보자. 뭐든지 방법은 있겠지. 잠시 후, 어느새 장발장은 한 줄의 빵을 훔쳐들고 뛰기 시작했다.

1. 한 줄의 빵이 조카들의 허기진 배를 채워줄 수 있다.
2. 한 줄의 빵을 얻으려면 훔칠 수밖에 없다.
3. 도둑질을 해서는 안 된다.
4. 조카들을 굶게 해서는 안 된다.
5. 지금으로서는 조카들의 허기진 배를 채워주는 일이 더 중요하다.

---

6. 한 줄의 빵을 훔쳐야 한다.

장발장은 한 줄의 빵을 훔친 죄로 말미암아 종신형을 선고받기에 이르렀다. 하지만 그가 한 줄의 빵을 훔친 계기는 통상적으로 있을 수 있는 도덕 원리의 충돌과 그렇게 충돌되는 원리들 중 하나를 선택하는 데서 따르는 것이었다. 전제 3은 '자신이나 남을 해치지 말라'는 도덕 원리에 기초한 것이고, 전제 4는 '자신이나 남을 도와라'는 도덕 원리에 기초한 것이다. 이러한 원리들에 따른 행위가 장발장의 상황에서는 서로 상충되는 것일 수밖에 없었고, 장발장은 전제 5에 의거하여 어느 한 원리에 따른 행위를 선택하게된 것이다.

3. 도덕 원리의 정당화와 상대주의의 문제

1) 사실과 가치의 구분

우리는 통상 도덕적 주장을 좀더 기본적인 도덕 원리에 기초하여 암암리에 정당화한다. 그렇다면 도덕 원리 자체는 어떻게 그 정당성을 보장할 수 있을 것인가? 그러한 원리가 사실이나 존재에 관한 진술이라면 우리는 쉽게 경험(실험과 관찰 등의)을 통하여 그 참 여부를 확인할 수 있기에 별 문제가 없을 것이다. 하지만 도덕 원리는 사실과 존재가 아니라 가치와 당위에 관한 것이다. 그리고 우리를 둘러싸고 있는 자연 세계 어디서도 그러한 가치와 당위는 찾아볼 수 없다. 그렇다면 가치나 당위는 자연적인 사실과는 다른 종류의 것으로서 자연적인 사실처럼 참과 거짓을 가를 수 없는 것이 아닐까라는 의문을 제기할 수 있다.

진리의 원천으로서 자연적 사실에 대한 존중의 기원을 16~18세기의 과학 혁명과 과학적 방법의 발견에서 찾을 수 있다. 인간의 이성, 실험, 관찰 등의 과학적 방법이 세계에 관한 지식을 얻는 주요한 도구가 되었고, 진리를 판가름하는 잣대 역할을 하게 된 것이다. 사람들은 과학이 공적이면서 객관적으로 합의할 수 있는 사실들을 다룬다고 생각하였고, 과학적이지 못한 것은 주관적이고 비합리적인 것으로 치부하였다. 이러한 과학적 세계관에서 '가치 판단'이라는 생각은 극히 문제가 있는 것이었다. 가치와 관련하여 합의를 보는 것은 무척 어려우며, '공적으로 관찰'할 수 있는 것이 아니기 때문이다. 이제 가치는 의무를 명하는 당위와 더불어 사실과 존재와는 구분되어 다른 영역에 속한 것으로 간주된다. 즉, 가치 / 사실 및 당위 / 존재의 이분법이 등장하게 되는 것이다. 18세기의 경험론 철학자인 흄(D. Hume)은 이러한 구분의 이유를 다음과 같이 서술하고 있다.

> 내가 이제까지 마주한 도덕 체계마다 도덕 이론가는 모두 다음과 같은 모습을 보인다고 늘 말하였다. 그는 잠시 통상적인 추론 방식으로 진행하여 신이 존재한다고 주장하거나 인간사에 관하여 말하다가, 갑자기 통상적인 명제 계사인 '이다'와 '이지 않다' 대신에 '해야 한다' 내지는 '해서는 안 된다'를 명제에 사용한다. 이러한 변화는 잘 알아챌 수 없지만 아주 중요한 것이다. 왜냐하면 이 '해야 한다' 내지는 '해서는 안 된다'는 어떤 새로운 관계나 주장을 표현하기에 그것을 관찰하고 설명해야 할 필요가 있기 때문이다. 동시에 어떻게 이러한 새로운 관계가 그것과는 전혀 다른 것들로부터 연역될 수 있는지 전혀 상상할 수 없는 것으로 보이기에 그에 관한 이유를 제시해야 한다.[32)]

과학적인 것은 공적이고 객관적일 뿐만 아니라 가치에 의존하지 않는 것인데, 주관적인 것은 개인적이고 가치에 의존하는 것이다. 과학이 진리의 유일한 잣대라고 생각하는 사람들은 이제 도덕적 지식에도 과학적 지식과 같은 원천과 방법을 적용해야

---

32) David Hume, *A Treatise of Human Nature*, [1739]1978, p.469.

한다고 주장한다. 하지만 '과학적 사실'과 같이 관찰이나 실험을 통하여 발견할 수 있는 '도덕적 사실'이란 없기에, 도덕적 주장은 단지 느낌을 토로하거나 명령하거나 관습을 표출하거나 하는 것일 뿐이라고 간주한다. 도덕적 주장에 대해서는 참이나 거짓을 가릴 수 없다는 것이다.

과거 쾌락주의학파의 이론가는 '모든 사람은 쾌락을 추구한다'는 사실 진술에서 '쾌락은 선이다'는 가치 평가적인 진술을 추론해내었다. 또한 쾌락주의자만이 아니라 우리의 일상에서도 이러한 방식의 추론은 흔한 것이다. 사회에 범죄가 많다는 사실에 기초하여 '사형이 옳다'고 주장하거나 빈부의 격차가 높다는 사실에 기초하여 '부의 분배가 옳다'고 주장하거나 '이성애자가 많다'는 사실에 기초하여 '동성애가 그릇되다'고 주장하는 경우 등이 그러하다. 이렇게 사실에서 가치를 이끌어내거나 존재에서 당위를 이끌어내는 시도에 대하여 그러한 이분법을 강하게 주장하는 사람들은 '자연주의적 오류'라는 이름을 붙인다. 가치는 비자연적인 것이고 사실은 자연적인 것으로서 종류가 전혀 다른 것인데, 비자연적인 것을 자연적인 것으로부터 이끌어내기에 논리적 오류라는 것이다.

프랑케나(W. K. Frankena)는 「자연주의적 오류(The Naturalistic Fallacy)」[33]라는 논문에서, 소위 자연주의적 오류는 사실 논리적 오류가 아니며 단지 도덕적 성질에 관한 사람들의 의견 차만을 드러내는 것일 뿐이라고 진단한다. 예를 들어 위 쾌락주의자의 논증에서 생략된 전제를 추가하면 전제와 결론은 분명한 논리적 연결 관계를 가질 수 있기에, 해당 논자는 아무런 논리적 오류도

---

33) Mind, 1939, pp.464-477.

범하고 있지 않다는 것이다. 논자가 생략한 것은 '모든 사람이 추구하는 것이 선이다'라는 가정이다.

1. 모든 사람은 쾌락을 추구한다.
2. 모든 사람이 추구하는 것이 선이다.

---

3. 쾌락은 선이다.

전제 1은 사실적 진술이지만 전제 2는 가치 평가적인 진술이기에, 그로부터 가치 평가적인 주장인 결론 3을 이끌어내는 데 논리적으로 아무런 문제도 없게 된다. 다만 여기에서 문제가 되는 것은 전제 2가 참인가 하는 것이다. '모든 사람이 추구하는 것이 선이다'라는 진술은 선의 '정의'에 따른 것이다. 이제 가치/사실의 이분법을 주장하는 사람들은 논리적 오류가 없다손 치더라도 정의상의 오류는 있을 것이라고 주장할 것이다. 즉, 비자연적인 가치와 관련된 성질인 '선'을, '모든 사람이 추구하고 있다'는 자연적인 사실과 관련된 성질에 의거하여 정의함은 오류라는 것이다. 하지만 이것이 오류라면 마찬가지로 '생물학적인 것'을 '물리학적인 것'을 가지고 정의하거나 '공적인 것'을 '사적인 것'을 가지고 정의하거나 하는 등이 모두 오류를 범하고 있는 것이다. 그렇다면 여기에서 공통된 오류는 서로 다른 두 가지 것을 하나로 오인하는 오류라고 볼 수 있을 것이다. 하지만 '모든 사람이 추구하는 것이 선이다'라는 정의는 충분히 이러한 오류를 피할 수 있다. 모든 사람이 추구하는 것과 선은 모두 하나를 가리키고 있는데, 그 하나가 '모든 사람이 추구하는 것'이라는 의미와 '선'이라는 의미를 담고 있다고 말할 수 있는 것이다.

한편, 그러한 가치/사실 정의로서 의미하는 바가 언어적 의미에 관한 것이 아니라 사실적 환원을 뜻하는 것이라고 주장할 수도 있을 것이다. '물'이 가지는 '차가움'과 '매끄러움'의 속성 등을 물을 이루는 분자 구조(H_2O)적 성질로서 환원하여 정의하듯이, '선'이라는 비자연적인 속성을 '모든 사람이 추구하는 것'이라는 자연적인 속성으로 환원하여 정의하고 있다는 것이다. 그리고 자연적인 속성은 원리상 비자연적인 속성으로 환원하여 정의할 수 없기에, 여전히 오류를 범하고 있다고 주장할 수 있게 되는 것이다. 하지만 이러한 주장은 소위 해결해야 할 문제를 가정하는 '선결 문제 요구의 오류'를 범하는 것임에 주목하여야 한다. 자연적인 속성은 원리상 비자연적인 속성으로 환원하여 정의할 수 없다는 것은 추론의 결과로서 나와야 하지 미리 가정되어서는 안 된다.

결국 자연주의적 오류는 논리적 오류나 정의상의 오류가 아닐 수 있고, 그와 관련한 논쟁은 다른 입장의 차이에서 기인한 것일 수 있다. 그러한 입장의 차이는 바로 '사실'과 '존재' 만큼이나 '가치'나 '당위'가 세계에 객관적으로 있는 것인지 그렇다면 어떻게 우리가 그것을 파악할 수 있는지 하는 것이다. 우리는 우선 이러한 논쟁과 관련하여 어느 한 입장의 손을 들어주려고 할 것이 아니라 '사실'과 '가치' 내지는 '존재'와 '당위'가 그렇게 분명히 구분될 수 있는 것인지, 우리의 일상적인 담론은 이 두 가지 면을 어떤 식으로 담아내고 있는지 반성해볼 필요가 있다.

2) 도덕상대주의

도덕 원리는 사실과 존재가 아니라 가치와 당위에 관하여 진술하고 있는 것이고, 가치는 자연적인 사실과는 다른 종류의 것으로서 자연적인 사실처럼 참과 거짓을 가를 수 없는 것이라면 어떻게 될까? 그렇다면 도덕 원리는 단지 사회적 필요에 의하여 우리가 만들어낸 것으로서 각 사회마다 다를 수 있는 사회적 관습과 같은 것이 아닐까? 즉, 도덕 원리의 옳고 그름은 맥락과 사회적 배경에 상대적으로만 결정된다고 주장할 수 있는 것이다. 이러한 취지의 주장을 체계적으로 이론화하면 '도덕상대주의'가 귀결한다. 도덕상대주의자는 어떤 하나의 참된 도덕 체계가 있음을 부인한다. 옳고 그름과 선과 악 등에 관한 도덕 판단은 특정한 문화나 역사나 개념적 배경을 가지고 이루어진다. 따라서 그러한 판단의 옳고 그름은 그 배경적 맥락에 따라 결정된다고 도덕상대주의자는 주장한다.

도덕상대주의는 다음의 몇 가지 사실과 가정을 기초로 하여 이루어진다.

가) 도덕적 관점은 사회 문화적으로 다양하다.
나) 도덕 판단은 사회 문화적인 배경을 기초로 하여 이루어진다.
다) 다양한 도덕적 관점을 평가할 수 있는 객관적이거나 보편적이거나 절대적인 기준은 없다.

이러한 사실과 가정에 기초하여 도덕상대주의자는 다음과 같이 주장한다.

라) 서로 다른 사람이나 사회나 집단은 다양하면서 서로 상충할 수도 있는 도덕적인 기준이나 믿음을 가지고 살아간다.
마) 도덕적인 평가는 오직 서로 다른 사회에 자리한 상이한 규범의

맥락 속에서만 이루어져야 한다.

바) 객관적이거나 보편적이거나 절대적인 도덕이란 없다.

도덕상대주의를 옹호하는 논증은 다음과 같은 전제에서 출발한다. 도덕적 가치는 사회적 관습과 역사적 조건과 여러 형이상학적인 믿음 등에 기초해 있고 이러한 것들은 사회마다 다르다. 그리고 이러한 가치에 기초한 상충하는 주장들을 평가하기 위하여 우리가 의지할 수 있는 중립적인 기준은 없다. 그 어떤 도덕적 주장이든 그 정당성 내지 적절성 여부는 그 주장이 제기되는 사회 역사적인 체계와 맥락 안에서만 판정할 수 있다는 것이다. 이러한 입장은 도덕 객관주의와 절대주의와 보편주의를 모두 부인하는 것이다. 도덕 객관주의자는 도덕 판단 또한 사실 판단처럼 객관적으로 참이거나 거짓일 수 있고 우리는 그러한 참 거짓을 가려낼 수 있다고 주장한다. 도덕절대주의는 도덕 원리가 무조건적으로 옳은 것이라고 주장한다. 그리고 도덕 보편주의는 도덕 원리가 사회문화를 초월하는 보편적인 것이라고 주장한다. 도덕절대주의는 도덕 객관주의와 도덕 보편주의의 요소를 모두 담고 있다.

도덕절대주의자는 도덕 문제에 대하여 단 하나의 올바른 답변만이 있다고 주장하지만, 도덕상대주의자는 하나 이상의 올바른 답변이 있다고 주장할 것이다. 도덕상대주의자는 다른 문화와 사회 구성원의 행위가 지니는 도덕적 가치에 관하여 평가적인 판단을 내릴 수 없다고 보는 것이다. 사회 문화를 초월하여 그 누구의 잘잘못도 가려낼 수 있다는 도덕절대주의 입장은 상대주의자의 입장에서 보면 무반성적인 고집과 편협함을 드러내는 것일 뿐이다. 이와 달리 상대주의자는 자신들의 입장이 관대하고 편협하지 않은 태도로 이끈다고 주장한다.

3) 도덕상대주의 비판

과연 도덕상대주의는 이론적으로 적절하고 그 지지자의 주장처럼 관대하고 편협하지 않은 태도로 이끌 수 있을까? 일단 소박하게 도덕상대주의를 지지하는 사람은 '옳음'이 '특정한 사회에 옳음'을 의미하기에 한 사회의 사람이 다른 사회의 가치를 비난하거나 평가함은 그릇된 것이라고 주장한다. 하지만 여기에서 그는 논리적 모순을 범하고 있다고 지적할 수 있다. 그는 상대주의를 옹호하며 '어떤 행위(한 사회의 사람이 다른 사회의 가치를 비난하거나 평가하는 행위)가 (객관적이고 보편적이고 절대적으로) 그릇되다'고 주장하고 있고, 이는 동시에 상대주의가 옳지 않음을 주장하고 있는 것이기 때문이다.

이러한 모순을 지적당하고서 도덕상대주의자는 다음과 같이 응수할 수 있다. 도덕상대주의는 최선의 삶의 방식이 무엇인가에 관한 도덕적 교훈을 주려고 의도하는 것이지 형식적인 도덕 논증을 제시하려는 것이 아니다. 도덕상대주의의 요점은 우리의 관점을 다른 사회와 문화에 살고 있는 이들에게 부여하여 그들의 삶을 간섭하게 하는 행위를 하지 못하게 하는 데 있다. 이러한 간섭이 어떤 재난을 낳았는지 역사가 증명하고 있다. 상대주의는 우리의 편협한 마음을 열고 자기를 비판할 수 있도록 한다. 상대주의는 도덕적 오만과 문화제국주의를 방지할 수 있는 최선의 무기며, 더 나은 삶으로 인도하는 지침일 수 있다는 것이다.

하지만 논리적 모순 여부를 떠나서 도덕상대주의가 그러한 실질적인 경험적 내용을 담을 수 없다고 반대할 수 있다. 도덕상대주의는 열악한 상황에서 우리를 도덕적 마비로 이끌고, 관대함과는 거리가 먼 편협함을 보이게 한다고 주장하는 사람들이 있다. 사회학자 패터슨(Orlando Patterson)의 말을 들어보자.

> "상대주의가 종종 해방적이고 관대한 태도와 관련이 있다는 것은 사실이다. 하지만 그러한 관련이 인과 관계일 수 있는지는 의심스럽다. 사실 상대주의는 보수적인 세계관과 아주 쉽게 연합할 수 있다. 그리고 무위와 자만과 가장 난폭한 형태의 학대를 합리화하기 위하여 쉽게 이용될 수 있다. 보수적인 남아프리카 백인이나 아메리카 미국인이 반투인이나 인디언 보호 거주지에 관하여 '우리에게 비참하고 퇴보로 보일 수 있는 것이 그들에는 큰 미덕인 것일 수도 있기에 그들의 삶의 방식에 끼여드는 것은 그릇된 일'이라고 말하기는 너무도 쉽다."[34]

소박한 도덕상대주의가 참이라면 관대함과 같은 가치도 보편적인 가치로서 볼 수 없고, 그것을 받아들이지 않는 사회나 문화에 그러한 가치를 권할 수 없다. 또한 도덕상대주의 자체가 도덕적 무관심과 극단적인 허무주의 등으로 이끌 수도 있다. 상대주의자는 심지어 학살과 고문 등의 극악한 행위에 대해서도 (그것이 어느 특정 사회에서 받아들여지는 한) 도덕적으로 비난할 수 없다.

모든 개개인의 도덕적 의무는 그의 사회를 지배하는 도덕 규칙에 의해 결정된다는 좀더 세련된 도덕상대주의의 주장을 살펴보자. 도덕 판단에 대한 평가는 그러한 판단이 이루어지는 사회

---

34) Orlando Patterson, "Guilt, Relativism, and Black-White Relations", *The American Scholar* 43(1), 1973, p.126.

의 도덕 규범에 달려 있다는 것이다. 사회 문화적인 규범이 도덕적 평가를 위한 잣대가 된다. 이러한 주장은 '옳고 그름' 자체에 관하여 진술하지 않고 다만 도덕 판단에 대한 평가를 그러한 판단이 이루어진 사회의 도덕 규범에 기초하도록 해야 한다고 진술하고 있기에, 소박한 도덕상대주의자와 같이 명백한 논리적 모순을 범할 위험에서는 벗어난다고 할 수 있을 것이다.

그러나 그 주장은 개별적인 도덕적 행위자와 그 사회 문화적인 배경의 관계를 너무 단순화한 것이다. 사람들은 통상 하나 이상의 사회 문화적인 집단에 속할 수 있고, 이러한 사회 문화적인 집단은 열려 있기 때문에 이질적인 사회 문화적 요소를 담아낼 수 있다. 그리고 개개인의 도덕적 관점은 사회 규범에 의해 결정되어 있는 것이 아니며, 그와 관련하여 아주 다양한 모습을 보일 수 있다. 개인들은 자신이 속한 사회 규범에 저항하려 할 수도 있고 변화시키려 할 수도 있다. 사회 구성원의 도덕적 관점이 사회 규범에 의해 고정되어 있고 개별적인 도덕 판단을 오직 그러한 규범에 의해서만 평가할 수 있다면, 그러한 저항과 변화는 불가능한 것이 될 것이다. 하지만 우리의 역사는 바로 그러한 저항과 변화를 숱하게 보여주고 있다.

도덕상대주의자는 흔히 다른 민족들의 극히 이질적인 풍습을 인용하며 상대주의를 정당화하려 한다. 하지만 그러한 이질적인 풍습에 가로놓인 사회 문화적인 배경을 잘 살핀다면 그 '이질성'을 이해 가능한 것으로 만들 수 있다. 예를 들어 인류학자인 웨스터막(Edward Westermarck)이 인용하는 에스키모인의 풍습에 관하여 살펴보자. 에스키모인들은 늙거나 병든 부모를 한데서 얼어죽게 했다고 한다. 우리의 고려장도 이와 비슷한 풍습일 것이다. 웨스터막은 이러한 풍습이 바로 어떻게 문화마다 도덕적 평가가 다를 수 있는지 잘 보여줄 수 있다고 주장한다. 에스키모인의 풍습은 서구인의 눈에는 잔학해보이지만 에스키모인 자신들에게는 친절의 행위로 간주되고 당하는 노인들도 이를 승인한다. 문화적 차이가 어쩔 수 없는 도덕적 차이를 낳는다는 것이다.

> 우리는 많은 이들에게서 늙거나 병든 부모를 살해하거나 버리는 풍습을 발견한다. 이러한 풍습을 유목 민족에게서 공통적으로 찾아볼 수 있는데, 이는 고난스런 삶과 쇠약한 사람의 무력함으로 인한 것이다. 한 공동체의 모든 구성원들을 먹여 살릴 수 있는 음식이 부족할 때, 젊고 활력 있는 사람보다는 늙고 쓸모 없는 사람들을 희생함이 당연했을 것으로 보인다.[35)]

하지만 잔인해보이는 에스키모인의 행위는 숨은 동기를 가지고 있다. 그들은 공동체의 복지를 그 개별적인 구성원의 복지보다 우선시한다. 그들에게는 개인의 선보다는 자신들이 속한 집단의 선이 더 큰 것이고, '더욱 큰 선을 낳도록 행하라'는 도덕원리에 따르고 있는 것이다. 그리고 이러한 도덕 원리는 동서양을 막론하고 받아들일 수 있는 것이다. 개인의 선과 공동체의 선에 대한 가치 평가 및 그에 따른 사회적 규범에서 다를 뿐이지 근본적인 도덕 원리의 상대성을 보이는 것은 아니다.

이는 '도끼 사냥'의 사례에서도 드러난다. 어느 밀림의 부족에서는 일정한 시기가 되면 축제와 같은 개념으로 다른 부족과의 도끼 사냥을 벌이는 풍습이 있었다고 한다. 이때 도끼 사냥이란 건장한 청년들끼리 혈투를 벌여 서로를 죽이는 축제인 것이다.

---

35) Edward Westermarck, *Ethical Relativity*, New York : Harcourt, 1932, p.184.

무척 잔인하고 끔찍스러워 보이지만, 이러한 그들의 습속은 그들의 삶의 환경에서 비롯된 것이다. 밀림의 자연 환경은 제한적이고 그 안에서의 지속적인 삶은 인구 증가를 피할 수 없다. 결국 그들은 집단의 생존을 위하여 인구의 적정선을 유지하고자 그러한 축제를 벌였던 것이다.

문화적인 다양성에도 불구하고 문화 초월적으로 모든 도덕 체계를 떠받치는 몇 가지 핵심적인 도덕적 가치들이 있다고 주장할 수 있다. 우리가 인간으로서 가지는 몇 가지 보편적 특징들이 있고 이것은 비록 다른 문화적 맥락에서 달리 해석될 수 있지만 또한 문화적 차이를 완화시켜 소통할 수 있는 단초를 제공한다. 인간은 몸을 가지고 있고, 죽을 수밖에 없으며, 쾌락과 고통을 경험하고, 사물을 인식할 수 있으며, 서로 사랑하고 증오하는 삶을 산다. 이렇게 인간으로서 우리가 가지는 공통적인 측면은 모든 도덕적 사고의 기초를 이루고 있는 것이다. '건강하게 살다가 제명에 죽는 것', '느낄 수 있고 무엇엔가 애착을 가질 수 있는 것', '자유롭게 생각하고 상상하는 것', '자유롭게 이동하는 것' 등은 모든 도덕적인 체계가 존중하려는 것일 수 있다.

4) 사실 / 가치 이분법에 대한 비판과 가치 / 사실의 얽힘이라는 사실

도덕상대주의의 대변자인 맥키(J. L. Mackie)는 다음과 같이 논증한다. "도덕은 객관적인 가치의 존재를 가정한다. 하지만 가치는 세계의 일부가 아니다. 따라서 도덕 판단은 참이거나 거짓일 수 없다."[36] 대부분의 사람들은 도덕 판단을 하면서 자신이 객관적인 가치에 호소하고 있다고 믿고 암묵적으로 주장하지만 그들의 믿음과 주장은 잘못된 것이다. 맥키는 심지어 객관적인 가치가 있다면 그것은 세계에 있는 다른 것과는 전혀 상이한 아주 이상한 종류의 실재이거나 성질일 것이고, 이것은 세계를 이루는 자연적인 특징들과 인과적이거나 논리적인 관계를 가진다고 볼 수 없다고 주장한다. 우리는 어떻게 그것들이 자연 세계의 일부일 수 있는지 설명할 수 없기에, 가치가 행위와 인과적인 관계를 갖기 위해서는 어떤 이상한 실재와 그것을 탐지하는 이상한 능력을 가정해야 한다는 것이다.

이러한 생각은 엄밀한 사실과 가치의 이분법에 기초한 것이다. 그렇지만 우리는 사실과 가치를 그렇게 엄밀하게 이분할 수 없다. 우선 우리는 자연적인 사실의 세계에 관한 순전히 경험적인 진술에 대해서도 그것이 합리적인지 단순한지 진리인지 여부를 가릴 수밖에 없고, 이는 인식적 가치를 따지는 것이기에 가치의존적이라 할 수 있다. 또한 우리의 도덕적 개념은 사실적이거나 서술적인 요소를 가질 수밖에 없다. '길동은 진실하다' 내지는 '길동은 강직하다'는 진술은 길동에 관하여 서술하고 길동을 평가하는 일 두 가지를 모두 하고 있는 것이다. 세계는 단정하게 포장되어 우리에게 다가오는 것이 아니다. 또한 그렇게 포장된 세계에다 개인적인 기호나 사회적인 관습에 따라 가치를 부여하는 것도 아니다. 세계에 관한 대부분의 개념은 서술적인 요소와 평가적인 요소를 모두 가지고 있으며, 그러한 두 요소의 경계는 상당히 넓고 흐릿한 것이다. 고양이를 타고 놀고 있는 아이들을 보고, '고양이를 타고 놀고 있는 저 아이들은 잔인하다'고 말할

36) J. L. Mackie 1977, *Ethics : Inventing Right and Wrong*, Penguin Books, 1990, pp.15-49.

수 있다. 그리고 이러한 진술이 '저 아이들은 고양이를 타고 놀고 있다'는 서술적인 진술보다 덜 참인 것으로 보이지는 않는다. '대량 학살은 그릇되다' 내지는 '고문은 그릇되다'는 진술은 '한라산은 휴화산이다'는 진술만큼이나 참일 것 같다. 이러한 진술 모두의 참 여부는 세계와 마주하여 이루어지는 우리의 합리적 판단을 통하여 결정될 수 있는 것이다. 도덕상대주의는 엄밀한 사실과 가치의 구분에 의존한 것이기에, 그러한 이분법이 적절하지 않다고 한다면 그 호소력을 상실한다.

5) 도덕다원주의

도덕상대주의는 도덕의 다양성을 지적하고 몇 가지 도덕적인 문제와 관련하여 그 문제 해결의 어려움을 드러낸다는 점에서 의의가 있을 수 있다. 하지만 그러한 도덕적 다양성에 기초하여 도덕적인 주장의 옳고 그름 여부에 대한 판단 가능성 자체를 부인한다면 그러한 도덕상대주의는 잘못된 것이다. 그렇다고 하여 우리는 도덕절대주의를 선택할 수도 없다. 도덕절대주의는 도덕적 다양성이 있다는 사실을 아예 무시한다. 다원적인 세계에 살고 있는 우리로서는 도덕절대주의나 상대주의 중에서 어느 것을 택할 것이 아니라, 다수의 도덕적 가치가 있다는 사실을 인정하고 이러한 사실을 잘 반영하는 도덕을 추구할 수 있다.

도덕과 관련하여 가치 다원론에 기초한 이론적 체계를 도덕다원주의라고 부를 수 있다. 도덕다원주의자는 모든 상충하는 도덕적 체계를 평가할 수 있는 하나의 기준이란 있을 수 없다고 주장한다. 도덕다원주의는 여러 다른 도덕적 입장들을 존중하면서도 그것이 모두 똑같은 지위를 갖는 것은 아니라고 주장한다. 우리의 도덕적인 삶에는 하나의 포괄적인 가치로 원리상 환원될 수 없는 다수의 가치와 세계관이 자리해 있다. 이 중에는 양립할 수 없는 도덕적 가치도 있을 수 있다. 예를 들어 어떤 하나의 도덕적 문제와 관련하여 엄정한 정의를 추구할 수도 있고 자비와 동정을 구할 수도 있으며, 조국에 대한 충성을 추구할 수도 있고 자기 가족에 대한 사랑을 구할 수도 있는 것이다.

여러 문화 사이에 가치가 충돌할 수도 있고, 같은 문화 안에서 집단이나 개인들 사이에서 가치가 충돌할 수 있다. 하지만 이렇게 가치가 충돌한다고 하여 어느 하나의 가치만이 옳을 수 있는 것은 아니다. 도덕 규범은 그것이 나온 사회 역사적인 맥락에 의거해서만 이해할 수 있는 것이다. 이러한 맥락을 고려하면서도 인간의 가치와 관련하여 어떤 종류의 합리적 평가나 비판도 있을 수 없다는 도덕상대주의의 견해와는 달리 도덕다원주의는 객관적인 가치의 세계가 있음을 받아들인다. 이러한 가치들은 합리적 인간으로서 본성적으로 그리고 합리적으로 추구하는 것들이다. 인권과 민주주의와 지속 가능한 사회의 추구 등이 그러한 것에 해당할 것이다.

도덕상대주의자와 도덕다원주의자는 둘 다 도덕적 다양성과 차이를 인정하면서 좋은 삶을 위한 단일한 포괄적 기준이나 가치 체계나 도덕적 기준이 있을 수는 없다고 주장한다. 하지만 아무리 극악한 도덕 체계라도 받아들이는 이가 있다면 그것을 배제하지 못하는 도덕상대주의와는 달리, 도덕다원주의자는 공통적인 인간성의 측면에 비추어 그러한 것을 배제할 수 있다. 도덕상대주의는 상충하는 도덕적 주장을 판정할 수 없게 하지만 도덕다원주의에서 그러한 충돌의 정도는 완화될 수 있고 상충하는 도덕적 주장들을 저울질하여 합의에 이르게 할 수 있다. 도덕적 가치들은 우리의 공통적인 인간성의 측면에 비추어 서로 비교할 수 있다. 보편적 가치는 없지만 인간 사회를 존속하게 하는 최소한의 가치는 있다. 그리고 이러한 가치는 인간의 한계 안에 있는 것이다.

우리가 받아들일 수 있는 가치와 그럴 수 없는 가치를 구분하기 위하여 일단 그것이 인간 사회의 존속에 기여하는지 여부를 따질 수 있을 것이다. 살인, 고문, 정신적이거나 물리적인 구속, 지속 가능한 사회를 불가능하게 하는 동물 학대, 환경 파괴 등은 결코 수용할 수 없는 가치에 해당할 것이다. 도덕다원주의는 특정한 상황에서 선택할 도덕 규칙을 제시하지는 않으나, 우리에게 열려 있는 올바른 행위가 하나 이상임을 환기한다. 이렇게 다양한 선택지를 고려하는 폭넓은 조망 속에서 인간 사회의 존속이라는 핵심적인 생각이 우리의 도덕적 반성과 논의를 위한 좋은 기초를 제공할 수 있을 것이다.

제4장 도덕 논증의 평가와 주요 개념

1. 도덕 논증의 평가

1) 좋은 논증이란

논증은 이유가 있는 주장으로 이루어지고, 이러한 논증에 대한 평가는 이유 및 그 이유가 주장과 맺고 있는 관계에 초점을 맞추어 이루어진다. 우선 이유는 참일 수도 있고 거짓일 수도 있다. 우리는 참인 이유를 들어 자신의 주장을 정당화하고자 하는 것이기에, 전제로서 제시한 이유가 거짓이라면 좋은 논증일 수 없다. 또한 우리는 자신의 주장을 정당화하기 위하여 아무 이유나 대는 것이 아니라 그 주장과 관련이 있는 이유를 댄다. 그래서 전제로서 제시한 이유가 결론의 주장과 관련이 없다면 좋은 논증일 수 없다. 나아가 우리는 정당화 과정에서 자신이 제시한 이유가 해당 주장을 뒷받침하기에 충분하다고 생각하거나 그렇기를 바란다. 그래서 또한 전제로서 제시한 이유가 결론의 주장을 충분히 뒷받침하지 못한다면 좋은 논증일 수 없다.

앞 절에서 논증의 구조를 보여주기 위하여 인용했던 사례를 살펴보자.

> 소위 전범은 왜 처벌당해야 하는가? 그들이 타인을 죽게 하였기 때문이라고 한다면, 전쟁에서 다른 사람을 죽인 모두가 처벌당해야 할 것이다. 전쟁은 필경 잔혹한 일을 동반하기 마련이다. 하지만 우리는 대부분 조국을 지키기 위하여 전쟁에서 싸우는 것이 그릇된 일이 아닐 뿐만 아니라 극히 정당한 일이라고 생각한다. 이렇게 전쟁이 정당한 것이라면 전쟁에서 적을 죽이는 것 또한 그릇된 일이 아니다. 그렇다면 전범이 죄를 범하였다고 어떻게 말할 수 있겠는가?
>
> 1. 우리 대부분은 조국을 위한 전쟁은 잔혹한 일을 동반한다고 하여도 정당한 일이라고 생각한다.
> 2. 전쟁에서 적을 죽이는 일은 정당하다.
> 3. 전범은 조국을 위한 전쟁에서 적을 죽인 것이다.
>
> ---
>
> 4. 전범을 처벌해서는 안 된다.

위 논증의 전제 1은 대부분의 나라가 자국을 수호하기 위하여 군대를 보유하고 있다는 사실에서 참이라고 볼 수 있을 것이다. 전제 2는 문제가 있다. 전쟁이 불가피하고 살상을 동반한다고 하여도 전쟁에서 적을 죽이는 모든 형태의 행위가 정당한 것이라고 볼 수는 없다. 민간인을 포함하여 저항 능력이 없거나 항복하는 적을 죽이는 행위나 포로를 죽이는 행위 등을 우리는 정당하다고 보지 않는다. 또한 대량 학살이 가능한(화학 무기나 핵무기) 전쟁 무기 등을 이용한 살상 행위도 우리는 정당하다고 보지 않는다. 전제 3 또한 문제가 있다. 전범이라 함은 통상 자국의 이익을 위하여 타국을 침략하고 전쟁을 벌인 이들을 가리킨다. 그리고 이러한 전쟁은 '조국을 지키기 위한' 전쟁이 아닌 것이다. 이렇게 참이 아닌(또는 참인지 의심스러운) 이유에서 이끌어낸 결론을 우리는 받아들일 수 없을 것이다. 물론 그렇다고 하여 그 결론이 거짓이라고 단정적으로 주장하는 것도 아니다. 다른 이유가 그러한 결론을 위하여 제시될 수도 있을 것이기 때문이다. 단지 우리는 이렇게 말하는 것이다. 한 논증을 평가할 때 우리는 논증에서 제시한 이유가 결론의 주장이 참임을 보장하는지 알기를 원한다. 그러한 이유가 참이 아니라면 그것은 어떤 보장도 할 수 없다. 이제 논증을 평가할 때 우리가 물어야할 질문 하나를 찾아낸 것이다. "전제가 참인가?"

다음 사례를 보자.

우리나라에는 교회와 사원이 상당히 많다. 우리나라에는 선한 사람들이 상당히 많다.

1. 우리나라에는 교회와 사원이 많다.

---

2. 우리나라에는 선한 사람이 많다.

아이 기르는 일을 대부분 엄마가 맡고 있다는 사실에 비추어볼 때 여아는 같은 성을 지닌 부모가 양육하지만, 남아는 다른 성을 지닌 부모가 양육한다고 볼 수 있다. 여아는 양육한 부모로부터 떠나 정체성을 확립하는 데 남아보다 더 어렵다.

1. 아이 기르는 일을 대부분 엄마가 맡고 있다.
2. 여아는 동성의 부모가 양육하고 남아는 이성의 부모가 양육한다.

---

3. 여아가 남아보다 자기 정체성 확립이 어렵다.

위 두 논증의 전제는 쉽게 참이라고 수긍할 수 있다. 하지만 전제를 모두 받아들인다고 하여도 결론의 주장은 나올 것 같아 보이지 않는다. 전제가 결론과 관련이 없기 때문이다. 교회와 사원의 존재 여부가 바로 선함의 징표인 것으로 보이지는 않는다. 동성 부모가 아이를 양육한다고 하여 그 아이의 자기 정체성 확립을 늦추는 것은 아닐 것이다. 오히려 동성 부모가 양육함이 자기 이해를 이끌어 그러한 정체성 확립을 더 촉진시킬 수도 있는 것이다. 한 논증을 평가할 때 우리는 논증에서 제시한 이유가 결론의 주장이 참임을 보장하는지 알기를 원한다. 그러한 이유가 결론과 관련이 없다면 그것은 어떤 보장도 할 수 없다. 이제 논증을 평가할 때 우리가 물어야 할 항목을 하나 더 찾아낸 것이다. "전제는 결론과 관련이 있는가?"

앞서 '전범의 처벌'에 관한 논증에서 전제 1과 2는 그 자체로 또 하나의 논증을 이루고 있다.

1. 우리 대부분은 조국을 위한 전쟁이 잔혹한 일을 동반한다고 하여도 정당한 일이라고 생각한다.

---

2. 전쟁에서 적을 죽이는 일은 정당하다.

'우리가 이러이러한 것은 정당하다고 생각하고 있다'는 사실 진술에서 '이러이러한 것은 정당하다'는 평가적 진술을 바로 이끌어낼 수 있느냐 하는 문제는 접어둔다고 하더라도, 전제 1에서 결론 2를 이끌어내는 것은 문제가 있어보인다. 전쟁이 조국을 위하여 불가피한 일이기에 정당하다고 생각하는 것일 뿐이지 '잔혹한 일을 동반하기에' 정당하다고 생각하는 것은 아닌 것이다. 적어도 인류 전체의 지평에서 침략 전쟁은 '조국을 위한' 전쟁일 수 없다. 또한 불가피한 전쟁 상황에서도 적이라고 하여 저항 능력이 없는 사람을 죽이거나 대량 학살하는 행위는 결코 정당화될 수 없는 살인에 해당할 것이다. 따라서 우리가 조국을 위한 불가피한 전쟁은 정당하다고 생각함이 전쟁의 정당성 여부와 관련이 있다고 하더라도, '전쟁에서 적을 죽이는 일은 정당하다'는 일반적 진술을 이끌어내기에는 극히 불충분하다고 할 수 있을 것이다.

동물은 인간이 아니다. 동물은 인간과 같은 언어로 말하지 않으며, 인간과 같은 진보한 문화와 기술을 갖고 있지 않다. 따라서 동물은 도덕적 의미나 도덕적 권리를 갖고 있지 않다.

1. 동물은 인간이 아니다.
2. 동물은 인간과 같은 언어로 말하지 않는다.
3. 동물은 인간과 같은 진보한 문화와 기술을 갖고 있지 않다.

---

4. 동물은 도덕적 의미나 도덕적 권리를 갖고 있지 않다.

우리가 도덕적 의미나 도덕적 권리를 인간 중심적인 편협한 시각에서만 고려한다면, 전제 1~3은 결론 4와 관련이 있고 "인간과 같은 언어나 문화나 기술이 없다면 도덕적 의미나 도덕적 권리를 가질 수 없다"는 전제가 생략되어 있는 것으로 보아 충분히 그 결론을 뒷받침하는 것으로 간주할 수도 있을 것이다. 하지만 '도덕'이라는 개념을 확장하여 인간과 세계를 아우르는 것으로 바라본다면 전제 1~3은 결론 4를 뒷받침하기에 충분한 것이 되지 못한다. 생태 철학이나 환경 철학에서 논의하는 바처럼 인간이 아닌 동식물도 도덕적 의미를 가지고 도덕적 논의의 대상이 되며, 생명권 일반과 관련한 도덕적 권리를 가질 수도 있기 때문이다. 다시 한 논증을 평가할 때 우리는 논증에서 제시한 이유가 결론의 주장이 참임을 보장하는지 알기를 원한다. 그러한 이유가 결론을 충분히 뒷받침하지 못한다면 그것은 그러한 보장을 이루어낼 수 없다. 이제 논증을 평가할 때 우리가 물어야 할 항목을 또 하나 더 찾아낸 것이다. "전제가 결론을 충분히 지지하는가?"

이제 좋은 논증의 요건을 모두 드러내었다. 좋은 논증은 전제가 참이고, 전제가 결론과 관련이 있으며, 전제가 결론을 충분히 지지하는 논증이다.

2) 전제의 참

사실적 진술의 평가

우선 도덕 논증의 전제를 이루는 사실적 진술의 참을 어떻게 평가할 수 있는지 고려해보자. 우리는 전지(全知)하지는 않지만 수학적이거나 개념적인 지식을 포함하여 수많은 사실들에 대한 지식을 '상식'이라는 이름으로 공유하고 있다. 또한 어떤 사람들은 특정 분야에 대한 전문적인 지식을 가지고 있기도 하다. 우리는 그러한 사람들을 해당 분야의 '권위자'라고 부른다.

가) 삼각형의 내각의 합은 두 직각과 같다.
나) 총각은 결혼하지 않은 남자다.
다) 해는 동쪽에서 뜬다.
라) 세종대왕이 한글을 만들었다.
마) 에너지는 질량과 빛의 속도의 제곱에 비례한다.
바) 꿀벌은 8자 모양의 춤을 춰서 꿀이 있는 곳으로 인도한다.
사) 정자 기증자가 RH+이고 난자 제공자가 RH−일 경우에 임신이 되면 태아는 혈구 파괴로 사산된다.

가)~라)의 참 여부는 상식에 의거하여 알 수 있을 것이고, 마)~사)의 참 여부는 해당 분야의 권위자에 의거하여 알 수 있을 것이다. 예를 들어 사)는 인공 수정과 관련한 도덕 논증에서 전제로 쓰일 수 있는 것으로서, 유전학과 관련한 권위자에 의해 그 참 여부가 확인될 것이다.

상식에 의거한 지식에는 자신이 경험하는 것만이 아니라 다른 사람의 증언에 의거한 지식도 포함시킬 수 있을 것이다. 우리는 모든 것을 경험할 수 없으며, 모든 것에 관한 전문가가 될 수도 없다. 우리는 자신이 경험하는 것만큼이나 다른 이들이 들려주는 것에 대해서 확신할 수 있다. 물론 그러한 지식의 참 여부는 적절한 검증 절차를 거쳐야 할 것이다. 그러한 지식을 얻은 조건과 상황은 적절하였는지, 스스로를 포함하여 그러한 지식을 얻은 사람은 적절한 지각 능력을 갖추고 있었는지, 그러한 지식을 전하는 사람은 진실한 사람인지 여부를 캐물을 수 있다. 전문적인 지식의 경우에는 특히 그러한 지식을 전하는 사람이 다른 분야의 전문가가 아니라 바로 그 지식 분야의 전문가인지 확인하여야 할 것이다.

도덕 원리의 평가

도덕 논증은 명시적이든 암묵적이든 도덕 원리를 전제로 담고 있다. 이러한 도덕 원리를 평가하기 위하여 그 원리가 담고 있는 함축 내용과 귀결점에 관하여 생각해볼 필요가 있다. 가능한 그 원리를 적용할 수 있는 모든 경우들에 관하여 생각해보고, 의심스러운 경우가 있다면 그에 비추어 그 원리를 수정할 방식을 찾을 수 있다. '거짓말은 그릇된 것이다', '살인은 그릇된 것이다' 등의 원리가 이에 해당할 것이다. 다른 사람의 생명을 구하기 위해서 내지는 더 큰 선을 낳기 위하여 거짓말이 필요한 경우가 있다. 또한 나라를 지키기 위하여 싸우는 병사에게 '살인은 그릇된 것'이라는 원리를 엄밀하게 적용할 수는 없을 것이다. 이러한 예외를 허용하도록 그 원리가 수정되어야 하는 것이다.

때로는 그러한 도덕 원리를 그릇된 것으로서 완전히 거절해야 할 경우도 있을 것이다. 다음의 논증을 보자.

> 원조가 기아나 영양 실조를 감소시키는 데 효과적일 것 같지 않는 한, 우리는 원조를 제공할 의무가 없다. 따라서 우리는 인구율을 감소시키기 위하여 아무런 노력도 하지 않는 나라에게 원조할 필요가 없다.

여기에 나오는 도덕 원리는 '현실적인 도움 효과를 낳을 때만 도와라'는 것이다. 옛말에 '가난은 나라님도 구제하지 못한다'는 말이 있다. 하지만 그렇다고 하여 아예 도우려는 시도 자체를 하지 않는 것은 온당하지 못한 일이며, 가난을 더 가속화시켜 우리를(부자가 지구촌 밖에 사는 것이 아닌 한 부자까지도 모두) 벼랑으로 치닫게 만들 것이다.

3) 전제의 관련성과 결론 지지의 적절성

전제의 관련성

전제는 결론과 여러 방식으로 관련을 맺을 수 있다. 우선 전제는 결론과 연역적 함축의 관계를 맺을 수 있다. 연역적 함축의 관계는 전제가 참이라면 결론이 참일 수밖에 없는 관계로서 전제의 참이 결론의 참을 확실하게 보장하는 관계다.

> 때로 전쟁으로 나아가는 것이 옳다고 받아들이는 사람은 살인이 항상 그릇된 것이라고 진실로 믿을 수 없다. 전쟁은 불가피하게 살인을 동반하기 때문이다.

1. '살인은 항상 그릇되다'고 믿으려면 어떤 경우에도 살인을 허용해서는 안 된다.
2. 누군가가 어떤 경우에는 살인을 동반하는 전쟁이 허용될 수 있다고 생각한다.

---

3. 그는 '살인은 항상 그릇되다'고 믿는 것이 아니다.

위 논증에서 전제 1~2가 참이라면 결론 3은 참일 수밖에 없다. 전건과 후건으로 이루어지는 조건문(갑이면 을이다)의 후건

(을)을 부정하면 전건(갑)을 부정하게 된다는 추론 형식이 이러한 관계를 보장한다. 이러한 추론 형식으로서 흔히 쓰이는 다른 하나는 조건문의 전건(갑)을 긍정하면 후건(을)을 긍정하게 된다는 형식이다. 이 추론 형식을 담고 있는 모든 논증에서 전제는 결론을 연역적으로 함축하고, 이러한 연역적 함축은 가장 확실하게 관련성을 확보하는 방식이다.

우리는 과거의 경우에 기초하여 미래의 경우가 이러저러할 것이라고 판단하곤 한다. 이렇게 과거와 미래가 맺고 있는 관계는 바로 미래가 과거와 같을 것이라는 균일성에 의거한 관계다. 이솝우화에 보면 소금 짐을 지고 가다 개울에서 넘어져 짐이 가벼워졌던 경험이 있는 당나귀가 솜 짐을 지고 가다가 일부러 개울에서 넘어져 호되게 경을 치른다는 이야기가 있다. 솜 짐을 진 당나귀의 추론을 논증으로 만들어보자.

1. 지난 번 무거운 짐을 지고 가다 개울에서 넘어졌더니 짐이 가벼워졌다.

---

2. 이번에 넘어져도 짐이 가벼워질 것이다.

당나귀는 과거와 미래가 같을 것이라는 가정에 의지하여 전제 1에서 결론 2를 이끌어내고 있는 것이다.

우리는 또한 두 가지 것이 이러저러한 면에서 유사하다는 사실에 기초하여 다른 면에서도 유사할 것이라고 판단하곤 한다. 이렇게 전제는 결론과 사물의 유사성에 기초하여 관계를 맺을 수 있다.

어린이를 양육하는 일은 마치 나무를 기르는 일과 같다. 때때로 가지를 쳐주는 것과 같은 강력한 물리적 자극이 나무를 곧게 자라게 하는 것처럼, 어린이도 올바르게 키우려면 강한 체벌로 다스려야 한다.

1. 어린이를 양육하는 일은 나무를 기르는 일과 '성장을 돌본다는 점에서' 같다.
2. 나무를 제대로 키우려면 가지치기와 같은 강한 물리적 자극이 필요하다.

---

3. 어린이도 제대로 키우려면 강한 체벌이 필요하다.

이 논증에서는 어린이 양육과 나무 기르는 일이 어떤 측면에서 유사하기에, 그 둘은 다른 측면에서도 유사할 것이라고 추론하고 있다.

앞서 살펴본 연역적 함축의 관계와 균일성의 관계와 유사성의 관계에서 전제는 함께 결합하여 결론과 관계하기에 전제 모두를 한꺼번에 고려할 수 있지만, 전제가 각기 따로 결론과 관계하기에 전제를 하나씩 고려해야 하는 경우도 있다. 앞의 관계에서 전제들이 결합하여 결론을 지지한다는 데 초점을 맞추어 그 관계를 '결합에 의한 지지'의 관계라고 부른다면, 뒤의 관계에서 전제가 제각기 따로 결론을 둘러싸면서 지지한다는 데 초점을 맞추어 그 관계를 '수렴에 의한 지지의 관계'라고 부를 수 있을 것이다. 아래 논증에서 전제 1과 전제 2는 결합하지 않고 각기 따로 결론 3을 지지하고 있다.

담배 광고는 금지되어야 한다. 담배 광고는 젊은이가 흡연을 시작하도록 만든다. 설혹 그렇게 만들지 않는다고 하더라도 담배 광고는 흡연자인 사람들에게 자신의 습관이 사회적으로 용인될 수 있다는 잘못된 인상을 줄 수 있다.

1. 담배 광고는 젊은이가 흡연을 시작하도록 만든다.
2. 담배 광고는 흡연자에게 흡연이 사회적으로 용인될 수 있다는 잘못된 인상을 준다.

---

3. 담배 광고는 금지되어야 한다.

결론 지지의 적절성

좋은 논증이려면 전제는 결론과 관련이 있어야만 할 뿐만 아니라, 결론을 위한 충분한 근거를 제시하여야 한다. 즉, 결론을 적절하게 지지할 수 있어야 한다는 것이다. 전제와 결론이 연역적 함축의 관계를 맺고 있는 경우, 전제는 결론을 완전하게 지지한다. 하지만 다른 지지 관계의 경우 그 지지의 정도를 파악하여 충분한지 여부를 가려내야 한다. 과거의 경우에서 미래의 경우로 나아가는 추론에서, 그 과거 경우의 사례는 그러한 예측을 할 만큼 충분하여야 할 것이다. 유사성에 기초한 추론에서, 비교되는 두 가지 것 사이의 유사성은 관련된 측면에서 차이를 넘어설 만큼 충분하여야 할 것이다. 우리는 결론을 옹호하는 이유만큼이나 결론에 반대하는 사유도 댈 수 있다. 따라서 수렴에 의한 지지의 경우, 결론을 옹호하여 제시된 이유는 결론을 약화시킬 수 있는 가능한 반대 사유를 압도할 만큼 충분한 것이어야 한다. 아래 논증은 수렴에 의한 지지의 경우다.

말기의 환자가 의식적으로 죽음을 선택하는 자의적인 안락사는 법적으로 허용되어야 한다. 책임을 질 수 있는 성인은 살거나 죽기를 선택할 수 있는 것이다. 자의적인 안락사는 많은 환자들을 견딜 수 없는 고통으로부터 구해줄 것이다. 자의적인 안락사는 사회 비용을 줄일 것이다. 자의적인 안락사는 또한 사랑하는 사람이 참혹한 죽음을 맞는 것을 보아야 하는 고통을 가족으로부터 덜어줄 것이다.

1. 책임을 질 수 있는 성인은 죽음을 선택할 수 있다.
2. 자의적인 안락사는 환자의 고통을 없애줄 수 있다.
3. 자의적인 안락사는 사회 비용을 줄인다.
4. 자의적인 안락사는 환자 가족의 심적인 고통을 덜어준다.

---

5. 자의적인 안락사를 법적으로 허용해야 한다.

전제 1~4를 참인 것으로 받아들이고 결론 5와 관련이 있음을 인정한다고 해도, 5의 결론이 그러한 전제로부터 바로 따라나오는 것으로 보이지는 않는다. 달리 고려해야 할 반대 사유가 있어 보이기 때문이다. 이러한 반대 사유는 결론을 지지하는 것이 아니라 약화시킬 수 있는 것이다. 예를 들어, '자의적인 안락사는 남용 위험이 있다', '환자의 병을 위한 치료제가 나중에 발견될 수 있다' 등이 그러한 반대 사유에 해당한다. 이러한 반대 사유가 있음에도 불구하고 제시한 이유들이 결론을 지지하기에 충분하다고 판단한다면, 해당 논증이 좋은 논증의 요건을 만족시킨다고 평가하고 있는 것이다.

흡연자들이 흡연과 관련한 질병을 겪을 경우, 그것이 담배 회사의 잘못이라는 생각은 말도 안 된다. 양조업자들이 알코올 중독자들 때문에 비난받아야 한다고 우리는 생각하지 않는다. 낙농업자들이 심장병과 비만 인구 때문에 비난받아야 한다고도 생각지 않는다. 담배 회사는 단순히 사거나 사지 않거나 선택할 수 있는 제품을 공급하는 것에 불과하다. 흡연이 건강에 어떤 위험을 주는지 잘 알려져 있다. 그 위험에 대한 경고문이 담뱃갑에 붙어 있다. 사람들은 불행이 일어날 때 비난할 누군가를 찾고 싶어한다. 하지만 누군가가 흡연 관련 질병으로 인하여 비난받아야 한다면, 그것은 위험을 알면서도 흡연하는 사람 바로 그다.

1. 담배와 술과 우유는 해를 유발할 수 있다는 점에서 같다.
2. 알코올 중독자들이 있다고 하여 양조업자가 비난받는 것은 아니다.
3. 심장병과 비만 인구가 있다고 하여 낙농업자가 비난받는 것은 아니다.
4. 담배 회사는 구매 여부를 선택할 수 있는 제품을 공급한다.
5. 흡연의 위험은 잘 알려져 있고 담뱃갑에도 경고문이 붙어 있다.
6. 흡연자는 흡연의 위험을 알면서도 담배를 구매하여 흡연한 것이다.

---

7. 흡연과 관련한 질병의 탓은 담배 회사가 아니라 흡연자에게 있다.

전제 1~6이 모두 참이고 결론과 관련이 있음을 인정한다고 하더라도, 해당 전제에서 결론 7이 바로 따라나오는 것으로 보이지는 않는다. 술이나 우유 등이 해를 유발할 수 있다고 하더라도 담배가 가져올 수 있는 폐해에 미치지 못하는 것이다. 또한 술이나 우유는 훌륭한 음식으로서 기능할 수 있지만 담배는 그러한 기능을 전혀 갖추지 못하고 있다. 한마디로 '백해무익'하다는 것이다. 따라서 전제 1~3이 결론과 관련이 있다고 하더라도 그 지지의 정도는 극히 미약하다고 할 수 있다. 전제 4~6과 관련하여 다음과 같은 반대 사유가 등장할 수 있다. '담배는 중독성이 강하다', '담뱃갑의 경고문은 흡연의 위험을 암시하는 정도다', '담배 회사가 알리지 않는 흡연의 위험이 더 있다' 등이 그러한 반대 사유에 해당할 것이다. 이러한 반대 사유를 고려해 전제 1~6이 그러한 반대 사유를 압도할 만큼 충분하지 못하다고 판단한다면, 위 논증이 좋은 논증의 요건을 만족시키지 못한다고 평가하고 있다.

4) 도덕 논증의 오류

일단 논증이 정당화의 의도를 담고 있다는 것은 그러한 논증을 내놓는 이가 전제가 결론을 지지하는 것으로 생각했거나 그렇게 보이려고 했음을 뜻한다. 이러한 논증에서 실제로는 전제가 결론을 지지하지 못하는 것으로 드러날 경우, 우리는 논자가 '오류'를 범했다고 평가한다. 즉, 좋은 논증이 아닌데도 좋은 논증인 것처럼 보이려 했다는 것이다.

무관성의 오류

우선 전제와 결론이 아무런 관련성이 없는데도 관련이 있는 것처럼 보이게 할 수 있다.

어떤 사람의 주장이 옳거나 그르다는 결론('길동이 내놓은 계획은 받아들일 수 없어')을 내리면서 그 사람의 인격이나 처지 내지는 사회적 지위('길동은 집도 없고 성질도 고약하니까')를 전제로서 들고 있다면 그는 결론과는 무관한 전제를 제시하고 있는 것이다.

또한 어떤 결론('외계인은 존재하지 않아')을 내리면서 우리가 그에 관하여 경험한 적이 없다거나 알지 못한다는 사실('외계인을 본 적이 없으니까')을 전제로서 들고 있다면 그는 또한 결론과는 무관한 전제를 제시하고 있는 것이다.

어떤 한 분야와 관련한 주장('이 사회 보장 제도는 그릇된 것이다')을 결론으로 제시하면서 다른 분야의 권위자가 그러한 주장을 했거나 받아들였다는 사실('아인슈타인이 그렇게 말했다')을 전제로서 들고 있다면, 그는 또한 결론과는 무관한 전제를 제시하고 있는 것이다.

불충분한 근거의 오류

다음으로 전제가 결론을 충분하게 지지하지 못함에도 불구하고 그런 것처럼 보이게 할 수 있다.

예측이나 일반적인 주장('길동은 좋은 남자야')을 결론으로 제시하면서 너무 적거나 편향된 사례와 관련한 경험('두 번 만났는데 그때마다 나에게 잘해주었거든')만을 전제로서 제시하고 있다면, 그는 결론을 제대로 지지하지 못하는 전제를 제시하고 있는 것이다.

어떤 사건이 다른 사건의 원인이라는 주장('아침을 먹지 않은 것이 길동의 체중을 줄게 한 원인이다')을 결론으로 제시하면서 단지 두 사건 간의 상관('요새 체중을 줄이려고 아침을 걸렀다')만을 전제로서 제시하고 있다면('조깅을 했다', '좋아하던 군것질을 하지 않았다' 등의 사실은 무시하고) 그는 또한 결론을 제대로 지지하지 못하는 전제를 제시하고 있는 것이다.

어떤 두 가지 것(앞의 유비 논증에서 '나무 기르기'와 '아이 돌보기')이 유사한 측면보다는 유사하지 않은 측면이 더 큰데도('스스로 생각하는 존재와 그렇지 않은 존재라는 차이') 유사성에 기초한 결론을 내릴 경우('아이에게도 나무에게 하듯이 물리적인 강제력을 써야 한다'), 그는 또한 지지의 적절성을 확보하지 못하고 있는 것이다. 우리는 이러한 경우 비교되고 있는 두 가지 것이 정확히 무엇이고, 또한 주장된 유사성만큼이나 어떤 차이가 있는지 고려해야 한다.

우리는 흔히 유원지에서 주머니에 휴지나 비닐 등을 넣고 다니다가도 쓰레기를 버리는 곳이 아닌 장소에 쓰레기가 많이 버려져 있는 것이 눈에 띄면 슬그머니 몰래 버리곤 한다. 이러한 경우 우리의 마음속에는 다른 사람도 버렸으니까 나도 버려도 된다는 생각이 숨어 있다. '일상적으로 행해지는 숱한 도살과 동물 실험은 놔두고 왜 자기들에게만 죄가 있다고 그러는 것이냐'는 밀렵꾼의 항변 역시 같은 맥락에 있는 것이다. 즉, 유사하게 잘못이라고 간주하는 두 가지 것 중에서 하나를 허용했으니 다른 하나도 허용해야 한다는 것이다. 이는 결국 잘못도 여러 번 되풀이하면 옳은 것이 된다는 주장이다. 하지만 잘못은 잘못일 뿐이다. 즉, 여러 잘못이 모인다고 하여 그러한 잘못이 옳음으로 바뀌지는 않는다는 것이다.

유사한 것 중에는 더 유사한 것과 덜 유사한 것이 있을 수 있다. 그러한 유사성의 정도가 일련의 사건들 사이에 연속적이라면 어떻게 될까? 현대의 배아 복제 논의에서 배아 복제의 허용은 결국 일련의 인과 사슬을 거쳐 인간 복제 허용으로 이어질 수밖에 없다는 주장이 있다. 이는 인간 복제 허용을 '미끄러운 비탈길에서 미끄러지면 중간에 멈추지 못하고 끝까지 갈 수밖에 없는 상황'에 빗대는 것이라고 할 수 있다. 하지만 모든 것은 모든 것과 어떤 측면에서 유사할 수 있는 것만큼이나 차이가 있을 수 있다. 차이의 비탈길을 거꾸로 기울여 배아 복제는 인간 복제와는 전혀 무관하다는 결론에 이를 수도 있다는 것이다.

한 주장을 옹호하기 위하여 서로 다른 여러 종류의 이유를 대고 있을 경우, 우리는 흔히 가능한 반대 사유를 간과하기 쉽다. 마음이 어느 한쪽으로 쏠려 다른 쪽은 잘 보이지 않게 되는 것이다. 하지만 세상 모든 일은 양면을 드러내기에 어떤 것을 옹호하는 측면이 있다면 그에 반대하는 측면도 그만큼 있을 수 있음을 명심해야 한다. 이를 위하여 논자가 제시한 이유나 반대 사유만이 아니라 평가자의 입장에서 생각해낼 수 있는 제반 이유와 반대 사유를 고려하여, 과연 논자의 이유들이 반대 사유를 물리치고 그 결론을 제대로 지지하는지 판단하여야 한다. 다음에 제시한 로버트 짐러(Robert Zimler)의 『패러독스 이솝우화』의 한 토막은 이러한 반대 사유의 힘을 잘 드러내고 있다.

꼬리를 잃어버린 여우

여우 한 마리가 덫에 걸렸다. 덫을 빠져나오려고 필사적으로 노력한 끝에 간신히 자유의 몸이 되긴 했지만 너무 기운을 쓰다 보니 그만 꼬리를 싹둑 잘리고 말았다. 그래서 상처가 아물 때까지 혼자서 굴속에 꼼짝도 안하고 숨어 있었다. 하지만 상처가 다 낫고 나서도 밖에 나가서 돌아다니고 싶지가 않았다. 동료 여우들 보기가 창피했기 때문이었다.

"꼬리가 없는 걸 보면 걔네들이 날 막 놀리고 난리를 치겠지?" 여우는 혼자 마음속으로 생각해보았다. "다들 꼬리가 있고 나만 없는 한에는 내 여생이 비참할 수밖에 없어. 어디 쥐구멍이라도 있으면 그냥 아무도 모르게 숨어버릴 텐데."

생각에 생각을 거듭한 끝에 한 가지 꾀를 생각해낸 여우는 의기양양하게 동료들 틈으로 다시 돌아갔다. "야, 너 어디 있었니? 그동안 안 보이던데." 친구들은 오랜만에 돌아온 그 여우를 보자마자 곧장

이렇게 물어왔다. "응, 성형 수술을 좀 하고 왔지." 그 여우는 이렇게 말하면서 잽싸게 몸을 돌려 친구들에게 자기 꼬리가 잘린 모습을 보여주었다. "돈도 엄청 많이 들고 아프기도 무지무지하게 아프긴 했지만, 그래도 내가 그 힘든 수술을 끝까지 다 견뎌낸 게 대견스러워."

다른 여우들이 생전 듣도 보도 못한 이상야릇한 수술을 왜 받게 되었느냐고 물어오자, 그 여우는 마치 기다렸다는 듯이 교활하게 대답했다. "사실 꼬리라는 게 말이야, 아무 쓸모가 없고 한물 가도 한참 한물 간 옛날 유행이야. 완전히 옛날 고리짝 이야기란 말씀이야. 괜히 꼬리가 있으면 여름엔 덥고 겨울엔 춥기만 하지 뭐. 야, 그뿐인 줄 아니? 집 없는 이, 벼룩, 진드기 같은 놈들의 대피소도 된단 말씀이야. 그런 건 다 좋다고 해. 사실 진짜 중요한 건 말이야. 사냥꾼들이나 사냥개들이 너희를 잡으려고 달려들 때가 문제야. 필사적으로 달려야 하는 순간에 꼬리 때문에 속력이 떨어지게 된다 이거야. 그리고 놈들이 딱 잡기 좋은 손잡이를 달고 다니는 격이지. 여러 말 할 것 없고 한마디로 꼬리는 보기에도 안 좋고, 위생에도 안 좋고, 생명에도 큰 지장이 돼."

논리 정연한 설명에 감동된 여우들은 모두 꼬리를 자르는 데 기꺼이 찬성했다. 그런데 딱 한 마리 늙은 여우가 가로막으며 이렇게 말하는 것이었다. "자네가 지금까지 한 말은 전부 사실일 수도 있어. 하지만 말이야, 우리 여자 여우들이 꼬리 없는 우리를 좋아할까?"

이 한마디가 여우들의 결심을 다시 바꾸어놓았다. 그리하여 그들은 꼬리를 그대로 달고 다니기로 했다.

도덕 원리의 평가와 오류

도덕 원리의 평가도 '무관성의 오류'와 '불충분한 근거의 오류'를 염두에 두고 이루어질 수 있다.

논자가 가정하고 있는 도덕 원리를 평가하기 위하여 논자의 인격이나 처지 내지는 사회적 지위 등을 인용하고 있다면 우리는 무관성의 오류를 범하고 있는 것이다. 도덕 원리를 평가하기 위하여 그에 대한 우리의 무지를 인용하고 있다면 역시 우리는 무관성의 오류를 범하고 있는 것이다. 마찬가지로 흔히 그렇듯이 그와 관련하여 잘못된 권위를 내세우고 있다면 역시 무관성의 오류를 범하고 있는 것이다. 사실 도덕 원리는 무권위적인 것이기에, 그에 대한 평가에서 권위의 인용은 적절치 않은 것이라고 할 수 있을 것이다.

도덕 원리를 평가하기 위하여 제시한 적용 사례가 너무 적거나 편향되어 있다면 우리는 불충분한 근거의 오류를 범하고 있는 것이다. 도덕 원리를 평가하기 위하여 제시한 유비가 관련된 측면에서 유사성보다는 차이를 더 드러내고 있다면 우리는 역시 불충분한 근거의 오류를 범하고 있는 것이다. 또한 당면한 도덕 원리와 관련하여 우리가 생각할 수 있는 여러 가능한 반대 사유를 헤아리지 않고 평가하고 있다면, 우리는 불충분한 근거의 오류를 범하고 있는 것이다.

5) 도덕 논증 평가의 요점

가) 결론을 찾는다.
나) 전제와 빠진 전제(도덕 원리를 포함)를 찾는다.
다) 전제의 참 여부를 평가한다.
- 사실적 진술의 참 여부를 상식이나 증언이나 적절한 권위에 의거하여 판단한다.
- 도덕적 평가 진술의 참 여부를 도덕 원리와 함께 고려하여 판단한다.

라) 전제가 결론과 관련이 있는지 평가한다.

- 연역적 함축, 경험의 균일성, 사물의 유사성에 의거한 적절한 관계인지 판단한다.

마) 전제가 결론을 충분히 지지하는지 평가한다.

- 연역적 함축, 충분한 사례 여부, 차이를 넘는 유사성 여부 등을 판단한다.
- 결론을 약화시킬 수 있는 가능한 반대 사유에 대하여 생각해본다.
- 다른 결론을 이끌어낼 수 있는지 생각해본다.

바) 전체적으로 논증이 좋은 논증인지 그렇지 않은지 평가하고, 그 근거를 세 가지 요건에 의거하여 제시한다.

도덕 논증을 담고 있는 다소 장문의 글을 평가해보자. 우선 주어진 글을 이해하여야 한다. 저자의 생각을 분명히 드러내기 위하여 저자와 공감대를 형성하면서 되풀이하여 읽어보아야 한다. 글에 담긴 논증을 파악하면서 저자의 주요한 주장과 그 이유 및 저자가 가정하고 있는 도덕 원리를 찾아낸다. 이러한 과정에서 부수적인 것은 과감히 삭제하고 논증의 골자만을 드러내며, 저자를 곡해하는 일이 없도록 다시 전체의 글과 대조하는 작업을 벌인다. 전제의 참과 추론의 적합성(관련성과 충분한 지지 여부)을 판단하고 평가한다.

2. 도덕 논증 평가의 사례

1) 예문 — 콕스의 안락사

환자인 릴리안 보이즈 여사에 대하여 시도한 살인과 관련한 니겔 콕스 박사의 유죄 판결에 대하여 감정적인 반응이 엄습하기가 쉽다. 류머티스 전문의인 콕스 박사가 그녀에게 두 앰플의 염화칼륨을 주사한 후에 보이즈 여사는 사망하였다. 계속된 헤로인 처방은 위궤양과 괴저와 종기로 악화된 심한 류머티스 관절염으로부터 오는 그녀의 고통을 억제하지 못했다. 그녀의 고통이 엄청나게 컸으며 오직 그러한 그녀의 고통을 덜어주려는 심정에서 콕스 박사가 그러한 행동을 한 것임이 드러났기에, 배심원들은 평결을 내릴 때 깊은 고민에 빠졌고 법정의 방청객들을 동요하였으며 그 여파가 일반에게도 미치게 되었다.

자신이 맡은 환자에게 최선이라고 스스로 생각한 것을 행한 의사에게 범죄자라는 오명을 씌우는 것은 아주 충격적인 일이다. 보이즈 여사처럼 스스로가 자신이 겪고 있는 고통에서 벗어나게끔 해달라고 요청한 경우는 특히 그렇다. 이러한 경우는 피할 수 없는 죽음과 관련하여 우리에게 깊이 뿌리 박혀 있는 두려움을 자극하고 우리 스스로 어떻게 죽을 것인지 생각하게끔 한다. 스스로 옳다고 생각하여 그러한 죽음을 집행한 한 의사가 공적인 불명예를 당하는 것을 보고, 우리는 주춤하고 전율하게 된다. 하지만 우리는 그러한 감정을 잠시 접어둘 필요가 있다. 우리는 어려운 문제를 물어야 한다. 콕스 박사가 그러한 행위를 한 것은 실제로 올바른 일이었는가? 그리고 그에게 다른 대안은 없었는가?

기소 측과 배심원은 양쪽 모두 통상 안락사의 경우 기소나 유죄 판결을 피하도록 도움을 주기 위하여 자신들에게 건네진 어떤 법적인 경계선(생명줄)을 인지하고 있었을 것이다. 콕스 박사가 보이즈 여사에게 부수적으로 그녀의 죽음을 앞당기는 진통제를 주사했었더라면, 배심원은 그에게 유죄 판결을 내리지 않았을 것이다. 죽음을 가속화할 위험을 가지고 있더라도 고통을 감소시키려고 의도한 치료는 법률이 허용하기 때문이다. 하지만 죽음을 야기하거나 앞당기려는 의도를 가지고 약을 투여하는 것은 법률이 금지하는 일이다. 염화칼륨은 진통제의 속성을 전혀 갖지 않는다. 의학도면 누구나 알고 있듯이, 그것의 효능은 인간의 심장을 멈추게 하는 것이다. 배심원들은 이 중요한 구분을 잘 이해했다. 그들의 평결은 '피고인측이 논점을 다소 흐렸음에도 불구하고 콕스 박사는 보이즈 여사의 생명을 끝내기 위하여 알고서 그러한 행위를 했다'는 점에 기초한 것이었다.

콕스 박사가 한 행위는 취할 만한 올바른 행위였는가? 피고인측이 주장하듯이, 그녀의 고통을 다스리려는 모든 시도가 실패했기에 그러한 행위만이 그에게 열려 있는 유일한 것이었을까? 그리고 결과적으로 법이 바뀌어야 하는가? 이런 말들이 있어왔다. 많은 의사들이 콕스 박사가 한 것을 몰래 조용히 하고 있으며, 유일한 차이는 콕스 박사가 현명치 못하게도 법적으로 그에게 올가미를 걸 수 있는 특정한 약을 사용했다는 것뿐이라고. 그리고 단지 그가 다른 어떤 것을 사용했더라면 체포되지 않았을 것이라고. 하지만 이와 반대로 단지 소수의 의사들만이 자신의 환자를 적극적으로 죽인다는 확실한 증거가 있다. 의사들은 누군가가 분명하고 돌이킬 수 없이 죽어가고 있는 경우, 가능한 한 보다 존엄하게 죽을 수 있도록 생명을 지속하는 치료를 억제한다. 그리고 그들은 또한 이미 죽어가는 환자의 죽음을 앞당기는 부수적인 효과를 가질 수 있는 진통제를 투여한다.

하지만 죽음이라는 자연적인 과정이 가능한 한 편안하게 이루어지도록 보장하는 것과 인위적인 수단에 의해 누군가의 죽음을 적극적으로 촉진함 사이에는 중요한 도덕적 차이가 있다. 전자는 생명을 보존하고 고통을 감소시키는 의사의 서약과 절대적으로 일치하지만, 후자는 아니다. 그 차이의 핵심은 그 행위 뒤에 숨은 의도에 놓인다. 의사가 죽음을 고통을 감소시키는 치료에 속하는 것으로 바라보는 일은 옳은 것일 수 없다.

그것은 또한 필연적인 것이 아니다. 콕스 박사의 사례가 보이는 중요한 특징은 보이즈 여사의 고통이 아주 심하여 고통 경감의 노력이 아무 소용도 없었다는 것이다. 하지만 모든 고통 경감 방법을 다 썼는지 분명하지 않다. 예를 들어 고통 경감 약물의 모든 전문가가 보이즈 여사의 병상에 소환되었다는 증거는 어디에도 없다. 다른 류머티스 전문의들이 그 고통은 치료할 수 없다는 증거를 제시하였지만, 류머티스 전문의들이 고통 경감에서 전문가인 것은 아니다. 더욱이 죽어가는 사람의 고통은 죽음의 번민과 복잡하게 얽혀 있다. 죽어가는 환자를 적절하게 치료하기 위하여, 병원 직원들은 대개 그 임상적인 기술에서나 그들 자신의 감정적인 반응에서나 숙련되어 있지 못하고 제대로 장비를 갖추고 있지 못하다. 병원 직원들은 죽어가는 이의 요구에 쉽게 대처할 수 없다. 하지만 호스피스 직원들은 그들의 숙련된 간호로 죽어가는 이에게 남아 있는 삶을 다시 살 만한 가치가 있는 것으로 그럭저럭 만들 수 있다. 말기의 고통 경감은 전문화된 기술이다. 죽음을 고통 경감의 수단으로서 사용함은 의료 간호가 실패한 것이다. 그리고 종국적으로 죽음이 일어날 때까지 다량의 진정제를 투여함은 삶 그 자체를 존중하면서 고통을 경감시킨다.

콕스의 사례는 자의적인 안락사를 합법화하는 원인을 가속화시킨 것으로 주장된다. 자의적인 안락사에 관한 걱정들 중 하나는 자의적인 안락사 허용이 환자의 동의 없는 안락사로 쉽게 미끄러질 수 있고 따라서 남용될 수 있다는 것이다. 철학자들은 미끄러운 비탈길 논증을 비웃곤 하지만, 흔히 그들은 그렇게 함으로써 단지 실제 삶에 대한 무지만을 드러낸다. 트위크로스 박사에 따르면, 이러한 남용으로 미끄러짐은 비공식적인 소극적 안락사가 허용되는 네덜란드에서 이미 일어나고 있다. 여기 영국에서 낙태법은 도덕적인 미끄러운 비탈길의 좋은 사례다. 자의적인 안락사를 허용해라. 그러면 우리는 곧 다음과 같은 물음을 묻게 될 것이다. 어떻게 우리는 견딜 수 없는 고통을 정의하는가? 한 사람이 말기 병의 최종 단계에 있을 때 '충분한 설명에 근거한 자발적 동의'란 무엇인가? 사람들은 스스로의 삶을 관장할 권리가 있다. 하지만 그것이 다른 사람이 자신의 자살에 조력하도록 기대할 권리를 가짐을 뜻하는 것은 아니다.

어떤 사람들은 재판관인 오그날이 콕스 박사의 행위가 범죄일 뿐만 아니라 의사로서 그에게 분명한 의무를 전적으로 위반한 것이라고 말했을 때, 그가 너무 성급하다고 생각했다. 문제는 바로 그것이다. 스스로 자살하기를 원한다면 언제든지 의사로 하여금 자신을 돕게끔 하고 싶다고 생각하는 사람들이 있다. 하지만 우리 일반 대중에게 있어서 가장 중요한 일은 의사가 자신을 죽이지 않을 것임을 절대적으로 믿을 수 있다는 것이다.

죽음은 현대의 커다란 금기다. 말기 간호의 무시와 호스피스의 부족과 죽어가는 이의 간호에서 의사와 간호사의 미숙함은 일시적인 만족으로 굴러가는 사회에서 자신의 도덕성과 마주하기를 내켜하지 않는 우리의 태도를 반영한다. 죽어가는 이를 존중함이 안락사를 통하여 좀더 빨리 그들을 제거하는 일이라면, 그것은 다만 말의 조롱에 불과할 뿐일 것이다. 우리는 이러한 종류의 공리주의적인 잔인성에 저항해야 한다. 대신에 우리는 우리의 노력을 결집하여 보이즈 여사가 감내하였던 종류의 고통을 방지하고 자연적인 죽음이라는 인간 존엄성을 보호해야 한다.37)

2) 요약과 논증 표준화

요 약

1. 콕스 박사가 고통에 시달리는 말기 환자인 보이즈 여사에게 염화칼륨을 주사하여 안락사시켰고, 법원은 그에게 유죄 판결을 선고하였다.
2. 보이즈 여사는 스스로 안락사를 요청하였고, 자신의 환자에게 최선이라고 생각한 것을 행한 의사에게 범죄자의 오명을 씌움은 여러

---

37) Melanie Phillips, *Guardian*, 25 September 1992. (Reprinted in) Anne Thomson, *Critical Reasoning in Ethics*, Routledge, 1999, pp.81-83.

가지 감정을 불러일으킬 수 있으나 그러한 감정은 접어두고 이성적인 물음을 던질 필요가 있다. 콕스 박사는 그러한 행위를 할 권리가 있었는지, 다른 대안은 없었는지 하는 물음을 던져야 한다.

3. 비록 죽음을 앞당기더라도 고통을 감소시키려는 의도를 가진 치료는 법적으로 허용되지만, 죽음을 야기하거나 앞당기려는 의도를 가진 투약은 법적으로 허용되지 않는다.
4. 소수의 의사들만이 적극적으로 환자의 죽음을 꾀하며, 대부분의 의사들은 죽어가는 환자에 대하여 존엄한 죽음을 위하여 생명을지속시키는 치료를 억제하고 죽음을 부수적으로 앞당기는 진통제를 투여할 뿐이다.
5. 죽음이라는 자연적 과정이 편안하게 이루어지도록 보장하기 위한 치료는 생명을 보존하고 고통을 감소시키라는 의사에게 합당한 도덕 원리를 따르는 일이지만, 누군가의 죽음을 적극적으로 촉진하는 것은 그러한 도덕 원리에 반하는 일이다.
6. 콕스 박사의 경우에도 달리 자문을 구하고 시도하였다면 고통 경감은 가능했을 것이다.
7. 자의적인 안락사를 허용함은 미끄러운 비탈길을 타고 미끄러져 환자의 동의 없는 안락사를 숱하게 낳을 수 있다.
8. 의사는 그 의무상 어떤 경우에도 의도적으로 환자를 죽여서는 안된다.
9. 말기 환자의 고통을 줄이면서 자연적인 죽음을 맞이할 수 있도록 하여, 인간 존엄성을 보존해야 한다.

논증 표준화

1. 고통에 시달리는 말기 환자인 보이즈 여사는 스스로 안락사를 요청하였고, 콕스 박사는 그녀에게 의도적으로 염화칼륨을 주사하여 죽음에 이르게 하였다.

2. 비록 죽음을 앞당기더라도 고통을 감소시키려는 의도를 가진 치료는 법적으로 허용되지만, 죽음을 야기하거나 앞당기려는 의도를 가진 투약은 법적으로 허용되지 않는다.
3. 소수의 의사들만이 적극적으로 환자의 죽음을 꾀하며, 대부분의 의사들은 죽어가는 환자에 대하여 존엄한 죽음을 위하여 생명을 지속시키는 치료를 억제하고 죽음을 부수적으로 앞당기는 진통제를 투여할 뿐이다.
4. 콕스 박사의 경우에도 달리 자문하고 시도하였다면 고통 경감은 가능했을 것이다.
5. 죽음이라는 자연적 과정이 편안하게 이루어지도록 보장하기 위한 치료는 생명을 보존하고 고통을 감소시키라는 의사에게 합당한 도덕 원리를 따르는 일이지만, 누군가의 죽음을 적극적으로 촉진하는 것은 그러한 도덕 원리에 반하는 일이다.
6. 콕스 박사의 행위는 법적이거나 도덕적으로 올바른 행위가 아니다.
7. 자의적인 안락사를 허용함은 미끄러운 비탈길을 타고 미끄러져 환자의 동의 없는 안락사를 숱하게 낳을 수 있다.
8. 의사는 (그 의무상) 어떤 경우에도 의도적으로 환자를 죽여서는 안 된다.
9. 말기 환자의 고통을 줄이면서 자연적인 죽음을 맞이할 수 있도록 하는 것이 인간 존엄성을 위한 길이다.

---

10. 자의적인 안락사를 허용해서는 안 된다.

3) 평 가

이 논증에서 전제 1~5는 전제 6을 결론으로 삼아 하부 논증을 이루고 있고, 전제 6~9가 결론 10과 함께 주된 논증을 이루고 있다.

먼저 하부 논증을 이루고 있는 전제 1~5의 참 여부를 가려보자. 다른 전제는 상식 등에 의거하여 받아들일 수 있다고 할 수 있으나 3~4번 전제는 단지 추측일 뿐 그것을 입증할 수 있는 근거가 없거나 부족하다고 지적할 수 있다. 다음으로 이러한 전제는 모두 콕스 박사의 행위와 관련이 있기에, 전제의 관련성 요건은 만족시킨다고 볼 수 있다. 하지만 전제가 모두 참이고 결론과 관련이 있다고 하더라도, 전제 5와 관련하여 적극적인 안락사를 지지하는 도덕 원리('개인의 자율성을 존중해야 한다')가 또한 있어보이기에 관련된 도덕 원리들을 비교하여 어느 원리가 적합한지 판정할 필요가 있다. 콕스 박사의 경우에 그 수단이 무엇이든 고통 경감의 의도는 있었다고 논자도 인정하고 있다. 따라서 여기에서 상충하고 있는 도덕 원리는 '개인의 자율성을 존중해야 한다'는 원리와 '남을 해쳐서는 안 된다'는 원리라고 볼 수 있다. 그리고 어느 한 원리가 적합하다고 쉽게 판정할 수 없다면, 위 논증은 충분한 근거 조건을 만족시키지 못한다고 평가할 수 있다. '개인의 자율성을 존중해야 한다'는 도덕 원리를 배제할 만한 만족스런 근거가 제시되지 않았기 때문이다.

다음으로 주 논증을 평가해보자. 주 논증의 전제 6~9의 참 여부를 가리면, 일단 6은 하부 논증에 의해 참 여부가 확실치 않은 것으로 밝혀졌다. 7은 미끄러운 비탈길의 유비에 기초한 주장으로서 자의적인 안락사에서 환자의 동의 없는 안락사로 이르는 길이 그렇게 미끄럽지 않거나 가파르지 않을 수 있는 가능성은 충분히 있을 수 있기에, 그 참을 보장할 수 없는 주장이라고 할 수 있다. 8은 지금 (결론에서) 문제가 되고 있는 주장이기에 전제로서 사용할 수 없는 것이고, 9는 우리가 도덕적 개념인 '인간 존엄성'에 관하여 갖고 있는 의미 중 하나인 '자연스런 죽음을 맞이함'에 관한 상식적인 주장이기에 일단 수용할 수 있는 것으로 보인다. 다음으로 전제는 모두 안락사에 관한 것이기에 결론과 관련이 있다고 판단할 수 있다. 하지만 일단 전제가 모두 참이라고 인정하고 결론과 관련이 있다고 판단하였다고 하더라도, 9번에 제시된 도덕 원리의 적용과 관련하여 다른 견해가 제시될 수 있다. 즉, 자의적인 안락사 허용을 주장하는 사람 또한 '인간 존엄성을 지켜야 한다'는 도덕 원리를 받아들이면서도 달리 '말기 환자가 원하는 방식의 죽음을 맞이할 수 있도록 하는 것'이 그러한 원리에 부합하는 길이라고 주장할 수 있다는 것이다. 이는 '인간 존엄성'이라는 도덕적 개념이 '개인의 자율성 존중'이라는 의미 또한 담고 있기 때문인 것이다. 여하튼 그러한 반대 사유를 극복할 수 있는 고려 사항이 이 논증에는 제시되어 있지 않기에, 해당 논증은 충분한 근거의 조건을 만족시키지 못한다고 평가할 수 있다.

3. 도덕 논증의 주요 개념

1) 도덕 논증에서 언어 사용의 일관성과 명료성

도덕 논증을 구성하고 평가하는 데 우선적으로 지켜야 하고 검토해야만 하는 것은 바로 논증에 나오는 말을 일관적이고 명료하게 사용하였는지 하는 것이다. 우리의 말은 하나 이상의 의미를 담을 수 있고, 이렇게 말과 관련된 의미나 의미들의 집합을 우리는 '개념'이라고 부른다. 우리는 하나의 말을 하나의 맥락에서 한 가지 의미 이상으로 쓰는 경우도 있고, 하나의 의미로 쓸 때에도 그 의미가 어디까지 미치는지 분명치 않고 흐릿하게 사용해버리는 경우가 있다. 말을 이렇게 논증의 맥락에서 일관적이지 못하게 여러 의미로 사용(애매한 사용)한다거나 명료하지 못하게 흐릿하게 사용(모호한 사용)한다면, 무관하거나 불충분한 근거를 제시하는 격이 되어 논증의 목적인 정당화는 애초부터 제대로 이루어질 수 없게 되는 것이다.

사실 대부분 우리가 사용하는 일상적인 말들은 해당 맥락에서 그 의미를 어느 정도 분명하게 읽어낼 수 있는 것들이다. 만일 그렇지 않고 한 가지 말을 여러 다른 의미로 쓰거나 흐릿하게 사용하는 일이 일상화된다면, 우리의 하루하루는 상당히 피곤하게 될 것이다. 하지만 도덕 논증에서 사정은 이와 다르다. 도덕 논증에 등장하는 말들 중에서 '가치'나 '의무' 등과 관련이 있는 도덕적 개념들은 흔히 애매하고 모호하게 사용되곤 한다. 왜냐하면 그러한 개념들은 삶에서 아주 민감한 사안들에 관한 것이고, 그러한 사안들에 관하여 사람들은 분명한 태도를 취하기보다는 어정쩡한 태도를 취하는 것이 일반적이기 때문이다.

앞서 콕스 박사의 사례와 관련한 글에서 "인간 존엄성"이라는 개념은 애매모호하게 사용되었다. 저자가 "존엄한 죽음"을 언급할 때 "존엄성"은 "환자의 자기 결정에 대한 존중"을 뜻하는 데 반하여, 자연적인 죽음과 관련한 "인간 존엄성"을 언급할 때 "존엄성"은 "환자 생명의 존엄성에 대한 존중"을 뜻하였다. 그리고 저자는 "인간 존엄성"이라는 개념이 이 두 가지를 다 포괄하는 것처럼 보이게 하다가, 단지 "생명의 존엄성"이라는 의미만을 담아내는 것처럼 사용하였다. 좋은 논증을 제시하려면 일단 쟁점이 되는 '자율성에 대한 존중'과 '생명에 대한 존중'을 달리 다루어 구분하여 논하면서, 자발적인 안락사를 허용하지 않는 길이 그 각각을 보장하는 것임을 분명하게 드러냈어야 할 것이다.

2) 도덕적 개념의 정의를 통한 명료화

애매모호한 개념 사용을 피하기 위하여 우리가 취할 수 있는 주요한 한 가지 방식은 바로 그러한 개념에 대한 분명한 "정의"를 내려 사용하는 것이다. 이렇게 정의하여 사용할 필요가 있는 중요한 도덕 관련 개념에는 자유, 생명, 권리 이외에도 "고통", "학대", "정직", "용기", "죽음", "자살", "살인", "안락사(자의적, 비자의적)", "인간", "동물", "정의", "평등", "환경", "도움(선)", "해(악)", "이득" 등이 있다. 정의를 내리는 일은 너무 넓거나 좁지 않도록 해당 개념의 제반 특징을 잘 드러냄으로써 개념의 명료화에 기여할 수 있도록 이루어져야 한다. 이러한 정의를 찾아내기 위하여 우리가 취할 수 있는 주요한 한 가지 방식은 그 개념을 적용할 수 있는 사례들을 열거해보는 것이다. 그리고 이러한 사례들이 공유하고 있는 특징을 찾아내어 정의로 제시한다. 예를 들어 '권리'의 사례로서 '인간의 권리', '동물의 권리', '배아의 권리', '태아의 권리' 등을 열거해볼 수 있을 것이고, 이들 사례가 어떤 존재들이 어떻게든 보호받아야 한다는 내용을 담고 있다고 그 공통적인 특징으로서 지적할 수 있다.

누군가의 글에서 낯선 단어와 마주할 때, 우리는 흔히 그 단어의 정의를 사전에서 찾아보려 할 것이다. 앞서 콕스 박사의 사례에서 우리는 '안락사(euthanasia)'라는, 일상인에게 생소할 수도 있는 용어와 마주하였다. 사전을 찾아보아 일단 우리는 '안락사'가 '좋은 죽임' 내지는 '자비로운 죽임'으로 정의된다는 사실을 알았다. 만일 우리가 '자비로운 죽임'에 관하여 귀 기울여 들어본 적이 없는 사람에게 '안락사' 개념을 해명하고 있다면 그러한 사전적 정의로 개념 해명이 끝난 것이 아님을 알 수 있을 것이다. 특히 우리 사회에서 '자비'라는 단어는 '생명 존중'의 개념과 깊은 관련을 맺고 사용되어 '죽임'과는 전혀 상관이 없는 것으로 생각되기에, '자비로운 죽임'이라는 용어가 생소할 수 있는 것이다. 우리는 '자비로운 죽임'이 '죽는 이의 고통을 감소시킬 목적으로 이루어지는 죽임'이라고 정의할 수 있을 것이다. 여기에서 우리는 정의를 내릴 때 우리가 반드시 고려해야만 하는 요건 하나를 찾아낼 수 있다. 우리는 그러한 정의가 누구를 위한 것인지 고려해야 한다는 것이다. 그러한 정의가 일반인을 위한 것이라면 그 정의는 가장 단순하고 이해하기 쉬운 말만을 사용하여 이루어져야 한다.

아직 개념 해명 작업이 끝난 것이 아니다. '죽는 이의 고통을 감소시킬 목적으로 이루어지는 죽임'은 그 목적이 어떠하든 세상을 비관하여 이루어지는 일반적인 자살의 경우와 그렇게 크게 구분되지 않는다고 주장할 수 있다. 안락사를 일반적인 자살과 구분할 수 있는 특징이 더 필요한 것이다. 이제 우리는 '안락사'를 '죽는 이의 고통을 감소시킬 목적으로 이루어지는 타인에 의한 죽임'이라고 다시 정의해본다. 하지만 이는 또한 사무라이의 할복과 같이 명예 등을 위하여 스스로 죽음을 택하면서 타인에 의하여 죽임을 당하는 경우까지 포함할 것이고, 안락사 개념에 대한 정의는 이러한 경우를 배제해야 할 것으로 보인다. 그래서 우리는 그 정의를 이렇게 수정해볼 수 있을 것이다. 우리는 '회복 불가능한 말기 환자가 요청하여 그의 고통을 감소시킬 목적으로 이루어지는 타인에 의한 죽임'이라는 정의에 도달한다. 이러한 정의에 해당하는 개념을 환자의 자의에 기초한 것이라고 하여 '자의적 안락사'라고 하고 환자의 자의에 기초하지 않은 '비자의적 안락사'와 따로 구분하기도 하나, 의료업계에서 통상적으로 받아들이고 있고 합법성 여부와 관련하여 쟁점이 되고 있는 '안락사' 개념은 바로 그러한 정의가 담아내고 있는 함축 내용을 지닌다고 할 수 있다. 여기에서 다시 우리는 정의에 필요한 요건 하나를 더 찾아낸다. 우리의 개념 정의는 해당 개념이 쓰이고 있는 맥락을 충분히 반영할 수 있어야 한다.

3) 도덕적 개념의 정의 순서

이렇게 우리가 사용하는 말들은 쓰이는 상황이나 맥락에 따라서 수많은 의미를 가질 수 있다. 그래서 고정된 사전적 정의만을 가지고서는 개념 명료화 작업이 이루어졌다고 할 수 없을 것이고, 상황이나 맥락에 적합한 개념 해명이 필요한 것이다. 위에서 이루어진 개념 정의 과정에 비추어, 일반적인 개념 정의 순서를 다음과 같이 정리할 수 있을 것이다.

가) 먼저 정의하고자 하는 개념을 적용할 수 있는 가능한 사례에 관하여 생각하라. 이러한 사례의 수는 제한되어 있지 않고, 다만 그러한 개념의 여러 측면을 다 반영할 수 있다면 족하다. 즉, 전형적인 하나의 사례를 제시할 수도 있고 여러 사례를 제시할 수도 있다는 것이다.

나) 그러한 사례가 가지고 있는 공통적인 특징을 드러내라.
다) 공통적인 특징에 기초하고 사전 등을 참조하여 최초 정의를 써보라.
라) 최초 정의가 포함하거나 함축할 수 있는 내용에 관하여 생각하고, 정의가 누구를 위한 것이고 정의하고자 하는 개념은 어떤 맥락에서 사용되는지 고려하여 그 최초 정의를 하나하나 수정하라.
마) 수정한 정의가 해당 개념이 적용되는 사례가 지니는 공통적인 특징을 잘 드러내고 있는지 다시 검토하라. 그 정의가 너무 넓어서 따로 구분되어야 하는 경우들을 배제할 수 없는 것은 아닌지, 너무 좁아서 포함해야 하는 경우들을 배제해버리는 것은 아닌지, 애매모호한 말을 담고 있어서 필요한 구분을 이루어내지 못하고 있는 것은 아닌지 다시 확인한다.[38]

4) 도덕적 개념의 정의 사례

'자율성' 개념의 정의

앞서 콕스 박사의 사례에서 우리가 고려해야만 했던 도덕 원리 중 하나는 "인간의 자율성을 존중해야 한다"는 것이었다. 이러한 도덕 원리를 평가하기 위해서는 우선 그 원리를 이루는 주요 개념인 자율성에 대한 개념적 해명이 이루어져야 할 것이다.

가) 언론의 자율성, 주거의 자율성, 시장의 자율성, 기업의 자율성, 학교의 자율성 등이 흔히 말하는 자율성의 사례다.
나) 이러한 사례들이 내보이는 공통적인 특징은 인간 행위와 관련하여 자기 관리를 남에게 맡기는 것이 아니라 스스로 하도록 허용해야 한다는 것이다.
다) 최초 정의를 다음과 같이 쓸 수 있을 것이다.

38) Anne Thomson, 위의 책, 109-122쪽 참조.

· "'자율성'은 스스로 자신의 행위를 규제하려는 성질이다."

라) 스스로 자신의 행위를 규제한다는 것이 무엇을 의미하는가? 단지 행위에서 남에게 얽매이거나 구속받거나 하지 않는다는 것인가? 이러한 외적 구속에는 법적인 구속과 정신적이거나 육체적인 강제에 의한 구속 등이 있을 것이다. 하지만 철없는 어린아이의 행위나 정신적이거나 신체적인 결손을 겪고 있는 사람의 어처구니없는 행위도 그러한 외적 구속을 벗어나 있는 것이다. 이렇게 최초 정의를 수정해볼 수 있을 것이다.

"'자율성'은 정상적인 판단을 할 수 있는 사람이 스스로의 의지로 자신의 행위를 규제하려는 성질이다."

마) 안락사 논의의 맥락에서 라)의 정의를 적용하는 것이 합당한가 생각해본다. '정상적인 판단을 할 수 있는 사람'이라는 개념이 아직 모호하다. 병상에서 오랜 세월을 지낸 환자가 정상적인 판단을 할 수 있는지 여부에 대한 평가는 그 환자 자신만이 아니라 담당 의사의 의견 등을 종합하여 이루어져야 하기 때문이다. 다시 이렇게 정의를 수정할 수 있다.

"'자율성'은 정상적인 판단을 할 수 있다고 인정된 사람이 스스로의 의지로 자신의 행위를 규제하려는 성질이다."

'생명권' 개념의 정의

콕스 박사의 사례에서 우리가 고려해야만 했던 다른 도덕 원리는 "인간의 생명권을 존중해야 한다"는 것이었다. 생명권 개념을 해명해보자.

가) 일단 (도덕적) 권리는 보편적인 것이기에, 생명권은 인간에 국한된 것이 아닐 것이다. 인간의 생명권, 태아의 생명권, 배아의 생명권, 동물의 생명권, 식물의 생명권이 생명권의 사례들이다.

나) 이러한 사례들이 내보이는 공통적인 특징은 생명체의 생명이 각기 어떤 방식으로 보호받아야 한다는 것이다.

다) 최초 정의를 다음과 같이 쓸 수 있을 것이다.

"'생명권'은 생명체들이 자신의 생명과 관련하여 어떤 방식으로 대우받을 권리다."

라) 어떤 방식으로 대우받아야 한다는 것일까? 언뜻 떠오르는 생각은 '적어도 자신의 의사에 반하여 다른 누군가가 자신의 생명을 앗아갈 수 없도록 대우받는 것'이다. 하지만 이렇게 정의하면, 자신의 의사를 표현할 수 없는 동식물이나 태아나 배아에게서 생명권을 인정하지 않는 격이 되어버린다. 또한 스스로 자신의 생명을 빼앗는 자살의 경우는 생명권에 위배되는 것이 아니라고 바로 인정하는 격이 되어버리는데, 이것은 심각한 논쟁을 불러일으킬 수 있는 것이다. 그렇다면 의사 표현 여부를 배제하고 자신도 행위 주체로 집어넣어 이렇게 정의를 수정할 수 있을 것이다.

"'생명권'은 생명체들이 자신의 생명과 관련하여 자신이나 다른 어떤 존재가 그것을 앗아갈 수 없도록 대우받을 자격이다."

마) 안락사 논의의 맥락에서 라)의 정의를 적용하는 것이 합당한가 생각해본다. 안락사 논의는 환자가 죽음을 원하는 경우와 원하지 않는 경우를 크게 나누어 중요하게 다루기에 자신의 의사 표출 여부가 중요한 관건이 된다. 따라서 그러한 의사 표출이 가능한 주체인 인간에다 정의 대상을 좁혀야 한다. 또한 '자신이나 다른 어떤 존재가 생명을 앗아감'이라는 개념 또한 아직 모호하다. 의사들이 말기 환자의 고통을 경감할 목적으로 행하는 진통제 등의 주사는 결국 환자의 생명을 단축시키는 결과를 낳기에, 이 또한 위 정의에 따르면 생명권을 위반하는 행위가 된다. 하지만 이러한 행위는 법적이든 도덕적이든 우리 사회에서 허용하고 있는 것이다. 이러한 경우를 배제하기 위하여 행위자의 '의도성'을 정의에 포함시켜 다음과 같이 수정할 수 있을 것이다.

"'생명권'은 인간이 자신의 생명과 관련하여 자신이나 다른 어떤 존재가 의도적으로 그것을 앗아갈 수 없도록 대우받을 자격이다."

제5장 도덕적 결단과 도덕 이론

1. 도덕 원리와 도덕적 결단

사회적 동물인 우리 각 개인은 명시적이든 암묵적이든 흔히 상식적인 도덕과 접하면서 살아간다. 이러한 도덕은 부모와 선생과 성직자와 매체 등을 통하여 얻는 다양한 의무와 책임과 가치 등의 행위 지침을 포함한다. 이러한 행위 지침을 우리는 '상식적인 도덕 원리'라고 부를 수 있다. 이러한 원리는 그 이론적인 근거를 탐구하거나 분석하지 않고 실천적으로 배우고 실행하는 규준이기 때문이다. '약속을 지켜라', '공정하라', '하는 일에 최선을 다하라', '거짓말하지 말라', '자신이나 남을 해치지 말라', '자신이나 남을 도와라', '사생활을 침해하지 말라' 등이 이러한 원리에 해당할 것이다.

이러한 원리들은 고정된 규칙이 아니라 행위의 지침으로서 간주할 수 있다. 통상 이러한 원리에 따르면서 예외가 생기면 그러한 예외를 허용할 수 있는 여지가 인정되곤 하기 때문이다. 또한 두 가지 이상의 원리들이 서로 부딪힐 때 우리는 어느 하나의 원리를 따르기로 결단할 수 있다. 요리 맛을 물어오는 남편이나 아내에게 굳이 정직하라는 원리를 고집할 필요는 없을 것이다. 우리는 직면하고 있는 상황의 특징을 잘 파악하여 알맞은 도덕 원리를 받아들이기로 선택하고 결단할 수 있어야 한다. 윤리적 원리가 우리의 선택과 결단을 이끈다고 하더라도 그러한 선택과 결단은 상황이 담아내는 사실과 가치의 측면들을 반영할 필요가 있는 것이다.

우리는 숱하게 선택하고 결단한다. 이러한 선택과 결단은 사소한 것일 수도 있고 아주 중요한 것일 수도 있다. 어떤 선택은 개인적인 기호나 성향 등에 의거한 것일 수 있고 어떤 선택은 도덕적인 행위 원리에 따른 것일 수 있다. 도덕 원리는 우리에게 선택의 지침을 줌으로써 우리의 행위를 규제할 수 있는 것이다. '거짓말하지 말라'는 도덕 원리에 대하여 생각해보자. 남의 것을 그대로 보고 베낀 보고서를 제출하거나 남의 연구 결과를 자신이 한 것처럼 표시하여 제출하는 행위는 당장은 편하고 어떤 개인적 이득을 볼 수 있을 것이다. 하지만 장기적으로 그러한 행위가 어떤 결과를 낳을 수 있는지 우리는 익히 보아서 알고 있다. 우리는 이러한 행위를 비도덕적이라고 칭하고 사회적으로 용인하지 않는 것이다.

행위 지침을 주는 도덕 원리들 자체가 서로 충돌을 일으키는 경우가 있다. 이러한 경우 선택은 자기 이해와 도덕 사이에서 이루어지는 것이 아니라 상이한 도덕 원리 자체들 사이에서 이루어져야 한다. 이러한 선택 상황을 도덕적 딜레마에 처해 있는 것으로서 기술할 수 있다. 도덕적 딜레마는 한 사람이 적어도 두 가지 다른 행위 중에서 선택할 수 있고 그러한 행위들이 각기 해당하는 도덕 원리에 의해 잘 지지되는 그러한 상황에서 일어난다. 제약 회사 직원은 영업 비밀을 지킬 것을 회사에 서약할 것이다. 어떤 직원이 자신의 회사가 개발한 신규 의약품 중에서 성분을 그릇 기재한 품목이 있음을 발견하였다고 하자. 회사와의 서약을 지키려면 ('약속을 지켜야 한다'는 도덕 원리에 따라) 입을 다물어야 하나, 성분을 허위 기재한 해당 의약품은 다른 사람들을 해칠 수도 있는 것이기에 ('남을 해쳐서는 안 된다'는 도덕 원리를 지키려면) 그 사실을 관계 기관에 고발해야 한다. 그는 도덕적 딜레마에 처한 것이다.

자신이 이러한 도덕적 딜레마에 처해 있다면, 어떻게 그러한 딜레마에서 빠져나올 수 있을까? 앞서 배웠던 도덕 논증에 기초한 합리적인 선택이나 결단 방법을 응용할 수 있을 것이다.

첫째, 나의 선택과 결단이 왜 필요한 것인지 묻고, 그와 관련한 정보를 찾아본다. 딜레마에 처해 있다는 나의 상황 파악이 잘못된 것일 수도 있고, 또한 고려해야 할 중요한 상황적 특징을 내가 간과하고 있을 수도 있다. 따라서 내가 취할 행위에 대한 물음을 분명히 하고 그 물음과 관련한 정보를 선택과 결단을 위하여 필요한 만큼 찾아낼 필요가 있는 것이다.

둘째, 내가 선택할 수 있는 여러 대안들을 나열한다. 자신이 선택할 수 있는 모든 대안을 나열할 수는 없을 것이고, 또한 상상력이 부족하거나 편향된 시각을 가지고 있어서 반드시 고려할 필요가 있는 중요한 대안을 빠뜨릴 수도 있다. 그래서 이 단계에서는 상상력을 충분히 발휘해야 하고 편견 없이 마음을 열고 선택 가능한 대안을 제시할 수 있어야 한다.

셋째, 각각의 선택지를 평가한다. 각각의 선택지와 관련한 도덕 원리를 찾아내고 그러한 도덕 원리가 사회적으로 금지된 것은 아닌지 확인한다. 해당 도덕 원리와 관련 정보를 전제로 하고 취할 선택 내용을 결론으로 하는 도덕 논증을 구성하여 앞서 도덕 논증의 평가 순서에 따라 평가해본다. 좋은 논증임을 확인하였다면, 각 논증의 결론에 대하여 그 신빙성과 중요도를 따진다.

넷째, 선택하고 결단한다. 여러 대안들을 철저하게 비교하고 평가하였다면 다음은 선택하고 결단할 차례다. 하나의 선택지가 압도적으로 후한 평가를 받았다면, 그러한 선택과 결단은 아무런 무리가 없을 것이다. 하지만 도덕적 결단을 필요로 하는 문제들에서 그러한 결과는 좀처럼 일어날 것 같지 않다. 즉, 철저한 비교와 평가를 거친 후에도 둘 이상의 선택지가 똑같이 좋거나 나쁜 것으로 남아 있기 쉽다는 것이다. 이러한 경우에 우리는 단계를 역으로 밟아가거나 다시 처음 단계로 돌아가 필요한 정보를 더 모으거나 새로운 선택지를 발견하는 등의 일을 할 수 있을 것이고, 이는 필요한 만큼 몇 번이고 되풀이할 수 있을 것이다.

도덕적 딜레마를 해결하는 방식에는 여러 가지가 있을 수 있다. 하지만 그렇다고 하여 우리가 행하는 어떤 결단이든 모두 좋은 해결책일 수 있다고 말하는 것은 아니다. 어떤 결단은 분명히 나쁜 것일 수 있고, 어떤 결단은 다른 결단에 비해 더 나은 것일 수 있다. 도덕적 딜레마 해결을 집을 짓는 일에다 견주어볼 수 있을 것이다. 요새 세워지고 있는 건축물을 보면 예전처럼 건물이 직선으로 위로 뻗는 것이 아니라 중간 부분을 텅 비게 한다거나 옆으로 돌출시킨다거나 가지처럼 분기시키는 등 기묘한 모양새를 이루고 있는 것을 볼 수 있다. 하지만 이러한 여러 디자인은 공통적으로 건물의 안정성을 보장하는 구조를 담고 있는 것이다. 건물에 안정성을 줄 수 없는 건축 디자인은 허용할 수 없는 것이다. 또한 우리는 건물의 안정성만이 아니라 내구성과 미적인 측면 등 다양한 건축 요소들을 고려하여 그러한 디자인을 평가할 수도 있는 것이다. 도덕적 선택 상황도 이와 마찬가지다. 일단 우리가 자연스럽게 받아들이고 있는 기본적인 도덕 원리를 침해할 수 있는 선택은 받아들일 수 없는 것이다. 또한 우리는 그러한 최소 요건을 만족시키는 선택지들 중에서도 관련된 여러 다양한 도덕 원리 및 상황적 요소들과의 적합성 여부를 고려하여 평가할 수도 있다.

도덕적 추론과 논증에 기초한 합리적 평가만이 도덕적 결단과 관련한 모든 것은 아닐 것이다. 우리의 일상적인 선택과 결단은 흔히 감정이나 직관 등의 방법을 동원하여 이루어지곤 하기 때문이다. 똑같이 평가된 선택지를 앞에 두고 있을 때, 우리의 직감이 최종적인 심판자가 될 수도 있는 것이다. 머뭇거리기만 하고 결단을 못 내리는 것은 극히 비효율적일 수 있으며, 태만으로 비춰질 수도 있는 것이다. 하지만 중요한 삶의 문제에서 정보를 모으고 선택지를 나열하고 평가하는 작업을 하지 않고 다만 직감에 의존하는 것은 어리석은 일이다. 도덕적 판단은 더 나은 이유에 의해 뒷받침될 때 참일 수 있는 것이고, 우리의 삶을 지탱해야 하는 중요한 도덕적 결단은 본질적으로 바로 이러한 참인 판단에 기초한 것이어야 한다.

레스닉(David B. Resnik)은 다음의 질문들이 우리의 실천적인 도덕적 결단 과정을 평가하도록 돕는 데 유용할 수 있다고 제안한다. 첫째, 나는 이 결단을 일반에게 정당화할 수 있는가? 자신의 선택이 공적인 것이 될 것이라고 믿지 않기에 나쁜 도덕적 결단을 내리는 경우가 있을 수 있다. 하지만 우리는 필요한 경우 우리의 선택을 정당화하거나 설명하고 자신의 행위에 대한 책임을 질 수 있어야 한다. 다른 사람들에게 자신이 내린 선택과 결단을 이유를 들어 옹호할 수 있는 사람이 그럴 수 없는 사람보다 좋은 선택과 결단을 내릴 수 있는 가능성은 확실히 더 크다고 할 수 있을 것이다.

둘째, 나는 이러한 결단을 내리고 제대로 살 수 있는가? 멋지고 좋은 삶은 자신의 결단과 행위에 대한 자부심에서 나온다. 우리의 인생에서 그때보다 더 낫게 행했더라면 하는 아쉬움은 우리에게 많은 부끄러움을 안겨다줄 수 있는 것이다. 좋은 도덕적 결단과 행위는 우리의 삶을 보석처럼 빛내고 우리에게 자부심을 주며 우리의 성품을 고양시킨다.

셋째, 나는 이러한 결단을 내리는 데 다른 누군가의 경험이나 전문가에게 의지할 수 있는가? 우리는 어려운 선택과 마주할 때 혼자서만 고민할 것이 아니라 비슷한 문제를 겪었던 이들이나 다른 지혜로운 이들의 도움을 요청할 수 있다. 결단에 대한 책임은 자신이 져야 하지만, 그러한 결단을 위하여 다른 사람의 도움을 청함은 나 자신을 돕는다는 점에서 또한 도덕적으로 중요한 일일 수 있다.[39]

2. 도덕 이론들에 관하여

도덕 이론은 상식적인 도덕 원리를 정당화하기 위한 기초를 제공하려 한다. 물론 모든 상식적인 도덕 원리를 옹호하는 것은

---

39) David B. Resnik, 앞의 책, 26-27쪽 참조.

아니다. 우리는 도덕 이론을 개발하고 정착시키면서 우리가 확신하고 있는 상식적 도덕이라고 할지라도 깊은 반성과 분석을 통하여 교정할 수 있는 것이다. 전통적으로 옳은 것으로 받아들여졌던 것들이 그릇된 것일 수도 있는 것이다. 아이에게 매를 드는 것, 신분에 따른 인간의 규정 등은 오늘날 더 이상 통용되지 않는 것이 되었다. 이렇게 적어도 좋은 도덕 이론은 상식적인 도덕을 수용하면서도 또한 반성적으로 상식적인 도덕을 변화시킬 수 있는 성격을 지닌 것이라고 할 수 있다.

철학자와 신학자들은 나름의 특징을 갖는 여러 도덕 이론을 제시하고 옹호하였다. 어떤 이론은 세속적이고 어떤 이론은 종교적이다. 어떤 이론은 개인의 권리와 존엄성을 강조하고 어떤 이론은 공공의 선을 강조한다. 어떤 이론은 책임과 의무에 초점을 맞추고 어떤 이론은 덕과 성격에 초점을 맞춘다. 어떤 이론은 도덕적 이상을 세우고 어떤 이론은 실천적 원리를 확립한다. 어떤 이론은 행위의 결과를 중시하고 어떤 이론은 그 동기를 중시한다. 어떤 이론은 인간에 초점을 맞추고 어떤 이론은 생태와 환경에다 초점을 맞춘다. 이러한 도덕 이론의 측면은 단적으로 구분되는 것이 아니라 복합적이고 중복하여 서로 얽혀 있다. 몇 가지 도덕 이론(종교적인 이론 둘과 세속적인 이론 둘)을 추려내어 정리해보았다.

1) 신의 명령 이론

신의 명령 이론에 따르면, '도덕적으로 옳음'이란 '신이 명령한 것'을 의미하고 '도덕적으로 그름'이란 '신이 금한 것'을 의미한다. 도덕은 단순한 개인의 감정이나 사회적 관습의 문제가 아니다. 어떤 것이 옳은 것이냐 그릇된 것이냐는 완전히 객관적인 문제다. 신이 명령하면 옳은 것이고 금지하면 그릇된 것이다. 부도덕한 일을 하는 것은 신의 명령을 어기는 것으로서 최후 심판의 날 책임 추궁이 기다리고 있기에, 당연히 그러한 일을 해서는 안 된다고 추론할 수 있다.

이러한 신의 명령 이론에 대하여 플라톤이 <대화편>『에우티프론(*Euthyphron*)』[40]에서 제기한 유명한 문제가 있다. "어떤 행위가 옳은 것은 신이 그것을 명령하기 때문인가, 아니면 그것이 옳기 때문에 신이 명령하는 것인가?" 우선 어떤 행위가 신이 그것을 명령하기 때문에 옳은 것이라면, 신의 명령(객관적 필연성을 담고 있다고 하는)은 다만 임의적인 것이 되어버린다. 상식적인 도덕에 따라 우리가 그릇된 것으로 알고 있는 '남을 해하는 행위'나 '거짓말을 하는 행위'도 신이 명령한다면 옳은 것이 된다. 신은 그러한 행위를 명령하지 않을 것이라고 주장할 수도 있을 것이다. 하지만 다만 신의 명령에 의해서만 옳고 그름이 결정될 수 있을 뿐이라면 신이 명령할 행위와 그렇지 않은 행위를 어떻게 구분할 수 있는가? 또한 신은 완전한 선이기에 '신의 명령은 선하다'고 할 수 있는데, 선한 것은 곧 신이 명령한 것이라고 할 수 있기에, '신의 명령은 신이 명령한 것이다'가 된다. 결국 신의 선함과 관련하여 다만 무의미한 말을 지껄임에 불과한 것이 되고 마는 것이다. 다음으로 우리는 어떤 행위가 옳기 때문에 신이 그것을 명령한다고 주장할 수 있다. 하지만 그렇다면 신의 의지와는 무관한 독립적인 옳고 그름의 기준이 있음을 인정하는

40) 박종현 역주, 앞의 책, 16-77쪽 참조.

셈이 되고, 이는 옳고 그름에 대한 신학적 개념을 사실상 포기하는 것이 된다. 이러한 논증을 레이첼즈(James Rachels)는 다음과 같이 표준화하여 일목요연하게 정리하고 있다.

1. 신이 우리에게 옳은 것을 행하라고 명령한다고 가정해보자. 그러면 그것은 가) 옳은 행동은 신이 그것을 명령하기 때문에 옳다거나 나) 그것들이 옳기 때문에 신이 명령한다거나 둘 중의 하나다.
2. 가)라면 신의 명령은 도덕적 관점에서 임의적인 것이 되고, 신의 선함에 대한 주장이 무의미해져버린다.
3. 나)라면 신의 의지와는 무관한 독립적인 옳고 그름의 기준이 있다는 것을 인정하는 셈이 된다.
4. 신의 명령이 임의적이라고 생각하고 신의 선함에 대한 주장을 포기하거나, 신의 의지와는 무관한 옳고 그름의 기준이 존재함을 인정하고 옳고 그름에 대한 신학적 정의를 포기하거나 해야 한다.
5. 신의 명령이 임의적이라고 생각하거나 신의 선함에 대한 주장을 포기하는 것은 바람직하지 못하다.

---

6. 신의 의지와 별개로 옳고 그름의 기준이 있다는 이론을 받아들여야 한다.[41]

2) 자연법 이론

옳고 그름이 신의 의지에 입각하여 정의할 수 없음을 받아들인 신학자가 다음으로 취할 수 있는 이론은 자연법 이론이다(아퀴나스(Thomas Aquinas : 1225~1274), 『신학대전(*Summa Theologica*)』).[42]

41) 제임스 레이첼즈(James Rachels), 『도덕철학(*The Elements of Moral Philosophy*)』, 김기순 역, 서광사, 1986, 80-81쪽.

자연법 이론은 도덕 판단이 '이성의 지시'라고 주장한다. 최선의 것은 최선의 이유를 가지고 행하는 것이다. 책임 있는 도덕적 판단은 이성의 소리에 귀 기울이고 자신의 양심에 충실히 따라야 한다. 자연법 이론은 도덕을 종교가 아니라 이성과 연결시키는 것으로 보이지만, 이성이나 양심의 본질을 설명할 때는 종교적인 것을 끌어들인다. 그 자신 완전하게 이성적인 신이 세계를 이성적인 질서로 창조하였다. 따라서 우리 인간은 이성적인 행위자로 창조된 것이다. 자연이 자연의 법칙에 따라 작용하는 것처럼 인간의 행동을 규제하는 자연의 법칙이 있다. 이 자연법은 이성의 법칙으로서 신이 우리를 이성적으로 만들었기에 우리가 파악할 수 있는 것이다.

이러한 자연법 이론에 따르면, 도덕은 자율적인 것일 수 있다. 도덕은 자신의 문제와 문제에 해답하는 자신의 방법과 진리에 대한 자신의 기준을 가지고 있다. 도덕적 행위자는 여러 가지 선택 가능성과 관련하여 찬반의 이유를 알고 싶어한다. 이성과 양심이 나에게 어떤 것을 요구하는가? 신을 믿는 사람과 그렇지 않은 사람은 단지 그러한 이성과 양심의 본질에 관해서만 입장을 달리할 수 있을 것이다. 옳고 그름에 관한 신학적 정의를 떠나서 성서나 교회의 전통 등에 의거한 종교적인 고려가 어떤 특수한 도덕적 문제를 결정적으로 해결해줄 수 있다고 믿는 종교인들이 있을 수 있다. 하지만 적어도 도덕적인 문제 해결이 신의 의지와는 무관한 독립적인 기준에 의거하여 객관적으로 이루어질 수 있는 것이라면, 그들은 먼저 이렇게 반성해볼 필요가 있을 것이다. 즉, 그러한 믿음 이전에 도덕적 문제에 관하여 자신이

---

42) D. J. O'Connor, *Aquinas and Natural Law*, Macmillan, 1968 참조.

좋아하는 결정을 먼저 내리고 성서나 교회 전통을 다만 그러한 결정을 지지하기 위하여 임의적으로 해석하고 있는 것은 아닌지 검토해야 한다는 것이다.

3) 결과론

결과론에 따르면 한 행위의 옳고 그름은 그 행위의 결과가 좋은 것이냐를 따져서 결정된다. 따라서 올바른 행위는 가장 좋은 결과를 가져오는 행위다. 내가 결과론적 입장에 서 있고 여러 가능한 행위들 중에서 하나를 선택해야 하는 입장에 있다면 이러한 절차를 밟으면 될 것이다. 우선 내가 할 수 있는 가능한 행위들을 열거한다. 각 행위들이 어떤 결과를 낳는지 검토한다. 그리고 그러한 결과들을 비교하여 가장 좋은 결과를 보일 수 있는 행위 경로를 선택하는 것이다. 앞서 보이즈 여사와 관련하여 콕스 박사에게 열려 있는 가능한 길은 보이즈 여사의 안락사 요구에 끝까지 응하지 않고 진정제 등을 계속 투여하여 자연사로 이끄는 길과 환자의 요구에 따라 바로 안락사를 시키는 길 두 가지로 나눌 수 있을 것이다. 결과론적 시각에 따르면, 이 두 가지 길 중에서 어느 것을 선택하느냐 하는 결단은 오직 그 두 가지 행위 경로가 낳을 수 있는 결과에 따라 이루어져야 한다. 자연사로 이끄는 길에서 보이즈 여사는 극심한 고통을 겪을 수밖에 없을 것이고, 이런 그녀를 보며 그녀의 가족이나 콕스 박사 또한 심적인 고통을 감내해야 할 것이다. 물론 물질적인 부담도 가중될 것이다. 안락사를 시키는 길에서는 전자의 경우 치러야 하는 고통을 겪지 않아도 될 것이고, 다만 다소간에 죽음을 앞당기는 결과를 낳는다. 그렇다면 결과론적 시각에서 콕스 박사가 어떤 선택을 해야 할지 분명해질 것이다.

이러한 결과론은 우리의 행위란 본래적인 도덕적 가치를 가지고 있지 않으며 그 옳고 그름이 주어진 상황에서 그것이 낳을 결과에만 달려 있다는 생각을 담고 있다. 또한 같은 유형의 행위라고 할지라도 상황에 따라 다른 결과를 낳을 수 있기에 그 옳고 그름이 상황에 따라 달라질 수 있는 것이다. 나아가 결과론은 목적과 수단의 관계에 비추어볼 때 목적인 결과가 수단인 행위를 정당화한다고 본다. 하지만 우리는 전통적으로 어떤 행위는 본래 옳거나 그릇된 것일 수 있으며 아무리 그 결과가 좋다고 하더라도 해서는 안 된다고 들어서 알고 있다. 따라서 결과론은 이러한 전통 도덕관에 대한 도전이라고 볼 수 있다.

결과론에 대하여 우선 두 가지 물음을 던질 수 있을 것이다. 첫째, 결과들을 비교하고 평가하는 기준은 무엇인가? 즉, 우리는 어떻게 하나의 결과가 다른 결과보다 더 낫다고 말할 수 있는가? 둘째, 결과들을 평가할 때 누구(자신, 타인)의 이해를 고려해야 하는가? 첫 번째 물음에 대한 결과론자의 통상적인 답변은 '쾌락'이나 '행복'이나 '욕구 충족'이 그러한 기준이라는 것이다. 두 번째 물음에 대한 답변은 세 종류로 나눌 수 있다. 우선 '이기주의적 결과론자'는 자신에게 (단기적이라기보다는 장기적으로) 최선의 결과를 가져올 행위를 선택해야 한다고 주장할 것이다. '이타주의적 결과론자'는 타인에게 최선의 결과를 가져올 행위를 선택해야 한다고 주장할 것이다. '공리주의적 결과론자'는 해당 행위로 인하여 영향을 입을 모든 이에게 최선의 결과를 가져올 행위를 선택해야 한다고 주장할 것이다.

대부분의 결과론자는 이기주의적 결과론이 도덕 이론으로서 부적합하다고 생각한다. 도덕이 보편적인 것이라면 자기 자신의 이익만이 아니라 타인의 이익도 고려하는 '역지사지'의 정신을 기본으로 해야 할 것이고, 또한 '모든 사람이 자신에게 이익이 되는 것을 행해야 한다'는 보편적인 이기주의를 주장하다보면 자가당착(자신의 규칙을 스스로 어겨야 하는 상황)에 빠질 수밖에 없기 때문이다. 길동과 몽룡이 함께 길을 가다가 극한 상황에 처해 있다고 가정해보자. 그들이 함께 가지고 간 음식이 빵 두 조각밖에 남지 않았고 앞으로 며칠간 음식을 구할 수 있는 가능성이라곤 보이지 않는다. 보편적인 이기주의에 따르면 이러한 경우 길동은 자신의 이익을 위하여 그 빵 두 조각을 모두 자신이 차지해야만 할 것이다. 하지만 그럼으로써 '(또한 보편적인 이기주의에 따른) 몽룡의 이익 추구'를 해치게 되므로 스스로 보편적 이기주의의 규칙을 깨뜨리는 셈이 된다.

도덕 이론으로서 이타주의적인 결과론은 어떨까? 나에게 해가 되면서까지 남의 이익을 추구하려고 해야 한다는 요구는 현실성이 없는 너무 이상적인 요구일 뿐이라고 주장할 수 있을 것이다. 이는 사람들이 적어도 자신에게 해가 되는 행위는 하지 않으려 한다는 상식을 표현한 것이다. 그렇다면 이타주의적인 결과론의 내용을 다소 수정하여 이렇게 주장할 수 있을 것이다. 우리의 행위는 자신만이 아니라 그러한 행위로 인하여 영향을 입을 모든 사람의 이익을 고려하여 이루어져야 한다. 이러한 주장은 바로 '공리주의적인 결과론'의 기본적인 생각을 표현하고 있는 것이다.

결과론은 여러 장점을 가지고 있다. 우선 결과론은 도덕의 목표를 분명하게 설명할 수 있다. 즉, 옳은 행위를 함이 인간에게 쾌락을 주거나 인간의 욕구를 충족시키기에 도덕이 중대하다고 말할 수 있는 것이다. 또한 결과론은 그러한 옳은 행위를 정하는 데 비교적 분명한 도덕적 추론 절차를 제시할 수 있다. 즉, 결과론자는 여러 대안들을 나열하고 가능한 결과들을 계산하며 그러한 결과들을 비교 평가하여 영향을 받을 모든 이에게 최선의 결과를 낳는 행위를 선택한다. 결과론자는 도덕 판단에서 예외를 인정하는 유연성을 발휘할 수 있다. 즉, 결과론자는 합당한 도덕 규칙들을 상황에 따라 어길 수도 있는 대체 가능한 규칙으로서 간주한다. 결과론자는 도덕 규칙들이 서로 상충할 때 그러한 상충을 잘 피할 수 있다. 규칙들 간에 상충이 있다는 것은 우리가 단순히 규칙을 좇을 수 없는 예외적인 상황에 당면하고 있음을 드러낸다. 여러 경로의 행위들이 가질 수 있는 결과를 비교 검토하여 최선의 행위를 선택할 수 있는 것이다. 이렇게 결과론자는 자신들이 도덕 문제를 합리적으로 다룰 수 있는 방도를 제시할 수 있다고 주장한다.

결과론은 또한 여러 난점을 가지고 있다. 결과론은 도덕적 문제와 관련하여 지나치게 단순하다. 도덕적 문제에서는 관련 행위의 결과 이외에도 고려할 요인이 많을 수밖에 없다. 하지만 결과론은 그러한 수많은 요인들 중 하나일 뿐인 결과만을 고려해야 한다고 잘못 주장하고 있다는 것이다. 결과론은 우선 특별한 관계를 맺고 있는 사람들에게 우리가 지고 있는 도덕적 의무를 고려하지 못한다. 즉, 가족이나 친구 또는 과거에 도움을 받았던 사람 등에 대하여 우리가 어떤 도덕적 의무를 따로 지게 된다는 사실을 해명하지 못한다. 결과론은 또한 도덕 문제를 결정함에서 개인의 재산권이나 생명권이나 사생활 보호권 등을 포함한 개인적 권리를 고려하지 않고 있다. 결과론은 다소의 사회적 이득을 달성하기 위하여 개인의 인권을 침해하는 일이 정당하다고 인정한다. 하지만 대부분의 사람들은 그러한 목적으로 자신의 개인적 인권을 침해당하는 일을 용납하려고 하지 않을 것이다. 또한 결과론은 정의라는 중요한 도덕적 요소를 간과하고 있다. 상식적으로 한 사람이 잘못한 일에 대하여 다른 사람들이 벌을 받는 일은 정의롭지 못한 일인데도 불구하고, 결과론은 그렇게 이루어지는 집단 처벌과 같은 것도 정당하다고 인정하기 때문이다. 결과론자는 이에 응수하여, 상식적인 도덕에 문제가 있을 수도 있는 일이고 설혹 상식적 도덕과 상충이 있다고 하더라도 그러한 상충은 피상적인 것으로서 행위의 모든 결과를 충분히 고려한다면 해소할 수 있다고 주장할 수 있을 것이다. 하지만 이러한 결과론자의 응수는 '도덕 이론은 도덕과 관련한 우리의 직관과 상식을 잘 반영할 수 있어야 한다'는 요구를 충족시킬 만큼 그렇게 효과적인 것으로 보이지 않는다.

4) 비결과론

행위 결과와 상관없이 적절한 도덕 규칙에 따라 이루어지는 행위는 옳은 행위고, 그러한 규칙을 어기는 행위는 그릇된 행위다. 도덕 규칙은 대체할 수 있는 규칙이라기보다는 도덕의 본질을 이루고 있는 항구적이고 보편적인 규칙이다. 이러한 규칙에는 행위 자체에 본래적 가치를 부여하는 규칙(살인하지 말라)과 행위자와 다른 이들 간의 관계에 관한 규칙(부모를 존경하라)이 있을 수 있다. 이는 비결과론자의 입장이다. 우리는 이러한 비결과론적 입장에 대하여 바로 다음의 물음을 던질 수 있다. 어떤 규칙이 적절한 도덕 규칙인가? 그리고 우리는 어떻게 그것을 알 수 있는가? 이에 대하여 사회 통념상 '그 행위자가 속한 사회의 성원들이 대부분 믿고 있는 것'이라고 답하거나 우리의 '직관'에 의해서라고 답할 수 있을 것이다. 하지만 사회의 통념은 언제든 변할 수 있다. 따라서 비결과론자는 통상 규칙의 정당화 근거로서 직관에 의거한 그 나중 입장을 택한다. 우리는 직관적으로 규칙의 적절성이나 행위의 옳음에 대한 합당한 믿음을 형성한다는 것이다.

비결과론은 다음과 같은 장점을 가진다. 우선 상식적인 도덕관이 가지는 중요한 측면들(친인들에 대하여 가지는 특별한 의무, 개인의 권리 존중, 정의의 요구)을 담아낼 수 있다. 또한 도덕의 보편적 측면을 잘 반영할 수 있다. 비결과론은 또한 다음의 단점을 가진다. 도덕 규칙들이 서로 상충할 때 비결과론은 결과론에 비하여 그러한 상충을 잘 다룰 수 없다. 또한 직관에 의거하여 무엇이 적절한 규칙인지 합의에 이르지 못할 가능성은 언제나 존재한다. 비결과론은 도덕의 목표를 결과론처럼 분명하게 제시할 수 없고, 다만 도덕이란 그 자체로서 중요한 것이며 우주에 관한 근본 진리일 뿐이라는 일반적인 주장만을 되풀이할 수밖에 없다.

이러한 비결과론 중에서 대표적인 것이 칸트의 규칙 의무론이다.[43] 칸트는 한 행위의 도덕성은 그 결과들에 의해 정해지는 것이 아니며, 그러한 결과와 상관없이 단지 규칙에 의거한 의무에 따라 옳거나 그릇될 수 있다고 주장하였다. 그러한 의무 준거

---

43) Immanuel Kant, *Grundlegung zur Metaphysik der Sitten*, 2d ed. (Riga : J. F. Hartknoch, 1786), 39-44 / 414-417. Alan Donagan, "Philosophical Ethics : What It Is and What It Should Be", *The Philosophical Papers of Alan Donagan Volume II*, (ed.) J. E. Malpas, The Univ. of Chicago Press, 1994, 262-282쪽 참조.

규칙이 무엇인지 찾아내기 위하여 우리는 우선 어떤 행위 규칙을 보편화할 수 있는지 검토한다. 즉, 나만이 아니라 다른 모든 이들이 받아들일 만한 규칙인지 검토하는 것이다. 어떤 상황에서 다른 이가 그렇게 행하기를 바라지 않는다면 같은 상황에서 우리는 그렇게 행해서는 안 된다. 칸트에게서 모든 도덕(내지는 도덕적 의무)의 근원은 바로 '목적으로서 인간'이라는 개념이다. 인간은 목적 그 자체며 결코 수단이 되어서는 안 되는 합리적 존재다. 이러한 존재는 누구나 실천 이성을 가지고 있으며 자아를 실현하기 위하여 공정하게 대우받고 자유롭게 행하기를 요청한다. 이러한 존재이기에 인간은 그 자신의 목표와 목적을 가진 사람으로서 똑같이 존중받을 수 있어야 하고, 그 자신의 삶을 선택할 수 있는 자유를 구속해서는 안 되는 것이다.

규칙 의무론에 따를 경우 콕스 박사의 사례에 대한 검토는 결과론적 시각에 따른 경우와는 전혀 다르게 이루어질 것이다. 보이즈 여사의 생명권과 자율권이 우선적으로 다루어질 것이다. 또한 의사로서 안락사를 집행할 권리와 환자의 의견을 무시할 권리 등도 고려 대상이 될 것이다. 하지만 콕스 박사 사례와 같이 중요한 도덕적 결단 상황은 통상 서로 상충하는 여러 관련 도덕 규칙들을 포함할 수밖에 없다. 예컨대 생명권이 자율성보다 우선한다고 생각하는 의무론자는 안락사에 반대할 것이고, 인간으로서 자율성이 생명권보다 우선한다고 생각하는 의무론자는 안락사를 주장할 것이다. 이렇게 서로 다른 권리와 관련한 규칙이 상충할 때, 규칙 의무론적인 시각만으로는 문제를 해결할 수 없을 것이다. 상황에 따라 제한할 필요가 있는 규칙을 찾아내어야 할 것이고, 이러한 과정에서 결과론적인 시각 등을 도입할 수밖에 없을 것이다. 의사의 의무와 관련해서도 사정은 마찬가지다.

의사는 어떤 경우에도 환자의 목숨을 앗아가서는 안 된다는 의무와 환자의 의사를 최대한 존중해야 한다는 의무가 충돌을 일으킬 것이고, 그러한 상충을 해결하기 위해서는 마찬가지로 결과론적 시각 등을 도입할 수밖에 없는 것이다.

예컨대 프랑케나는 비결과론인 의무론적 시각에 서 있으면서도 결과론의 공리주의적 요소를 적극 수용하여 자신의 의무 의론을 구성한다. 그의 말을 들어보자.

> 공리의 원칙은 도덕에서 옳고 그름의 유일한 기본 척도로서 만족할 만한 것이 못 된다. 우리는 세계 속에 악을 뺀 선의 순수 총량을 극대화하라는 어떤 원칙과 독립해서 선과 악을 분배함에서 지침이 될 정의의 원칙을 인정해야 한다. … 한편, 어떤 행위도 직접적이건 간접적이건 간에 그것이 선이나 악과 아무런 관련이 없다면 옳거나 그르거나 의무가 될 수 있다고 믿기가 어려울 것이다. 이렇게 말한다고 해서 행위의 옳음과 그름을 결정하는 다른 요인들이 없다거나 공리주의자들이 생각하듯이 좋은 것을 가능한 한 많이 쌓아올려 가장 큰 덩어리를 만드는 것만이 우리의 유일한 의무라는 뜻은 아니다. … 우리의 개별 행위들은 그렇지 못할지라도 적어도 우리의 규칙만은 선의 증대와 악의 감소 또는 선악의 분배와 어떤 관련을 가져야만 한다. 도덕이 인간을 위해 만들어진 것이지 인간이 도덕을 위해 만들어진 것은 아니다. 정의도 역시 선과 악의 분배에 관련된 것이다. 다시 말하면 우리의 모든 의무는 정의의 의무까지도 선악의 존재를 가정하며 선악의 존재나 발생에 관한 어떤 종류의 관심을 전제한다.[44)]

프랑케나는 이러한 생각을 가지고 악을 뺀 선의 순수 총량을

44) 윌리엄 K. 프랑케나 1963, 『윤리학(*Ethics*)』, 황경식 역, 철학과현실사, 2003, 108-111쪽.

최대화하도록 행하라는 공리의 원리가 담아내고 있는 더 근본적인 원리를 선행(beneficence)의 원리라고 하여 자신의 의무론을 이루는 다른 원리인 정의의 원리('사람들을 동등하게 대우하라')과 함께 두 의무 기초 원리로서 받아들인다. 선행의 원리는 '우리는 선을 행하고 악을 피해야 한다'는 원리다. 프랑케나는 공리의 원리와 달리 선행의 원리는 선과 악의 양을 언제이든 계산할 수 있음을 함축하고 있는 것은 아니기에 선과 악이 양만이 아니라 질적으로도 서로 다를 수 있다는 사실을 잘 반영할 수 있다고 주장한다. 내가 갑이라는 행위를 할 경우, 나는 큰 부자가 되지만 친구를 잃을 수 있다. 내가 을이라는 행위를 할 경우, 나는 작은 부자가 되면서 친구도 잃지 않을 수 있다. 갑 행위로 인한 전체적 선의 총량이 을 행위로 인한 전체적 선의 총량보다 높다고 해보자. 공리의 원칙은 갑 행위를 선택하라고 명할 것이다. 하지만 이러한 상황에서 을 행위를 선택하는 사람이 있을 것이다. 그리고 그는 바로 선행의 원리에 따르고 있는 것이다. 프랑케나 의무론의 다른 한 축을 이루는 정의의 원리는 이러한 선행의 원리와 깊은 관련을 맺고 있다. 정의의 원리는 다만 사람들을 획일적으로 평등하게 대우하는 것을 의미하는 것이 아니다. 이는 필요에 대응하여 상대적으로 삶의 선에 동등하게 기여하거나 능력에 대응하여 상대적으로 동등하게 희생하거나 하는 것을 요구한다.

프랑케나가 제시한 선행의 원리는 선을 위하여 악을 행할 수는 없지 않겠느냐는 우리의 상식을 잘 담아낼 수 있다. 특히 내가 그러한 악을 겪어야만 하는 당사자가 된다면 그러한 상식은 거의 확신이 된다. 하지만 이러한 원리를 그대로 적용할 수 없는 경우들이 숱하게 있다. 어쩌면 우리가 처하게 되는 도덕적 딜레마 상황 대다수가 그러할 것이다. 누군가가 나의 생명을 위협하거나 앗으려고 할 때도 나는 악을 행해서는 안 되는가? 또한 내가 어떤 선한 결과를 낳을 행위를 해야 할 절실한 이유가 있는데, 그러한 행위를 한다면 또한 악한 결과를 피할 수 없음을 알고 있는 경우에는 어떻게 해야 하는가?

자연법 이론의 전통에 서 있는 비결과론자들은 바로 위와 같은 상황에 대처하기 위하여 보편적 도덕 규칙에 대한 다음의 두 가지 제한 원리를 제시하였다. 상실의 원리(principle of forfeiture)와 이중 결과의 원리(principle of double effect)가 그것이다.[45] 이 두 가지 원리는 좋은 결과(자신이나 누군가의 도덕적 권리를 확보하는)와 나쁜 결과(타인의 도덕적 권리를 침해하는)를 모두 야기할 수 있는 행위를 할 것인지 도덕적 결단을 내려야 하는 상황에 처해 있을 경우 그러한 행위의 도덕적 허용 가능성에 대한 조건을 제시한다. 우리가 처하게 되는 도덕적 딜레마 상황은 대부분 이런 경우를 담고 있기에 이 두 가지 원리는 도덕적 결단 지침으로서 아주 유용한 것이라고 할 수 있다.

상실의 원리에 따르면, 무고한 사람의 생명을 위협하거나 빼앗는 사람은 자신의 생명권을 포기하는 것이다. 즉, 그 사람은 그러한 행위 결과로서 자신의 생명권을 상실한다. 밤중에 침입한 강도와 맞서 싸우다가 그를 죽게 하였다고 가정해보자. 그 강도는 무고한 나의 생명을 위협하였기에 자신의 생명권을 상실한 것이다. 따라서 생명권을 상실한 존재를 죽음에 이르게 한 것이기에(물론 여기에는 고의성이 없어야 한다) 도덕적으로 허용 가

---

45) G. E. M. Anscombe, "War and Murder", *Ethics, Religion and Politics*, Basil Blackwell, 1981, pp.58-59. C. E. 해리스, 『도덕 이론을 현실 문제에 적용시켜보면(*Applying Moral Theories*)』, 김학택 · 박우현 역, 서광사, 1994, 118-121쪽. 임종식, 『생명의 시작과 끝』, 로뎀나무, 1999, 67-87쪽 참조.

능한 행위라는 것이다. 이렇게 보면 전쟁과 사형 제도 또한 바로 이 원리의 지지를 받을 수 있음을 알 수 있다.

이중 결과의 원리에 따르면, 좋은 결과를 얻을 수 있기는 하지만 동시에 나쁜 결과(타인의 도덕적 권리를 침해하는)를 야기할 수 있는 행위라고 할지라도 다음 세 가지 조건을 만족시킨다면 도덕적으로 허용될 수 있다. 첫째, 좋은 결과를 낳기 위하여 불가피하게 나쁜 결과가 나올 수밖에 없다. 둘째, 나쁜 결과를 의도하지 않는다(나쁜 결과가 좋은 결과를 낳기 위한 직접적인 수단이 아니다). 셋째, 좋은 결과가 적어도 나쁜 결과만큼 가치가 있는 것이다.

임신부가 심각한 병을 치료하기 위하여 태아에게 해로울 수 있는 약을 복용해야만 하는 상황을 가정해보자. 이 경우 임신부의 병 치료라는 좋은 결과를 낳기 위해서는 태아의 신체적 해라는 나쁜 결과가 나올 수밖에 없다. 또한 임신부의 병 치료를 의도한 것이지 직접 태아에게 해를 끼치려고 의도한 것이 아니다. 즉, 직접 태아에게 해를 끼침으로써 병 치료를 이루어내는 것이 아니다. 더욱이 임신부의 생명은 적어도 태아의 생명만큼 가치가 있는 것이다. 따라서 임신부가 심각한 병을 치료하기 위하여 태아에게 해로울 수 있는 약을 복용하는 행위는 도덕적으로 허용할 수 있다.

이 이중 결과의 원리에서 두 번째 조건에 제시된 '의도' 여부는 많은 논란을 불러일으키고 있는 부분이다. 행위자의 의도 여부가 공적으로 확인할 수 없고 단지 개인의 의사 표시('나는 이렇게 의도했을 뿐이다')에 달려 있는 것이라면 그것에 기초한 도덕적 허용은 순전히 임의적인 것이 될 수밖에 없을 것이다. 언제라도 필요한 쪽으로 '의도의 방향'만 틀면 되기 때문이다. 이러한 문제와 관련하여 우리는 행위자가 악한 결과를 낳는 것을 좋은 결과를 가져오는 수단으로 사용하였는지 확인하여 그러한 의도 여부를 판단하는 방식을 취할 수 있을 것이다. 의도 여부와 관련하여 엄밀한 경계선을 긋기는 어렵겠지만 적어도 판단을 위하여 온당한 정도로는 경계를 지을 수 있다는 것이다. 이와 관련하여 앤스콤(G. E. M. Anscombe)은 다음과 같이 말하고 있다.

> 너의 목적에 대한 수단으로 택한 것을 행하면서 그것을 의도하지 않은 체하는 것은 난센스다. 그렇지 않다면 선을 낳기 위하여 악을 행할 수는 없다는 사도 바울의 가르침에 알맹이라곤 아예 없을 것이다.[46]

3. 도덕 이론에서 도덕적 결단으로

1) 과학자와 도덕적 결단

많은 과학자들은 과학이 '객관적'이기에 아무런 중요한 윤리적 문제도 일어나지 않는다고 믿는다. 과학은 객관적인 방법을 사용하여 사실을 연구하고 지식과 합의를 이끌어낸다. 이와 달리 윤리학은 주관적인 방법을 사용하여 가치를 연구하고 의견과 불일치만을 낳는다. 물론 과학자들은 사회의 일원으로서 윤리적 문제와 마주할 필요가 있다. 하지만 과학 공동체의 일원으로서 그들은 그럴 필요가 없다. 과학은 인간 경험과 관련한 다른 영역에 놓이는 윤리 문제 등이 범접할 수 없는 객관적인 지식의 보고

46) G. E. M. Anscombe, 앞의 책, 59쪽.

를 이루기 때문이다.

과연 그럴까? 과학자들이 주축이 되어 이루어냈던 맨해튼 프로젝트(Manhattan Project)는 위와 같은 시각이 허구임을 단적으로 드러낸다. 맨해튼 프로젝트는 원자탄 제조라는 단 하나의 목표를 향해 수천 명의 과학자들이 체계적으로 협동 연구를 수행하는 전례를 만들어 전후의 거대 과학 연구가 모방할 수 있는 모형을 제공했고, 이러한 거대과학의 흐름은 현대의 인간 게놈 프로젝트 등으로 계속 이어지고 있다. 그 프로젝트는 '과학자의 사회적 책임'이라는 주제를 과학자 공동체에 본격적으로 제기한 계기가 되었다. 원자 폭탄 실험에 성공한 후에 프랑크(James Franck) 같은 과학자들은 폭탄을 일본에 떨어뜨리는 대신 제3국의 참관 아래 무인도에 실험해 일본의 항복을 유도하고, 동시에 전후 핵무기의 국제적 통제 방안 마련에 나서야 한다고 역설하였다. 그들은 원자탄의 제조 사항이 결코 비밀이 될 수 없음을 잘 알고 있었고, 미국의 핵 독점이 깨지면 위험천만한 무한 군비경쟁이 시작될 수 있음을 우려했던 것이다. 이러한 우려는 1949년에 소련의 원자폭탄 개발과 1952년과 1955년에 미국과 소련이 이루어낸 그보다 수천 배 더 큰 위력을 가진 수소폭탄의 개발로 말미암아 현실로 입증되었다. 그러나 프랑크와 같은 의견에 동조했던 과학자들은 소수였고, 오펜하이머(John Robert Oppenheimer)를 비롯하여 원자폭탄 개발에 참여한 과학자들 대다수는 자신들이 이루어낸 과학 연구의 성과를 알리고 싶은 생각을 가지고 있었다. 그리고 이러한 과학자들의 성원과 정치·군사적인 이해가 맞물려 1945년에 원자폭탄은 히로시마와 나가사키에 투하되었고 20만 명 이상의 인명 살상과 방사능에 따른 엄청난 사후 피해에 이르는 참혹한 결과를 가지고 그들의 연구 성과를 아주 여실히 입증하였던 것이다. 여기에서 우리는 이러한 물음을 던지지 않을 수 없다. 과학적 지식이 인류의 생존에 위협이 될 수 있는 경우에도 그 지식을 위한 과학자들의 연구가 적합하다고 주장할 수 있는가? 우선 맨해튼 프로젝트의 배경과 과정에 관하여 알아보고, 당시 미국 대통령이었던 트루먼(Harry Shippe Truman)을 대표로 하는 연합국의 원폭 투하 행위가 정당한 것인지 물을 것이다. 다음으로 이에 기초하여 과학자의 사회적 책임이라는 주제를 검토해볼 것이다.

2) 맨해튼 프로젝트의 배경 및 과정

맨해튼 프로젝트를 가능하게 한 단초는 아인슈타인(Albert Einstein)의 $E=mc^2$이라는 유명한 공식에서 발견할 수 있다. 이 공식이 의미하는 바는 질량과 에너지가 등가이고 서로 변환될 수 있으며, 이 둘 사이의 관계가 빛의 속도의 제곱이라는 엄청나게 큰 숫자에 의해 매개된다는 것이다. 이에 따르면, 질량은 에너지를 엄청나게 압축한 물리량으로서, 아주 작은 질량을 가진 물체도 이를 변환하면 대단히 큰 에너지를 방출할 수 있다. 하지만 질량과 에너지가 서로 변환되는 물리 과정은 그 공식이 제시되었을 당시 알려지지 않았었다.

1919년에 러더포드(Ernest Rutherford)가 알파 입자를 이용한 원소 변환 실험을 하였으나, 이는 알파 입자와 포격 대상이 되는 원자핵이 모두 양(+) 전기를 띠고 있어 전기적 반발력 때문에 충돌이 어렵다는 한계를 드러냈다. 1932년에 러더포드의 제자였던 채드윅(James Chadwick)이 양자와 전자 이외에 중성자를 발견하였고, 이는 전기적 반발력 문제를 해결할 수 있었다. 중성자는 전기적으로 중성이었으므로 원자핵에 충돌시켜 원소 변환을 일으키기에 이상적이었기 때문이다. 1934년부터 페르미(Enrico Fermi)는 주기율표상의 거의 모든 원소들에 대해 중성자를 이용한 원자핵 포격 실험을 체계적으로 수행했다. 페르미는 특히 당시까지 주기율표상에서 가장 무거운 원소였던 우라늄(원자 번호 92)에 주목하였고, 우라늄을 중성자로 포격하면 원자 번호 93인 새로운 초우라늄 원소가 생성된다는 결론을 내렸다. 그러나 1938년에 이렌느 퀴리(Irene Curie)는 우라늄의 중성자 포격에서 우라늄보다 훨씬 가벼운 란탄(원자 번호 57)계 원소가 생긴다는 연구 결과를 내놓았다. 베를린의 한(Otto Hahn)과 슈트라스만(Fritz Strassmann)은 1938년에 우라늄을 중성자로 포격한 후 나오는 반응 생성물을 정밀하게 화학 분석하여, 우라늄의 중성자 포격에서 원자 번호 56인 바륨이 생성된다는 믿을 수 없는 결과를 얻었다. 이는 200개가 넘는 양자와 중성자가 모여 만든 우라늄의 거대한 원자핵이 중성자 한 개에 의해 거의 반으로 쪼개진다는 것을 의미하는 것이다. 한은 이 사실을 당시 나치의 유대인 박해를 피해 스웨덴으로 망명해 있던 동료 마이트너(Lise Meitner)에게 알리고 이론적인 설명을 요청했다. 마이트너는 우라늄 원자핵이 중성자 포격을 받고 바륨과 크립톤으로 쪼개지며 이때 생기는 질량 결손은 양자 질량의 5분의 1 정도이고 2억 전자볼트에 해당하는 막대한 에너지로 방출된다는 결론을 얻어냈다. 우라늄 원자핵 하나가 깨질 때 나오는 에너지는 눈에 보이는 모래알 하나를 튕겨낼 만한 크기라고 하고, 우라늄 1그램에는 대략 2.5×1021개의 원자핵이 있다고 한다. 마침내 물질 속에 압축된 엄청난 에너지를 방출시킬 수 있는 물리 반응인 핵분열

(nuclear fission)이 발견된 것이었다. 또한 1939년에 졸리오(Frederic Joliot)와 질라드(Leo Szilard)가 각기 독립적으로, 많은 수의 원자핵을 연쇄적으로 반응시키기 위하여 필요한 2차 중성자의 생성 사실을 밝혀냈다. 물리학자들은 대략 80차례의 핵분열 반응이 연쇄적으로 일어날 경우 탁구공 정도의 우라늄 덩어리 1킬로그램은 대략 TNT 2만 톤에 해당하는 위력을 갖고 폭발할 것으로 내다보았다.

1939년에 제2차 세계대전이 발발했고, 과학자들은 핵분열 현상이 발견된 곳이 독일이라는 점에서 히틀러가 핵분열 연쇄 반응을 이용한 폭탄을 만들어내어 전 세계에 돌이킬 수 없는 재앙을 일으킬 수 있다고 우려했다. 과학자들은 아인슈타인을 움직여 루즈벨트 대통령에게 이러한 사실을 경고하는 편지를 쓰기도 했으나, 그 후 2년 동안 폭탄 연구와 그에 대한 지원은 부진했다. 1941년 가을에 우라늄 235를 가지고 핵분열 폭탄을 만들 수 있다는 내용의 영국 과학자들에 의한 보고서가 미국 정부에 전달되었다. 또한 같은 해에 시보그(Glenn Theodore Seaborg)는 또 다른 핵분열 물질로 쓸 수 있는 새로운 원소인 플루토늄(원자 번호 94)을 발견하였다. 이에 고무된 미국 정부는 진주만 습격 하루 전인 1941년 12월 6일에 원자탄 개발 계획을 추진하기로 결정했다.

1942년부터 원자탄 개발 계획은 미 육군이 관장하면서 '맨해튼 공병 지구(Manhattan Engineering District)'라는 암호명이 붙었고, 미 공병대 출신의 그로브즈(Leslie Groves) 준장이 책임을 맡게 되었다. 그는 핵분열 물질인 우라늄 235와 플루토늄을 확보하려는 노력을 기울였고, 최종 폭탄 설계 및 조립을 책임질 과학자로 오펜하이머를 선정했다. 1943년부터는 오펜하이머의 조언에 따라 폭탄 설계 연구를 수행할 연구소를 뉴멕시코 주의

고지대인 로스앨러모스에 건설했다. 이렇게 해서 여러 명의 노벨상 수상자들을 포함한 3000여 명의 과학자들이 로스앨러모스에 모여 폭탄의 내부 구조를 설계하고 핵분열 물질의 임계 질량을 계산하는 연구를 수행했던 것이다. 20억 달러에 달하는 막대한 예산을 소모한 맨해튼 프로젝트의 결과는 1945년 7월 16일에 뉴멕시코 주 사막 한가운데의 트리니티 실험장에서 원자폭탄 실험 성공으로 나타났다. 당시 독일이 폭탄 제조에 실패했다는 사실은 이미 알려져 있었고 독일은 패망을 앞두고 있었기에, 폭탄 투하 목표는 일본으로 돌려졌다. 일본에 대한 원자탄 투하 계획의 추진은 상당한 반감을 불러일으켰다. 일본은 원자탄을 만들어낼 능력이 없다고 알려져 있었고, 이미 해군력과 공군력을 거의 잃어 저항할 힘을 사실상 상실한 시점이었기 때문이다. 마침내 1945년 8월 6일에는 히로시마에 '리틀 보이'라는 이름을 가진 우라늄 폭탄이 투하되었고, 8월 9일에는 나가사키에 '팻 맨'이라는 이름을 가진 플루토늄 폭탄이 투하되었다. 두 도시에서 그 해 말까지 20만 명이 넘는 사람들이 목숨을 잃었고, 이후에도 수많은 사람들이 방사능으로 인한 후유증에 시달려야 했다. 8월 15일에 일본은 무조건 항복을 선언했다.47)

3) 원폭 투하 행위의 정당성 여부에 관하여

의무론적 시각

자연법 전통에 서 있는 의무론자들은 정당한 전쟁이라면 다음의 일곱 가지 조건을 충족시켜야 한다고 주장한다.

---

47) <http://essay.studyarea.com/Old-Essay/science/a-bomb.html> 참조.

가) 정당한 경우여야 한다(고유한 권리를 침해당하는 일이 있어야 한다).
나) 법에 따른 권위(주권국)가 전쟁을 해야 한다.
다) 곧은 의도를 가지고 전쟁에 임해야 한다(부당한 어떤 것을 얻거나 해를 끼치기 위해 전쟁을 선포해서는 안 된다).
라) 전쟁의 수행에서 단지 올바른 수단만을 사용해야 한다.
마) 저질러진 잘못을 바로잡는 데 전쟁이 유일한 수단이어야 한다.
바) 합당한 승리의 희망이 있어야 한다.
사) 가능한 선이 전쟁이 낳을 가능한 악보다 커야 한다.[48]

위 조건을 자세히 들여다보면 앞서 제시했던 상실의 원리와 이중 결과의 원리를 그대로 반영하고 있음을 알 수 있다. 우선 위 가)의 조건은 상실의 원리를 반영한 것이다. 정당한 전쟁이려면 일단 방어전이어야만 한다. 나)는 자연법 이론가 고유의 국가에 대한 해석(국가는 국민의 자연스런 사회적 가치를 담고 있기에 국제적인 문제에서 국민을 대표한다)을 반영한 조건이다. 다), 라), 마)는 이중 결과 원리의 두 번째 조건인 '나쁜 결과를 의도하지 않는다'를 반영한 조건이다. 다만 저질러진 잘못의 시정을 의도해야지, 민족적이거나 종교적인 갈등에 따른 학살이나 파괴를 저지른다거나 자원 또는 영토를 차지한다거나 하는 부당한 의도를 가져서는 안 된다는 것이다. 여기에 바)의 조건이 포함된 것은, 합당한 승리의 희망이 없다면 좋은 의도를 가졌다고 보기 힘들기 때문이다. 마)는 이중 결과 원리의 첫 번째 조건인 '좋은 결과를 낳기 위하여 불가피하게 나쁜 결과가 나올 수밖에 없다'를 반영한 조건이다. 저질러진 잘못을 상쇄하기 위하여, 나

48) G. E. M. Anscombe, "The Justice of the Present War Examined", *Ethics, Religion and Politics*, Basil Blackwell, 1981, p.73.

쁜 결과가 나올 수밖에 없는 전쟁이 아니라 다른 대안이 있다면 그러한 대안을 수단으로 선택해야 할 것이다. 끝으로 사)는 이중 결과 원리의 세 번째 조건을 그대로 반영한 것이다. 잘못을 시정한다고 하면서 더 큰 잘못을 낳는 일은 결코 정당하다고 볼 수 없을 것이기 때문이다.

이러한 정당한 전쟁의 조건을 염두에 두고, 일단 원자폭탄 투하(전쟁의 한 형태인)를 선택한 트루먼의 결단이 비결과론인 의무론적 시각에서 정당한 것이었는지 살펴보자. 앞서 도덕적 딜레마 상황에서 도덕적 결단을 내리기 위한 과정을 다음과 같이 제시한 바 있다. 첫째, 정확한 상황 파악이 이루어져야 한다. 둘째, 선택할 수 있는 여러 대안들을 찾아보아야 한다. 셋째, 각각의 선택지를 평가한다. 넷째, 선택하고 결단한다. 먼저 트루먼이 처해 있던 딜레마 상황에 대한 정확한 파악이 필요할 것이다. 당시 상황에 대하여 대표적으로 두 가지 엇갈리는 설명이 있다. 즉, 폭탄 투하를 명령한 사람들이 소유한 정보와 그들의 의도들에 관하여 역사가들이 의견을 달리할 수 있는 것이다.

트루먼의 행위 상황에 관한 첫 번째 역사적 설명(앤스콤에 의한)은 다음과 같다.

> 1945년 7월 포츠담 회담에서 스탈린은 전쟁을 끝내기 위한 중재자 역할을 해달라는 요청서 두 가지를 자신이 일본으로부터 받았었다고 미국과 영국 정치가들에게 알렸다. 그는 자신이 거절했다고 밝혔다. 연합국은 미국이 당시 소유한 새로운 유형의 무기를 사용하는 '일반원리'에 동의하였다. 일본에게는 포츠담 선언의 형태로 하나의 기회가 주어졌는데, 이는 곧 그들에게 가해질 압도적 무력에 직면하여 무조건적인 항복을 요청하는 것이었다. 국제문제연구소의 역사가는 이

구문이 일련의 조건들에 관한 진술에 의해 무의미한 것이 되었다고 여긴다. 이 조건들 중에서 연합국의 요구를 담고 있는 조건들은 대개 너무나 모호하고 광범위한 것이어서 조건이라기보다는 무조건적인 항복이 어떤 것일지에 관한 선언과 같은 것이었다. 당시 일본은 천황에 대한 충성만을 제외시켜두고 본다면 그 선언을 수용할 만큼 절망적인 상태에 있다고 일반적으로 동의했던 것으로 보인다. 그 '조건들'은 확실히 연합국이 선택적으로 천황을 제거할 수 있도록 허용하는 것이었다. 일본은 그 선언을 거절했고, 결과적으로 히로시마와 나가사키에 폭탄이 투하되었다. 트루먼은 폭탄을 사람들에게 사용하자는 결단을 내렸던 것이다.[49]

당시 히로시마와 나가사키에는 아주 중요한 군사 목표물들이 있었지만, 원자폭탄의 위력이 어느 정도인지 알고 있었다는 점만을 생각해보더라도, 폭탄 투하가 그러한 군사적 목표물을 겨냥하여 이루어졌고 부수적으로 민간인들이 죽고 다친 것이라고 볼 수는 없을 것이다. 확실히 그 도시에 폭탄을 투하하면서 죄 없는 사람들을 목적에 대한 수단으로서 죽이도록 결정되었던 것이다. 피하거나 대피할 사이도 없이 갑자기 엄청난 민간인들이 죽었다. 이렇게 히로시마와 나가사키의 폭탄 투하는 부당한 수단에 의해 목적을 달성하였다. 전쟁 당사자가 아닌 (수십만의) 민간인을 의도적으로 죽인(살해한) 것이기 때문이다. 또한 그 수단의 광폭함에 비추어볼 때 폭탄 투하(전쟁)의 목적 자체가 소정의 잘못을 시정하려는 것이 아니었음을 능히 짐작할 수 있게 한다.

위와 같은 역사적 사실에 관한 설명에서 문제삼을 만한 것은 "일본이 천황을 향한 충성을 제외하고는 포츠담 선언을 수용할

49) G. E. M. Anscombe, "Mr Truman's Degree", *Ethics, Religion and Politics*, Basil Blackwell, 1981, pp.63-64.

만큼 절망적이었느냐" 하는 것이다. 천황의 지위와 안전이 보장되었다고 하더라도 폭탄 투하 없이는 일본이 항복하지 않았었을 것이라고 주장할 수 있다는 것이다. 이것은 하퍼(Stephen Harper)의 입장이다.

> 연합국은 사실 일본 정부의 군속들이 탈출 방법을 모색하고 있었음을 알고 있었다. 하지만 연합국은 또한 일본의 군부가 그것을 막기로 결정했음을 알았다. 연합국은 포츠담 선언을 통하여 수정한 항복 조건을 제시하면서 일본 평화 진영의 손을 높이 들어주려고 하였지만, 일본의 군부 수뇌부는 강하게 이를 거절하였다. 그들은 여전히 일본 본토와 50만 병력이 주둔하고 있던 동남아 지역을 촘촘히 방어할 전략을 짜고 있었다. 연합국이 상륙하는 경우에 그들은 동남아와 일본에 있는 포로들을 대량 학살할 계획을 세웠다. 오키나와 공습에서 5만 명의 사상자를 내며 11만 명의 일본인이 죽어간 것에 비추어 볼 때, 500만 명이 본토에 상륙하는 경우 50만의 사상자를 내며 1000만 명의 일본인이 죽거나 다치리라는 추정이 나왔다. 두 번째 폭탄이 터진 후에야 일본 내각의 대변인은 침묵하였다. 그때에 이르러서도 광적인 젊은 장교들은 항복하라는 천황의 명령 수행을 방해하려고 시도하였다.[50]

의무론적 관점에서 역사적 사실들에 관한 이러한 다른 설명은 어떤 도덕적 차이를 낳는가? 명백히 이 설명은 트루먼의 결단을 좀더 합당한 것으로 보이게끔 만든다. 연합국은 일본에게 터무

---

50) M. Howard, review of S. Harper, *The Miracle of Deliverance* (London : Sidgwick & Johnson, 1985), in *Times Literary Supplement*, Aug. 9, p.869. (Reprinted in) Alan Donagan 1988, "The Relation of Moral Theory to Moral Judgments : A Kantian Review", *The Philosophical Papers of Alan Donagan Vol II*, (ed.) J. E. Malpas, The Univ. of Chicago Press, 1994, p.212.

니없는 조건들을 부과하려고 의도하지 않았고, 폭탄 투하의 길 이외에는 그러한 조건 만족이 전혀 이루어지지 않을 것이라고 믿었다. 이러한 상황 설명이 참이라면 그 폭탄 투하는 의무론적 관점에서 정당한 것이었을까?

정당한 전쟁이라면 다만 저질러진 잘못을 시정하려고 해야지 다른 부당한 의도가 있어서는 안 된다. 이와 관련하여 연합국은 일본의 실세들에게 그들이 고쳐야 할 잘못이 무엇이고 그러한 시정(무장 해제, 헌법의 변경 등)과 관련하여 어떤 보장 조항을 그들이 요구할 수 있는지 알리고, 합당하지 않다고 생각하는 조건들에 대해서는 반대할 수 있도록 했어야 한다. 그리고 그러한 반대가 잘못의 시정을 위하여 필요하다면 그것들을 수용하려고 했어야 한다.

하퍼는 수정된 포츠담 선언의 항복 조건들이 평화 진영을 강화하려는 것이었다고 주장하고 있다. 하지만 그러한 조건들이 앤스콤이 주장하고 있듯이 아주 모호하고 포괄적으로 진술되었다는 사실은 부정하고 있지 않다. 그렇다면 해당 조건들에 대한 해석이 항복 위기에 처한 교전 당사국에서는 당연히 전혀 다르게 이루어질 수도 있었을 것이고, 그러한 불명확한 조건을 내건 연합국도 그러한 가능성에 대하여 잘 알고 있었을 것이다. 이는 승리를 확신하던 연합국이 패배를 목전에 둔 나라에 취할 올바른 태도가 아니었고, 또한 폭탄 투하(전쟁) 이외에는 잘못을 시정할 다른 대안을 (적극적으로) 모색하려 하지 않았음을 뜻한다.

당시 일본 각료에서 전쟁 진영의 입김이 압도적으로 강하였다는 것은 역사적 사실이다. 하지만 포츠담에서 연합국이 정당한 조건들을 제공하는 상황에서도 그들이 충분히 강경 자세를 취할 수 있었다고 보기는 극히 어렵다. 요컨대 당시 연합국이 핵 폭탄 투하에 의하여 민간인 대량 학살이라는 극악한 결과를 낳지 않고서 일본의 잘못을 시정할 수 있는 다른 여러 대안들을 찾았지만, 실패하였다는 증거가 있을 경우에만 그러한 폭탄 투하 행위의 도덕적 허용 가능성을 논할 수 있다는 것이다.

결과론적 시각

순수하게 결과론적 입장을 취하는 사람들은 당시 폭탄을 투하하여 민간인들을 살상하는 길 이외에 일본의 항복을 받아내기 위하여 연합국이 취할 수 있었던 유일한 대안은, 오직 더 큰 재난(수십만의 연합국 생명들이 목숨을 잃고 수백만의 일본인이 목숨을 잃는)을 초래하는 길 뿐이었다고 주장하곤 한다. 하지만 이는 당시 상황에 대한 정확한 분석을 토대로 하여 이루어진 주장이라고 볼 수 없다. 연합국과 일본 사이의 압도적인 군사력 차이에도 불구하고 오직 수십만 명의 목숨을 한번에 앗아가버리는 폭탄 투하의 길만이 일본의 항복을 이끌어낼 수 있었다고 하는 주장은 흑백의 색채만이 존재하는 가상의 세계에서나 받아들일 법한 것이지, 다채로운 실제 세계를 살고 있는 우리가 받아들이기에는 터무니없이 소박한 가설에 불과할 뿐이다. 어떤 결단이나 행위(실제 세계를 살고 있는 사람들이 하는)의 도덕적 정당성이나 허용 가능성에 대한 물음은 이 다양성이 존재하는 현실 세계에서 이루어지는 것이지, 날이 서 있는 극단에서 어느 한쪽으로 발을 옮길 수밖에 없는 가상의 세계에서 이루어지는 것이 아니다.

4) 과학자의 사회적 책임에 관하여

이제 앞서 제기한 질문에 답변할 차례가 되었다. 과학적 지식이 인류의 생존에 위협이 될 수 있는 경우에도 그 지식을 위한 과학자들의 연구가 적합하다고 주장할 수 있는가? 원자폭탄의 개발 과정에서 과학자들은 가능한 독일의 전쟁 무기에 대응하기 위한 목적으로 자신들이 핵 폭탄을 개발하고 있음을 알고 있었다. 그렇다면 핵 폭탄 완성에 즈음하여 이미 그러한 목적이 의미를 상실하였음을(독일이 그러한 무기를 개발하지 못하였고 패망 직전임을) 알게 된 시점에서 이루어진 계속적인 핵 폭탄 개발 연구는(핵 폭탄이 치명적인 결과를 초래할 수 있음을 알고 있으면서도) 부당한 의도를 담고 있었다고 볼 수 있을 것이다. 그들은 연구 성과를 과시하고 정당하게 예산을 사용한 것임을 보이고 싶은 욕구로 인하여 연구를 계속하여 완성하였고, 그 결과물의 사용에도 찬동하였다(트루먼의 결단에 동조하였다). 이는 결국 엄청난 인명 살상과 뒤이은 군비 경쟁을 초래하였다. 즉, 당시 핵 폭탄 개발 연구를 지속한 과학자들의 행위는 도덕적으로(의무론적 관점에서든 결과론적 관점에서든) 정당한 것이었다고 볼 수 없다.

당시 과학자들은 사정을 잘 모르고 있었고 장기간의 결과를 분석할 시간이 없었다고 주장할 수도 있을 것이다. 그렇다면 핵 폭탄 연구가 인류에게 치명적인 결과를 낳는다는 사실을 알게 된 작금의 과학자들은 군비 경쟁을 멈출 수 있을까? 원리적으로는 그렇다고 말할 수 있을 것이다. 하지만 과학자들은 무기 회사에 소속되어 있고, 무기 회사는 그것을 허용하지 않는다. 무기

회사는 무기 제조 계약을 따내려고 애쓰고, 과학자들은 회사에 공헌할 효율적인 무기를 고안하려고 애쓴다. 핵무기 경쟁이 인류의 생존에 위협이 됨을 알고 있다고 하더라도 과학자들은 대개 다른 나라 또는 다른 회사로부터의 위협이 더 심각한 것이라고 생각한다. "옳든 그르든 우리의 나라며 우리의 회사다."

맨해튼 프로젝트 당시에 적어도 과학자들 사이에는 모든 새로운 발견이 필연적으로 인류에 이득이 되어야 한다는 일반적인 신조가 있었다. 핵 폭탄을 만드는 데 관여했던 많은 과학자들은 폭탄 투하가 낳은 참혹한 결과로 인하여 어느 정도 양심의 가책을 느낄 수밖에 없었고, 이것은 그들로 하여금 핵에너지의 평화적 사용이라는 기획에 몰두하게 하였다. 물론 많은 국가들은 (핵무기의 보유를 정당화하기 위하여) 이러한 과학자들의 기획에 찬동하며 핵에너지의 개발을 지원하였다. 그 후 핵에너지의 개발은 거의 아무런 방해도 없이 성공적으로 이루어졌다. 하지만 곧 생물학자와 의학자와 환경론자들에 의하여 핵에너지가 얼마나 위험한 것인지 지적되었고, 그와 관련한 논쟁은 지금까지도 계속되고 있다.

이렇게 핵 폭탄과 핵에너지의 개발을 통해 드러난 제반 상황은 다음과 같은 사실을 적나라하게 드러내주고 있다. 오직 과학적 발견만을 위한다는 과학자의 의도가 상황에 따라 쉽게 부당한 의도로 탈바꿈할 수 있다는 사실과, 설혹 과학자들이 진정으로 곧은 의도만을 가지려고 한다고 해도 외적 요인(과학자가 속한 집단의 압력 등)이 또한 쉽게 그러한 의도를 가로막아버릴 수 있다는 사실과, 과학자의 의도와 연구 수행 과정이 아무리 올바른 것이었다고 하여도 점점 복잡해지고 거대해지는 새로운 과학 기술이 낳을 수 있는 해로운(극히 위험할 수 있는) 영향들을 과학자들이 다 예측할 수 없다는 사실이 바로 그것이다. 이는 인류에게 해악을 끼칠 수 있는 과학 기술 연구의 수행 여부를 사회적인 심의 없이 다만 과학기술자들에게만 맡기는 것이 극히 위험한 일이라고 말하고 있는 것이다.

이제 우리는 이렇게 주장할 수 있을 것이다. 어떤 과학적 지식은 극히 위험하다. 즉, 그러한 지식이 파괴적 힘과 결합된다면 우리 사회를 극복할 수 없는 곤경에 처하게 만들 위험이 있다. 그렇다면 적어도 우리는 모든 과학 기술 분야에서 무조건적인 연구의 자유가 있다고 볼 수 없다. 우리를 위협할 수 있는 과학 기술 연구를 수행하려 하거나 수행하고 있는 연구자는 일단 그러한 연구의 내용과 그 가능한 결과에 관하여 지속적으로 사회 일반에 알리고 이해시키려고 노력해야 한다. 그리고 그는 또한 그 사회적 영향에 대하여 사회 각 부문의 사람들과 충분한 심의를 거치고 사회에 미칠 수 있는 가능한 결과를 진단하여 해당 연구의 진행 여부를 판단하도록 해야 한다. 과학기술자는 연구실에서 순수한 과학적 발견에만 매진하는 독방에 갇힌 고독한 연구자가 아니라, 사회 여러 부문과 상호 작용을 이루어나갈 수밖에 없는 이 사회의 한 일원이다. 그렇기에 그도 자신과 다른 여러 일원들의 공동 터전이 되는 지속 가능한 사회를 만드는 데 일조해야 할 사회적 책임이 있는 것이다.

제6장 과학 기술 연구와 윤리적 행위의 기준

1. 과학기술자 사회의 윤리 규범 모형

머튼(Robert K. Merton)과 레스닉(David B. Resnik)은 모두 과학 기술을 사회 제도로서 규정하고, 그러한 사회 제도에 특유한 윤리 규범을 각기 제시하고 있다. 머튼과 레스닉은 이러한 윤리 규범에다 과학의 목표를 실현하는 데 이바지할 수 있는 수단적 지위를 부여하고 있다. 그리고 그들은 과학의 목표를 지식의 성장이라고 규정하고 있다. 다만 레스닉은 지식의 성장을 세부적으로 지식 추구와 무지의 제거와 실천 문제의 해결로 나눠서 이야기하고 있을 뿐이다. 레스닉은 자신이 제시하는 윤리 규범이 다만 행위 규정일 뿐이지 머튼의 규범처럼 과학방법론을 반영하는 것은 아니라고 주장한다. 그렇지만 그들 모두는 자신들이 제시하는 규범이 과학기술자 사회의 실천 모습을 반영한다고 여기거나, 반영하기를 원하는 것으로 보인다. 그래서 머튼은 자신의 과학 윤리 규범을 벗어나는 과학기술자의 행위를 일탈 행위로서 규정하고, 레스닉은 그러한 행위를 부분적인 이례로서 바라본다.

우선 머튼과 레스닉이 제기하는 규범 내용을 떠나서 그들이 규범을 제시하는 방식 자체에 대하여 반성해볼 수 있을 것이다. 과학 기술이 사회 제도임을 받아들이고 그러한 사회 제도를 규제하는 윤리 규범을 제시하려고 할 경우, 그 사회 제도에 특유한 목표만이 아니라 사회 일반의 목표가 그러한 규범 제시에 반영되어야 할 것이다. 그러한 사회 일반의 목표는 지속 가능한 사회가 될 것이고, 이는 물질적인 충족만이 아니라 인간 존중과 더불어 생명 및 환경에 대한 존중을 가장 기본적인 도덕적 개념으로 포함할 것이다. 하지만 머튼과 레스닉은 과학 윤리 규범을 지식의 성장이라는 과학 기술의 목표만을 고려하여 설정하고 있고, 이는 사회적 요구를 단지 부분적으로만 담고 있는 것이다. 또한 그들은 자신들이 제시하는 윤리 규범이 규제적 이상으로서만 작동하는 것이 아니라 마치 실제적인 과학기술자의 행위를 반영하는 것처럼 서술함으로써, 과학기술자의 자기 정당화에 기여할 수 있는 여지를 남기고 있다.

레스닉은 자신이 제시하는 윤리 규범이 머튼의 그것보다 구체적이고 세부적이기에 진일보한 것이라고 주장하고 있다. 하지만 윤리학의 목표가 오용될 가능성이 높은 세부적인 규범 제시에 있는 것이 아니라 가장 기초적인 윤리적 이념에 관한 반성을 불러일으키는 데 있는 것이라면, 오히려 그러한 반성의 측면에서 머튼의 윤리 규범이 더 낫다는 평가도 나올 수 있을 것이다. 이러한 난점에도 불구하고 머튼과 레스닉이 모두 다 과학 윤리에서 고려해야 할 윤리적 쟁점들을 핵심적으로 짚어내고 있다는 공적은 부인하지 못할 것이다. 그래서 평가는 뒤로하고 우선 그들이 제시하는 규범이 어떤 것인지 살펴본다.

1) 머튼과 과학의 에토스

머튼은 1942년에 발표한 「과학의 규범 구조」[51]에서 과학의 에토스를 이렇게 밝히고 있다. 과학의 에토스란 '과학자를 구속하고 있는 감정적인 색조를 띠고 있는 가치와 규범들의 복합체'다. 머튼은 근대에 이르러 과학이 (더 이상 신의 영광을 빛내거나 다만 경제적 효율성을 이루는 수단으로서 기능하지 않고) 그 자체 목표가 됨으로써 다른 사회 제도만큼이나 독자적이면서 독특한 사회 제도를 형성하게 되었다고 진단한다. 즉, 과학적이라고 일컬어지는 활동들을 지배하는 문화적 가치와 규범들의 체계가 정착되었다는 것이다. 머튼은 이를 제도로서의 과학이라고 일컫고, 그러한 과학의 에토스가 네 가지 제도적 요구로 이루어져 있다고 주장한다. 그러한 제도적 요구들은 과학자에 의해서 다양하게 내면화되어 그의 과학 의식을 형성한다.

> 과학의 에토스는 아직 체계화되지 않았으나, 과학 정신에 관한 무수한 저술들과 그 에토스의 위반에 대한 도덕적 분노 등에서 표현되는 과학자들의 도덕적 합의로부터 추론해낼 수 있다.[52]

머튼은 과학 제도의 목표가 지식의 성장이며, 과학의 에토스

---

51) 로버트 K. 머튼, 앞의 책, 13장.
52) 위의 책, 505쪽.

를 이루는 규범적 요구들이 그러한 목표를 달성하는 데 이바지 한다고 주장한다. 머튼이 제시하는 네 가지 제도적 요구 내지 규범은 다음과 같다.[53)]

■ 보편주의(universalism)

과학적 진리의 발견 여부에 대한 판단은 이미 확립된 보편적인 기준에 따라야 한다는 규범이다. 즉, 진리 주장을 하는 사람의 개인적인 특성이나 사회적 지위 등(인종, 국적, 종교, 계급)은 그러한 판단에 고려 사항이 되지 않는다. 개방적이고 자유롭게 과학 연구에 임할 수 있어야 한다는 요구 조건 또한 바로 이 보편주의에 따라 나오는 것이다.

■ 공유주의(communism)

'공산주의'라는 말은 이데올로기적 성격을 강하게 내포하기에 '공유주의'라고 칭하겠다. 이는 과학적 연구 결과가 사회적 협력의 산물이기에 개인이 아니라 공동체에 귀속되어야 한다는 규범이다. 과학적 발견은 개별적인 발견자의 권리가 엄격히 제한되는 공동의 상속물이다. 최초로 발견된 법칙 또는 이론이라고 해서 그것의 발견자나 그 후계자들의 소유물이 된다거나, 그들에게 그러한 법칙이나 이론에 대한 사용상의 특권을 부여할 수 없다. 과학의 재산권은 과학의 합리성에 의해서 최소한으로 축소된다. "지적 소유에 대한 과학자의 권리 주장은 대체로 지식의 공동 자본에 기여한 증가분에 상응하는 인정과 존경으로 한정된다."[54)] 머튼은 이러한 공유주의 특성이 과학은 공동 유산에 의존

53) 위의 책, 507-521쪽.

하고 있다는 과학자들의 인식에도 반영된다고 주장한다. 그는 "내가 더 멀리까지 관찰할 수 있었던 것은 거인의 어깨 위에 서 있었기 때문이다"는 뉴턴의 유명한 말을 인용하며, 과학자들은 기본적으로 공동 유산에 대한 감사의 마음을 표하는 동시에 과학적 성취란 근본적으로 협동적이고 축적적인 속성을 가지고 있다는 사실을 인식하고 있다고 말한다.

■ 무사무욕(disinterestedness)

과학자 개인들이 지니는 특정한 행위 동기가 아니라 그러한 개인적 동기를 제도적으로 통제하는 제도적 양식을 일컫는 것이다. 머튼은 과학에서 기만 행위는 극히 예외적인 일이라고 주장하며 그 이유를 과학자 개인의 덕성이 아니라 과학이라는 사회 제도의 고유한 특성에서 찾고 있다. 과학적 연구 과정과 연구 결과는 검증 가능한 것으로서 이해 관계를 배제한 동료 전문가들의 엄격한 심사를 거친다. 이러한 제도적 여건이 과학자들의 정직성을 낳게 한다는 것이다.

■ 회의주의(scepticism)

이는 제도적이면서 방법론적인 규범이다. 과학 연구는 일단 판단을 보류하고 경험적이고 논리적인 기준에 의하여 과학적 지식 주장을 세세하게 검토하여 이루어진다. 즉, 회의주의는 그러한 검토를 통하여 확인되지 않은 지식 주장은 받아들이지 말라는 규범이다. 이는 기존의 과정이나 절차나 권위 등에 대한 잠정적 의구심을 내포하고 있다. 대부분의 사회 제도들은 무조건적

---

54) 위의 책, 513쪽.

인 믿음을 요구하지만, 과학이라는 사회 제도만큼은 회의주의를 덕목으로 삼고 있다는 것이다. "과학자는 정치적 확신이든 종교적 신념이든 또는 경제적 이권이든 신성의 영역을 이미 정해진 무비판적이고 의례적인 방식으로 연구하지 않는다."[55]

과학 제도가 다른 사회 제도와는 구분되게 이러한 규범 체계를 이루게 된 동기 내지 연유는 무엇인가? 무엇이 과학자들로 하여금 이러한 규범에 따라 행동하게 하는가? 머튼은 그러한 동기를 과학의 독특한 보상 체계에서 찾는다. 1957년에 발표한 「과학적 발견에서의 우선권」[56]이라는 논문에서 머튼은 과학의 보상 체계에 관한 근본적 성격을 이렇게 밝히고 있다. 과학의 가장 중요한 가치는 창의성이다. 과학은 창의적인 기여를 한 학자에게 제도적인 보상을 제공한다. 그리고 과학에는 공유주의와 무사무욕의 규범이 제도화되어 있기에, 이러한 보상은 대개 명예다. 즉, 새로운 발견에 대한 우선권을 인정하고 그에 따른 존경을 보내는 것이 보상인 것이다. 머튼은 우선권 인정 사례로서 대표적으로 과학적 발견에다 과학자의 이름을 붙이는 관행을 들면서, 과학자 사회에 우선권을 얻기 위한 경쟁이 자리하고 있음은 우선권의 인정이라는 보상이 과학 연구의 동기로서 작용하고 있음을 보여주는 것이라고 주장한다.

머튼은 우선권을 놓고 자주 일어난 분쟁이 인간 본성에 자리한 이기심이나 논쟁을 좋아하는 성격에서 비롯한 것이 아니라 과학의 제도적 규범에서 나온 것이라고 설명한다. 과학 제도야말로 창의성을 최고의 가치로 규정하기에 그러한 창의성을 인정받는 것을 과학자 개인들에게 주요한 관심사가 되게 하였다는

55) 위의 책, 498쪽.

56) 위의 책, 14장.

것이다. 즉, 제도적 규범이 우선권에 대해 주장하도록 과학자들에게 압력을 가한 것이 된다.

> 과학이라는 제도에서 창의성은 아주 소중하게 여겨진다. 왜냐하면 다소간에 지식이 발전하는 것은 창의성을 통해서이기 때문이다. 과학 제도가 효율적으로 작동할 때 사회적 인정과 명성은 그들의 역할을 가장 잘 수행한 사람에게, 즉 이미 공유된 지식의 체계에 순수하게 독창적인 기여를 한 사람에게 돌아가기 마련이다. 자기 이익의 추구와 도덕적 의무감이 일치하고 겹치게 되는 행복한 상황을 바로 여기에서 목격하게 된다.[57]

하지만 머튼은 우선권 인정이 사적 소유권으로 이어지는 것은 아니라고 바로 계속하여 주장한다. 일단 과학자가 자신이 기여한 바를 인정받은 이후에는 그것에 대한 독점권을 누리지 않는다. 해당 지식은 과학이라는 공적 영역의 일부분이 되는 것이다. 즉, 머튼이 말하는 과학의 소유권은 단지 바로 과학적 지식을 세상에 내놓는 데에서 특정 과학자가 수행한 역할을 다른 과학자들이 인정해주는 것으로 그친다.

머튼은 위와 같은 제도적 규범을 위반하는 과학적 기만 행위를 비정상적이면서 드문 일탈 행위로서 바라본다. 그리고 이러한 일탈 행위가 일어나는 원인을 다음과 같이 설명한다. 과학 제도를 효과적으로 운영한다면, 과학의 목표인 지식의 성장과 과학자 개인에 대한 보상인 명성은 함께 길을 갈 것이다. 하지만 과학 제도가 지나치게 창의성을 강조하고 그에 대한 인정이 도를 넘어설 때 문제가 일어난다. 과학 발전에 너무 집착하다보면

57) 위의 책, 558쪽.

과학 연구의 성공과 실패에 대한 기대와 우려가 지나치게 커지고, 이는 표절이나 사기 등의 행위로 나타나는 일탈이라는 병적인 현상을 낳게 한다는 것이다. 결국 머튼에서 그러한 일탈 행위의 방지는 과학 제도의 규범 체계와 보상 체계가 적절한 균형을 이룰 때 가능한 것이 된다. 보상 체계에 따라 자신이 이루어낸 과학적 성과를 인정해달라는 정당한 추구와 규범 체계에 따른 무사무욕과 회의주의의 요구가 상충하여 과학자 개인들로 하여금 내적인 갈등과 회의를 불러일으킬 수 있다. 머튼은 그러한 두 체계 사이의 관계를 적절하게 조율함으로써 과학 연구를 위한 적정한 틀을 제공할 수 있다고 보는 것이다.

2) 레스닉과 과학 연구의 윤리적 행위 기준

머튼과 같이 레스닉에게서도 과학 연구의 윤리적 행위 기준은 일차적으로 지식의 성장이라는 과학의 목표에 기초한 것이다. 레스닉은 과학 연구의 윤리적 행위가 우선적으로 지식의 성장을 꾀하면서도 우리가 수용하는 도덕적 기준을 잘 반영할 수 있다고 본다. 그는 여러 다른 연구 과정의 측면들에 적용할 수 있는 것으로서 열두 가지 항목의 윤리적 원리를 다음과 같이 제시한다.[58]

■ 정직성

과학자는 데이터나 결과를 날조하거나 위조하거나 허위 발표해서는 안 된다. 과학자는 연구 과정의 모든 측면에서 객관적이

58) David B. Resnik, 앞의 책, 53-68쪽 참조.

고 편향되지 않으며 진실해야 한다.

■ 신중성

과학자는 연구에서 특히 결과를 발표하는 데서 실수를 피해야 한다. 과학자는 실험적이고 방법론적이고 인간적인 실수를 최소화해야 하고 자기 기만과 편향과 이해의 상충을 피해야 한다.

■ 개방성

과학자는 데이터, 연구 결과, 방법, 아이디어, 기술, 도구를 공유해야 한다. 다른 과학자가 자신의 연구 결과를 검토할 수 있도록 해야 하고 비판을 허용하며 새로운 아이디어를 받아들일 수 있어야 한다.

■ 자 유

과학자는 그 어떤 문제나 가설에 대해서도 자유로이 연구를 수행하여야 한다. 과학자는 새로운 아이디어를 추구하고 낡은 아이디어를 비판할 수 있어야 한다.

■ 공로 인정

공로는 적절한 경우에 인정해야 하고, 적절하지 않은 경우에 인정해서는 안 된다.

■ 교 육

과학자는 장래의 과학자를 교육시켜야 하며, 그들이 좋은 과학을 수행하는 방법을 배우도록 해야 한다. 과학자는 과학에 관하여 대중을 교육하고 충분하게 설명해야 한다.

■사회적 책임

과학자는 사회에 해를 끼치는 것을 피하고 사회적 이득을 낳으려 해야 한다. 과학자는 자신의 연구 결과에 책임을 져야 하고, 대중에게 그 연구 결과에 관하여 알려야 한다.

■법의 준수

연구 과정에서 과학자는 자신의 연구물에 적용되는 법률을 따라야 한다.

■기회 부여

과학 자원을 이용하거나 과학 직업에서 진보할 기회를 과학자로부터 부당하게 박탈해서는 안 된다.

■상호 존중

과학자는 존경심을 가지고 동료를 대해야 한다.

■효율성

과학자는 자원을 효율적으로 이용해야 한다.

■실험 대상에 대한 존중

과학자는 인간을 실험 대상으로 삼을 때 인간의 권리나 존엄성을 침해해서는 안 된다. 과학자는 인간이 아닌 동물을 실험 대상으로 삼을 때 적절한 존중과 주의를 가지고 실험에 임해야 한다.

레스닉은 과학의 윤리 기준이려면 우선적으로 과학의 목표 달성에 이바지할 수 있는 것이어야 한다고 생각한다. 그렇기에 그는 과학의 객관성 확보(정직성, 신중성, 개방성, 자유, 기회 부여, 상호 존중), 자원의 효율적 이용(효율성), 과학에 대한 대중적 지지(사회적 책임, 교육, 법의 준수, 실험 대상에 대한 존중), 과학자에 대한 지식 발전의 동기 부여(공로 인정)에 초점을 맞추어 그러한 기준을 제시하고 있는 것이다.

우선 위 원리에서 정직성과 신중성과 개방성은 과학의 객관성과 목표 달성을 위하여 필수적인 것이다. 가장 중요한 원리인 정직성은 과학 연구에 필요한 협력과 신뢰를 증진한다. 과학자가 정직하지 않다면 그들 사이의 신뢰는 깨진다. 신중성의 원리 또한 실수가 거짓말만큼이나 지식의 진보를 저해할 수 있다는 점에서 과학의 목표를 증진한다. 신중성은 또한 과학자 사이의 협력과 신뢰를 증진하고 과학적 자원들을 효율적으로 사용하는 데 중요하다. 다른 이의 연구 결과를 신뢰할 수 있다면 모든 연구를 검토하는 낭비를 하지 않아도 되기 때문이다. 과학의 동료 심사 제도가 개방성의 원리에 기초한 것이다. 개방성은 과학이 독단적이고 무비판적이고 편향되는 것을 막는다. 개방성은 또한 과학에서 협력과 신뢰 구축을 돕고 과학자들이 자원을 좀더 효율적으로 사용할 수 있게 함으로써 과학 진보에 공헌한다. 과학 활동이 열려 있지 않아 접근할 수 없을 때, 사람들은 과학자가 부정직하다고 의심하여 과학 발달을 가로막을 수 있다.

자유와 기회 부여와 상호 존중의 원칙 또한 과학의 목표 달성에 이바지한다. 자유의 원칙은 여러 면에서 과학적 목표의 달성을 증진한다. 자유는 과학자로 하여금 새로운 아이디어를 추구하고 새로운 문제를 연구할 수 있게 함으로써 지식을 확장할 수 있게 한다. 지적인 자유는 창의성을 키울 수 있게 한다. 자유는 과학자로 하여금 낡은 아이디어와 가정을 비판하고 그에 도전할 수 있게 한다. 기회 부여의 원리 또한 과학의 목표 달성에 이바지 한다. 독단과 편향을 버리고 객관적 지식을 성취하기 위하여 과학은 다양한 가설, 아이디어, 방법을 고려하고 시험할 필요가 있다. 과학 공동체는 또한 협력과 신뢰 위에 구축된다. 상호 존중이 없다면 그러한 협력과 신뢰는 깨질 것이다. 즉, 그 경우 과학의 사회 조직은 붕괴하고 과학 목표의 추구는 내리막길을 걸을 것이다.

다음으로 과학의 목표를 달성하기 위하여 쓸 수 있는 자원은 한정되어 있기에 효율적인 자원 이용을 위한 윤리 기준이 필요할 것이다. 효율성의 기준이 바로 그것이다. 그리고 일반 대중이 과학에서 눈을 돌린다면 과학 목표 달성은 불가능할 것이기에 대중적 지지를 얻기 위한 윤리 기준이 필요하다. 사회적 책임, 교육, 법의 준수, 실험 대상에 대한 존중이 바로 그러한 일을 이루어낼 수 있는 윤리 기준이다. 끝으로 머튼에게서처럼 과학자들에게 과학 목표 달성이라는 동기를 주는 보상 체계가 필요하다. 공로 인정의 기준이 바로 그것이다. 머튼이 오직 인정과 영예에 국한된 보상 체계를 제시한 반면에, 레스닉의 보상 체계는 현실적으로 인정과 영예 이외에 돈과 상을 포함한다.

레스닉 스스로가 자신이 제시하는 윤리 기준이 머튼의 본을 따르고 있다고 말하고 있기에, 그 두 규범 체계가 어떤 공통점과 차이점을 가지고 있는지 알기 위하여 다음과 같이 서로 대응시켜보았다.

이 대조표에서 보듯이 레스닉의 규범체계는 머튼의 그것보다 구체적이고 세세하다. 그리고 과학 방법론(회의주의)까지 포괄

	머튼	레스닉
과학의 목표	지식의 성장	
과학의 규범 체계	공유주의	개방성 · 교육 · 상호 존중 · 효율성
	보편주의	개방성 · 자유 · 정직성 · 기회 부여
	무사무욕	정직성 · 신중성 · 개방성 · 법의 준수
	회의주의	신중성
보상 체계	공로 인정	

하려고 했던 머튼과는 달리 레스닉은 자신의 규범을 오직 과학자의 행위에 국한시켜 제시하고 있다. 이러한 규범체계를 이끌어낸 근거는 무엇인가라는 물음에 대하여, 레스닉 역시 머튼처럼 그러한 체계가 지식의 성장에 공헌할 수 있기 때문이라고 답한다. 그리고 그러한 체계는 또한 자연스레 사회 일반(특히 서구 자본주의 내지는 서구 민주주의 사회)이 받아들이는 일반적인 도덕 원리를 반영한다고 주장한다. 하지만 실제적인 과학의 에토스를 주창했던 머튼과는 달리, 레스닉은 자신이 제시하는 윤리적 원리가 실제의 과학기술자 사회를 서술하는 것은 아니라고 한 걸음 뒤로 물러선다. 다만 그것은 과학 행위의 규범적 이상일 뿐이라는 것이다. 그의 말을 들어보자.

> 이러한 기준들은 행위를 위한 명령 내지 규범(규범적 이상)일 뿐이지, 과학자들의 행동을 서술하는 것이 아니다. 이 기준들은 규범적이지만 몇 가지 경험적 가정에 기초해 있다. 대부분의 원리는 도덕적 견지에서 옹호할 수 있지만, 그 주요 근거는 그러한 원리들이 과학에 이득을 준다는 것이다. 그러한 원리들은 과학적 목표를 성취하는 데 효율적인 수단이다.[59]

다만 규범적 이상에 불과할 뿐이라는 양보에 바로 뒤이어, 자신이 제시하는 기준이 몇 가지 경험적 가정에 기초하고 있다는 주장이 나오고 있다. 이로 보아 레스닉은 머튼과 마찬가지로 자신이 제시하는 기준이 실제 과학기술자 사회를 상당히 반영하는 것으로 생각하고 있다고 볼 수 있을 것이다. 그렇다면 우리는 머튼과 레스닉 모두에게 다음의 질문을 바로 던질 수 있다. 과연 그러한가? 이에 대한 답변은 실제 과학기술자 사회의 연구 행위가 어떻게 이루어지고 있는지에 대한 분석을 통하여 이루어질 수 있을 것이다.

2. 과학기술자 사회의 연구 행위

우리는 물론 머튼과 레스닉의 주장처럼 과학기술자 사회가 고유한 자체의 규범을 가지고 지식의 성장이라는 드높은 목표를 위한 연구 행위를 잘 해나가고 있기를 바란다. 하지만 유감스럽게도 실상은 우리의 희망을 그렇게 채워주지 못하고 있는 것 같다. 과학기술자 사회에는 현실적으로 많은 연구 부정 행위가 일어나고 있다. 그리고 이러한 부정 행위 중에는 밝혀져 대중에게 알려지는 것도 있지만 대다수가 은폐되거나 무시되어 대중의 시야를 벗어난다. 과학자의 연구 부정 행위는 머튼과 레스닉이 제시한 규범에 정면으로 반하는 사례라고 할 수 있을 것이다. 그리고 그러한 사례가 일탈이나 이례 정도에 그치지 않고 과학자 사회에 만연되어 있다고 한다면, 자신들의 규범이 실제의 과학자

---

59) 위의 책, 68-69쪽.

사회를 반영하고 있다는 머튼과 레스닉의 주장은 단지 그들의 희망이나 이념에 불과한 것일 뿐이라고 평가할 수 있을 것이다.

올 초에 황우석 연구팀의 연구 부정 행위가 세간의 주목을 끈 이후 꽤 오랜 시간이 흘렀는데도 그 여파가 가라앉지 않고 있다. 그와 관련한 젊은 연구자들의 논문에 데이터가 중복 기재된 사실이 발견되었다는 보도가 아직도 간간이 터져 나오고 있다. 이는 성급한 판단인지는 모르지만 국내에서도 과학 연구의 부정 행위가 단순히 개인적인 차원에 머무는 것이 아님을 드러내는 일이라고 할 것이다. 국내에서 과학자의 연구 부정 행위에 대한 조사는 미비한 실정이지만, 서구에서는 이미 1960년대부터 수많은 과학적 연구 부정 행위의 사례가 수집되고 발표되어 과학계의 반성을 이끌어내곤 하였다. 특히 미국에서는 1983년에 발표된 브로드(William Broad)와 웨이드(Nicholas Wade)의 『진리의 배신자들(*Betrayers of the Truth*)』을 기화로 하여 과학자의 부정 행위에 대한 대중적인 관심이 증폭하게 되었다. 이 책은 1996년 박익수 교수에 의하여 『과학사에 오점을 남긴 배신의 과학자들』이라는 제목으로 번역되어 국내에 소개되었다. 그 책에서 브로드와 웨이드는 각기 『사이언스』와 『네이처』의 기자로 일하면서 접했던 과학계의 경험을 토대로 하여 유명 과학자들의 연구 부정 행위를 적나라하게 들추어내어 고발한다. 그들은 그러한 연구 부정 행위를 역사 속의 허위(프톨레마이오스, 갈릴레이, 뉴턴, 돌턴, 멘델, 밀리컨), 입신출세주의, 추시의 한계, 과학 엘리트가 심사 과정에 미치는 힘, 자기 기만과 맹신, 합리성의 이상, 과학의 권력 구조, 심사 면제, 정치 사회적 압력, 사회적인 편견 등의 항목으로 나누어 제시하고 평가한다. 그리고 그들은 이렇게 쓰고 있다.

과학은 일반적으로 생각하고 있는 모습과는 전혀 닮지 않았다는 것이 우리의 결론이다. 과학 지식에서 볼 수 있는 논리 구조는, 그것이 형성된 과정이나 그것을 만들어낸 사람들의 생각에 관해서는 아무런 말도 언급하지 않고 있다. 새로운 지식을 획득할 때, 과학자는 논리와 객관성에 의해서만 움직이는 것이 아니라, 설득과 선전과 개인적 편견 따위의 비합리적인 요인에 의해서도 좌우된다. 즉, 과학자는 합리적인 사고에만 기초하지 않으며, 또한 과학자만이 합리적인 사고를 가지고 있는 것이 아니다. 과학은 일반 사회에서 합리성의 수호자로 간주될 수 있는 것이 아니라, 사회의 문화적 측면을 형성하는 하나의 주요한 부분에 불과하다.[60]

브로드와 웨이드는 현대 과학에서도 여전히 유지되고 있는 전통적인 과학관이 아주 매혹적인 몇 가지 이상에 바탕을 둔 것이라고 규정한다. 이러한 이상은 과학의 인지 구조와 과학적 주장의 검증 가능성과 과학자에 의한 심사 과정으로 표현된다. 과학의 인지 구조는 다음과 같이 계층적 면을 가지고 있다. 과학자는 실험 결과를 관찰 수집하고 가설을 세운다. 가설과 실험을 오가며 확증된 가설은 법칙성을 띠게 되고, 법칙은 설명을 필요로 하기에 법칙을 설명하거나 해석하기 위한 이론으로 발전해나간다. 그리고 이론은 더 우수하면서 보편적인 이론으로 거듭나게 된다. 과학에 독특한 인지 구조라는 이상은 과학 지식의 구조가 이러한 과정을 거치면서 끝없이 성장해나간다는 것이다. 과학적 주장의 검증 가능성이라는 이상에 따르면, 과학자의 연구 결과는 발표에 이르기까지 동료 심사 제도(Peer review system)와 논문 심사 제도(Referee system)에 의한 검토를 거치고, 공식적

60) W. 브로드 외, 앞의 책, 5쪽.

인 발표 후에는 추시 제도(Replication system)에 의한 재현성 시험을 거치게 함으로써 확실하게 검증된 지식이 된다. 과학자에 의한 심사 과정이라는 이상에 따르면, 과학 연구는 과학자 자신이 조직하는 위원회(동료 심사 제도에 의거한)에 의한 엄밀하고 공정한 심사 과정을 거친다는 것이다. 브로드와 웨이드에 따르면, 과학자들은 이러한 과학의 이상에 사로잡힌 나머지 숱하게 일어나는 과학적 부정 행위를 보고도 못 본 체하거나 단지 이례적인 일로 치부해버리는 경향이 있다. 과학에 대한 고정된 이데올로기적 이상에 사로잡혀 과학계의 실상을 제대로 보려고 하지 않는다는 것이다.

브로드와 웨이드는 이러한 현상의 원인을 사람들이 과학의 결과에만 초점을 둘 뿐 과학자의 동기나 욕구 같은 것을 무시하기 때문이라고 진단한다. 과학자 역시 인간인 이상 다른 직업의 종사자들처럼 정열이나 희망이나 실패 등에 사로잡힐 수밖에 없다. 현대의 과학은 직업이다. 출세의 발판은 과학 문헌으로서 발표되는 논문이다. 성공하기 위해서는 가급적 많은 발표 논문을 필요로 하고, 정부의 연구 보조금을 확보해야 한다. 대학교나 연구소에서 자리를 얻으려고 노력해야 하고, 보상을 주는 심사위원회의 눈길을 끄는 논문을 제출해야 한다.

과학자 사회는 입신출세주의를 조장하게끔 조직되어 있다. 계층적으로 조직화된 논문 생산 공장에서는 연구실의 책임자들이 자기의 공헌이 어느 정도였는지 상관하지 않고, 젊은 연구자들이 쌓아올린 연구의 영예를 자동적으로 공유한다. 여기서는 다른 사람들의 희생을 바탕으로 어느 한 과학자가 영광을 한 몸에 받을 수 있는 것이다. 노력을 착취당한 사람은, 그것이 조직에서 변경 불가능한 부분이란 것을 시인하고서 연구를 하고 있다. 그러나 그도 또한 언젠가는 그 조직으로부터 이익을 얻고자 소원하고 있다.[61]

브로드와 웨이드는 머튼과 같은 사회학자들이 과학계를 진리 추구라는 공통 목표를 위해 헌신하는 동료들의 집단으로 그리고 있는 것에 대하여, 그들이 단지 한 일면만을 보고 있는 것이라고 비판한다. 치열한 경쟁에서 살아남기 위하여 과학 연구자들은 선두에 나서려고 애쓸 수밖에 없다. 경쟁의 압력에 쫓긴 연구자들은 으레 데이터를 뜯어고치고 결과를 위장하고 날조하려는 유혹에 직면한다. 또한 과학계에서 명성은 연구 결과만이 아니라 지위에 의해서도 주어질 수 있다. 과학 엘리트는 과학의 보상 제도를 관리하면서 동료 심사 제도를 통하여 연구비 분배에 막강한 발언권을 행사할 수 있다. 이는 출세주의를 조장하고 기만의 유혹과 기회를 만들어내는 사회 조직을 형성한다. 브로드와 웨이드는 이렇듯 기만이 이례적인 것이 아니라 과학의 제도적 구조로 인하여 으레 생길 수 있는 것이라는 사실을 직시할 때만, 그로 인한 사회적 폐해를 방지하고 과학에 대한 인식을 올바로 할 수 있다고 주장하고 있는 것이다.

과학적 지식에는 사회적 편견이 극심하게 스며들 수도 있다. 브로드와 웨이드가 소개하고 있는 것 중에서 그러한 사례 하나를 인용해보자.[62] 사무엘 머튼(Samuel G. Merton)은 필라델피아의 저명한 외과 의사이자 과학자였다. 그는 1830년부터 1851년까지 다른 인종의 두개골을 각기 1000개 이상씩 수집했다. 사무엘 머튼은 두개골의 용적이 지성의 척도라고 믿었다. 그가 그

61) 위의 책, 234-235쪽.

62) 위의 책, 212-214쪽.

러한 척도에 기초하여 매긴 서열을 보면, 백인종이 최상이고 흑인종이 최하며 아메리카 인디언이 중간에 위치했다. 백인종 중에서 서유럽 인종은 유대인보다 상위에 있었다. 이는 당시의 사회적인 인종적 편견과 정확히 일치했고, 마치 객관적인 사실인 양 발표되었다. 1978년 하버드대의 고생물학자인 굴드(Stephen Gould)는 사무엘 머튼의 데이터를 다시 계산하고 자신이 가지고 있는 증거까지 제시하면서 모든 인종은 사실상 거의 같은 두개골 용적을 갖는다고 발표하였다. 굴드에 의하면, 두개골의 용적을 나타낸 사무엘 머튼의 표는 19세기를 통하여 인종의 지적 가치를 밝혀주는 반박의 여지가 없는 확고한 데이터로 평가되어 거듭 출판되었다. 이 데이터는 노예 제도를 정당화하기 위하여 사용되기도 하였다. 사무엘 머튼이 수치를 날조한 방법은 아주 유치한 것이었다. 그는 집단의 평균치를 낮추고 싶을 때는 작은 두개골을 가진 소집단을 포함시키고, 반대로 평균치를 높이고자 할 때는 소집단을 배제했다. 예컨대 인디언을 평가하는 경우에는 작은 두개골을 갖는 잉카의 큰 집단을 포함시켰고, 백인의 평균치를 낮추지 않기 위해 인도인을 제외시켰다. 남성은 통상 여성보다 큰 두개골을 가지는데도, 영국인은 전부 남성의 표본을 기초로 하고(1573㎤) 흑인의 한 종족은 전부 여성 표본을 기초로 했다(1229㎤). 이러한 그의 데이터 날조 사실은 굴드 이전에 그 도표를 이용했던 과학자들에 의해서는 단 한 번도 발견된 적이 없다.

이는 단지 과거의 일이 아니다. 2000년대인 현대에도 이와 비슷한 사건이 일어나고 있다. 다음 사례는 인터넷 신문인 『참세상』에 실렸던 기사인 「흑인 전용 심부전 치료제 바이딜(BiDil®)의 탄생」[63]에서 발췌한 것이다.

심장의 펌프 기능이 저하된 상태인 심부전을 치료하려면 심장 근육의 펌프 기능을 강화하거나 혈류량 혹은 혈관의 저항을 낮춤으로써 펌프질을 쉽게 할 수 있도록 만들어야 한다. 바이딜은 일반 의약품으로 널리 쓰이던 히드랄라진(Hydralazine)과 이소소르비드 디나이트레이트(Isosorbide dinitrate)(H/I)라는 두 가지 혈관확장제로 구성되어 주로 혈관의 저항을 낮추는 기능을 한다. 심부전 치료와 관련하여 가장 획기적인 연구는 1980~1985년에 실시된 1차 혈관확장제 심부전 임상 시험(V-HeFT)이라 할 수 있다. 당시 H/I가 심부전으로 인한 사망률 감소에 다소 효과적인 것처럼 보였지만, 통계적 검정이 부족하여 분명한 결론을 내리지 못했다. 이를 확정하기 위해 1986~1991년에 2차 혈관확장제 심부전 임상 시험이 이루어졌다. 여기에서는 H/I와 ACE-I의 효과를 비교했는데 후자의 효과가 월등한 것으로 나타났고, 그래서 ACE-I가 심부전의 1차 표준 약제로 인정되어 그 이후 널리 쓰이게 되었다. 하지만 ACE-I에 잘 반응하지 않거나 심한 부작용을 보이는 환자들이 있었기에, 이런 경우에는 대신 H/I의 사용이 추천되었다. 물론 이 두 번의 임상 시험에서 인종별 효과 차이 같은 것은 확인되지 않았었다.

1987년 1차 혈관확장제 심부전 임상 시험의 결과가 논문으로 출판되었고, 연구 책임자 중 한 명인 콘 박사(Dr. Cohn)가 울혈성 심부전의 H/I 사용에 관한 특허를 신청하여 1989년에 특허가 승인되었다. 하지만 H/I는 일반 의약품이라 제약 회사들의 관심을 그리 끌지 못했다. 그래서 1992년에 콘 박사는 복용이 쉽도록 이를 한 알로 만들어 바이딜(BiDil®)이라는 상품명을 적용한 후 1995년 메드코(Medco Research, Inc.)라는 생명공학 회사에 등록했다. 물론 이 회사는 콘 박사로부터 지적재산권도 확보해두었다. 메드코는 FDA의 신약 승인을 받기 위해 H/I를 각각 투여했을 때와 단일 정으로 투여할 때 그 효과가 같은지를 시험했고, 결과적으로 1996년에 생물학적 동등성이

63) 『참세상』(2006. 3. 28일자). <http://www.newscham.net>.

확인되었다. 하지만 이는 1997년에 이루어진 신약 승인 심사에서 탈락했다. 심사위원회에서는 동등성 자체는 인정하지만, H/I의 효과 입증을 위해 인용된 혈관확장제 심부전 연구가 이미 20년 전의 것으로서 과학적 엄밀성이 떨어진다는 점을 이유로 들었다. 이 결과가 발표된 다음날 메드코의 주가는 25% 폭락했고, 메드코는 바이딜 사업에서 손을 떼며 지적재산권을 콘 박사에게 돌려주었다.

하지만 연구자들은 포기하지 않고 혈관확장제 심부전 임상 시험 자료를 이리저리 분석하던 중, '인종' 간에 결과 차이가 있다는 것을 새로이 '발견'했다. 1997년에는 관련법이 개정되면서 임상 시험에 여성과 소수자를 포함하도록 권고하는 방안이 발표되었고, 마침 클린턴 정부가 흑인을 실험 대상으로 했던 터스키기(Tuskegee) 매독 연구와 관련하여 역사상 처음으로 연방 정부 차원의 공식적인 사과를 발표했던 시점이었다. 1999년에 콘 박사는 1, 2차 혈관확장제 심부전 임상 시험 결과를 인종별로 재분석하여 H/I는 흑인들에게, ACE-I는 백인들한테 더 효과가 있다는 논문을 출판하였다. 그리고 같은 달 보스턴에 위치한 생명공학 회사인 니트로메드(NitroMed)는 콘 박사로부터 H/I와 관련한 지적재산권을 인수했으며, 흑인 특이적 약물로 FDA에 승인을 신청하겠다는 계획을 발표했다. 한편, 콘 박사와 핵심 연구자들은 '흑인의 심부전으로 인한 사망의 예방과 치료 방법'으로 특허를 신청했으며, 이 특허권도 니트로메드에 양도함으로써 비로소 '인종맞춤약'이 탄생할 수 있는 기반이 마련되었다. 니트로메드가 혈관확장제 심부전 임상 시험의 인종 재분석 자료를 토대로 신약 인정 신청을 하자, FDA는 흑인에서 분명한 효과를 입증하는 새로운 임상 시험 자료를 제출하면 승인하겠다는 반응을 보였다. 그리하여 니트로메드는 2001년에 ABC와 함께 '자칭 흑인' 환자 1000여 명을 대상으로 아프리카 아메리카 심부전 임상 시험 연구를 시작했다. 이 임상 시험을 위해 벤처 캐피탈을 통해 3140만 달러의 기금이 조성되었으며, 2003년에는 기업 공개를 통해 주식 시장에서 추가 자금이 조달되었다. 2004년

7월 바이딜의 '분명한 치료 효과'가 확인됨으로써 예정보다 일찍 임상 시험은 끝이 나 그 해 11월에 유수의 학술지에 그 결과가 출판되었으며, 2005년 6월 마침내 FDA의 신약 승인이 이루어졌다.

이러한 일련의 과정을 보면 바이딜은 과학자들이 흑인들의 심부전을 치료하고자 집중적인 연구를 통하여 만들어낸 것이라기보다는, 과학자 개인과 기업의 이윤 및 사회 정치적인 요인들이 어울려 만들어낸 결과물이라고 간주할 수 있을 것이다. 과정이 어떻든 바이딜은 과연 흑인에게 분명한 도움이 되는 약제일까? 인종의 구분이라는 것이 상당히 임의적인 것이고 서로 다른 인종이 생리학적 측면에서 그렇게 차이가 나는 것도 아니라는 잘 알려진 사실을 감안한다면, 이러한 물음에 대한 긍정적인 응답을 하기가 극히 어려울 수밖에 없다. 흑인과 백인의 구분이라는 것은 지극히 주관적인 피부색에 대한 평가를 제외한다면 생물학적으로 그다지 의미가 없는 개념이다. 미국의 어떤 주에서는 피부색은 '희다'고 할지라도 최소 32분의 1의 흑인 혈통 피가 섞여 있으면 흑인으로 간주한다고 한다. 이는 피부색도 인종 구분의 적절한 척도가 되지 못함을 뜻한다. 하물며 질병이나 약물 반응과 관련하여 하나로 묶일 수 있는 '인종'은 존재하지 않는다. 약물 반응은 인종 간의 차이보다 인종 내부에 있는 개인 간의 차이가 더 큰 것으로 밝혀져 있다. 인종이란 철저하게 사회 역사적인 개념으로서, 생물학에서 인종 개념이 부각된 것은 노예 제도의 합리화와 우생학의 득세와 관련이 있다고 한다. 바이딜은 '흑인 전용 심부전 치료제'라는 이름표를 달고 나옴으로써 인종을 다시 생물학적 실체로 만들었고, 미 연방 정부는 FDA의 승인을 통해 생물학적 실체로서의 인종을 공식적으로 인정해준 것이다.

하지만 '흑인 전용' 약물이 가능하려면 일단 객관적으로 '흑인'을 정의할 수 있는 생물학적 표지가 있어야 하고, 흑인에서만 특이하게 관찰할 수 있는 약물 반응이 있어야 한다. 그러한 것을 발견했다는 보고가 없는 것을 보면 결국 단지 사회적인 실체로서만 존재하는 인종을 영업상 판매 대상으로 삼은 꼴이고, 거기에 인종 간 불평등을 해소하고자 하는 사회적 동기를 끌어들였다고 간주할 수 있을 것이다.

이과 대학생들의 실험 데이터 조작에 대한 연구가 발표된 적이 있다. 2000년 11월에 미국에서 열렸던 연구 진실성에 관한 국제 회의[64]에 제출한 논문인 「대학 실험실에서의 데이터 조작」에서, 데이비슨(Elizabeth W. Davidson) 등은 과학의 직업적 가치에 대해서 가르치는 와중에 60% 이상의 학생이 대학 실험실에서 데이터 조작 사실을 공공연히 시인함을 발견하고서, 이에 일곱 개의 생물학과 화학 학부 과정에 있는 700명의 학생들을 대상으로 하여 관련 조사를 벌였다고 밝힌다. 그리고 그 조사 결과를 다음과 같이 보고하였다.

> 조사 학생들 중 40.4%에서 75%에 이르는 학생들이 '거의 항상' 데이터를 조작한다고 시인하였고 20%에서 43.9%에 이르는 학생들이 '종종' 데이터를 조작한다고 시인하였다. '좀처럼' 데이터를 조작하지 않는다고 보고하는 학생들은 조사 학생들 중 5%에 채 이르지 못하였고, '전혀' 데이터를 조작하지 않는다고 보고한 학생은 단 한 명에 불과했다. 상관 분석을 이용하여 우리는 조사된 과정에서의 조작 시인이 다른 과정들에서의 조작 시인과 강한 상관 관계가 있음을 알았고, 우리의 결과는 실험 보고서를 작성할 때 데이터를 조작하거나 날조하

64) <http://ori.dhhs.gov/documents> 참조.

려는 아주 강한 경향이 이과 대학생들 사이에 자리하고 있음을 드러낸다.65)

데이빗슨 등은 또한 이러한 데이터 조작이 상위 분과 과정이나 전공 과정으로 올라간다고 하여 줄어드는 것으로 보이지는 않는다고 평가한다. 학생들은 자신의 직업 경력을 부분적이든 전체적이든 해당 과학 영역에서 이어나가길 바라고 있기 때문이다.

과학자들이 전적으로 인간의 일상적 동기를 넘어서 진리 추구에 헌신한다는 것은 다만 그렇게 원하는 사람들이 가지고 있는 이상일 뿐이다. 과학자들도 인간인 이상 그들 사이에서도 일반 사회에서처럼 거짓, 속임, 절도, 허위, 사기 등이 당연히 있을 수밖에 없다. 데이터 조작은 일반인들에게서 기만이 일어나는 것만큼 흔히 일어난다. 좋은 경력을 추구하다보면 그리고 지나치게 경쟁하다 보면 기만의 유혹은 늘 자리할 수밖에 없는 것이다.

좋은 경력을 추구하는 입신출세주의 이외에 돈이 또한 과학적 부정 행위를 야기하는 강력한 요인이 된다. 현대의 모든 연구는 공적인 기금이 아니라면 개인 기업으로부터 기금을 받아 이루어질 수밖에 없고, 기업은 오직 이윤 추구를 위한 집단이기 때문에 연구자에게 비밀을 요구하고 이윤을 남길 수 있는 결과를 빨리 내놓으라고 명시적으로 내지는 암암리에 압력을 가할 수 있다. 이러한 압박은 연구자로 하여금 데이터를 조작하거나 허위 발표를 서두르게 할 수 있는 비옥한 토양을 조성한다.

2005년 말부터 황우석 연구팀이 논문 조작과 난자 공급 및 연

65) Elizabeth W. Davidson, Heather Cate, Cecil Lewis, and Melanie Hunter, "Data Manipulation in the Undergraduate Laboratory : What Are We Teaching?", *Proceedings of the First International ORI Research Conference on Research Integrity*, Nov 2000.

구비 유용과 관련하여 수많은 부정 행위를 저지른 것으로 속속 드러나 우리를 당혹케 했지만, 그러한 일은 단지 우리만의 일이 아니었다. 2005년 말에서 올해 초에 걸쳐 미국과 유럽, 일본에서도 유사한 부정 행위 사건들이 밝혀져 과학계를 긴장시켰다.[66)]

2005년 10월 27일에는 MIT 생물학과 부교수로 면역학 분야에서 크게 주목을 받았던 파리이스(Luk Van Parijs)가 1년여에 걸친 학교 측의 자체 조사에서 부정 행위 판정을 받고 교수직을 박탈당하였다. 파리이스는 한 편의 논문과 여러 편의 미발표 원고, 그리고 여러 건의 연방 연구비 신청서에서 날조 내지 위조 행위를 저지른 것으로 드러났다.[67)]

2006년 초 유럽에서는 노르웨이 라듐 병원의 연구자인 수드보(Jon SudbA)가 『뉴 잉글랜드 저널 오브 메디신(*New England Journal of Medicine*)』과 『랜싯(*Lancet*)』 등 저명한 의학지에 실은 세 편의 논문을 날조했다는 사실을 시인했다. 수드보는 구강암 분야의 세계적인 권위자로 구강 내부의 병변과 암 발병과의 관계에 관한 중요한 논문을 여럿 발표해 임상에도 영향을 미쳤던 인물이었다. 특히 2005년 10월에 『랜싯』에 발표한 논문은 무려 900여 명에 달하는 환자들의 이름과 성별과 진단 내용 등의 인적 사항 모두를 날조한 것으로 드러났다.[68)]

2006년 초 일본에서는 동경대의 가즈나리 다이라(Kazunari Taira) 교수가 12편에 달하는 RNA 연구 논문들에서 기만 행위를 저질렀을

66) 김명진, 「황우석 사건과 연구 부정 행위에 대한 대응」, 『시민과학』 제59호 (2006. 3/4) 참조.

67) *Nature* 438, 03 Nov 2005, p.7.

68) *Science* 311, 03 Feb 2006, p.595.

가능성이 강력하게 제기되었다. 일본 RNA학회의 의뢰를 받아 구성된 동경대 조사위원회는 다이라 연구팀이 실험 노트를 보관하고 있지 않으며, 일부 논문에 대한 결과 재현 요청에서도 실험 결과를 재현해 내지 못하는 등 여러 수상쩍은 정황들을 발견했다.[69] 그 후 다이라 교수 연구팀은 논문 조작을 한 것으로 결론이 나서 학계에서 영구 퇴출되었다.

그동안 과학 공동체는 이러한 부정 행위가 드러남에 어떻게 반응했는가? 과학자들은 아직 이러한 부정 행위의 중요성을 그다지 크게 인식하고 있는 것 같지 않다고 흔히 지적되곤 한다. 그들은 과학 제도의 자기 단속 체계를 크게 신뢰하고 있으며 과학에 대해서 잘 알지 못하는 사람들이 과학에 대해 간섭하는 것을 두려워하거나 멀리한다. 설사 부정 행위가 드러난다고 하더라도 과학계의 온정주의적 태도로 말미암아 그에 대한 제재는 솜방망이 처벌에 그친다. 하지만 과학의 자기 단속 체계라고 하는 동료 심사 제도나 추시 제도 등이 실제로 부정 행위를 방지하거나 드러내지 못한다는 비판이 끊임없이 제기되고 있다.

저명한 과학사회학자로서 우리나라에도 번역서가 나와 있는 『골렘(*The Golem: What We Should Know about Science*)』의 저자인 해리 콜린스 교수가 황우석 사태와 관련하여 『한겨레』 신문에 기고한 글 「과학자들은 왜 속이는가」에서도 이를 엿볼 수 있다.

널리 알려진 미디어 과학자와 정부 자문가와 학술지의 편집자 같은 과학의 '대변인들'은 두 가지의 주요 메커니즘이 과학적 결과를

69) *Nature* 439, 19 Jan 2006, pp.248-249.

보증한다고 말하곤 한다. '동료 심사'와 '실험 결과의 재현(추시)'이 그 두 가지다. 그러나 여기서 우리는 동료 심사가 작동하지 않았음을 알고 있다. 가장 엄격한 동료 심사 체제 가운데 하나를 갖춘 최고의 국제 과학 저널『사이언스』는 황 교수의 논문을 출판했고, 최근까지도 지속적으로 그를 옹호했다. 마침내 사기가 인정됐을 때, 동료 심사 체제가 사기를 막아줄 방어 수단이 될 수 없음도 함께 인정됐다.70)

콜린스는 동료 심사와 추시 제도에 자리한 문제점을 낱낱이 지적한다. 동료 심사에서 실험 노트의 재분석이나 실험실 방문이나 연구 보조원들에 대한 검증은 거의 불가능하다. 설사 실험실을 방문한다 하여도 단지 실험이 이루어지고 있다는 사실 이상을 보지 못한다. 동료 심사자들은 심사 논문에 대한 요약되거나 간추린 설명 밖에는 들을 수 없기에, 자신들이 진실을 판독하고 있는 것인지 누군가가 연구 결과를 교묘하게 조작했는지 알 수 없다. 또한 추시를 통한 연구 결과의 검증은 수십 년이 걸릴 수도 있다. 실험을 하려면 자원이 필요하고 엄청난 기술이 필요하다. 그러한 것을 갖추고 추시에 성공하지 못했다고 하더라도, 우선 추시에 임한 실험자들이 제대로 기술을 갖추지 못하였다거나 어떤 실수가 있었을 것이라고 추정한다. 예컨대 젓가락 기술이 서툴렀을 수도 있다는 것이다.

이렇게 자기 단속 메커니즘을 신뢰하고 과학 기술의 객관성을 주장할 것이 아니라, 과학 기술이라는 사회 제도에도 다른 사회 제도에서 만큼이나 윤리적인 문제들이 도사리고 있음을 인정하고, 그러한 윤리적인 문제들을 해결할 수 있는 해결책을 모색하는 것이 과학이나 사회에 바람직하다고 제안할 수 있을 것이다.

---

70)『한겨레』신문(2006. 2. 6일자).

앞서 머튼이나 레스닉이 과학의 객관성을 드러내는 것으로서 과학자 사회에 고유하게 자리하고 있다고 주장했던 여러 규범은 현실적인 것이 아님이 밝혀졌다. 그러한 규범들이 어떤 효과를 가질 수 있다면 그것은 단지 규제적인 면일 수밖에 없는 것이다.

3. 과학 윤리 규범에 대한 평가

1) 과학 윤리에 대한 반성과 윤리 교육

레스닉은 자신의 윤리 기준이 과학자 사회에 미칠 수 있는 이점을 다음의 다섯 가지로 요약한다.[71] 첫째, 많은 직업 강령들은 자신이 논의한 원리보다 짧고 덜 상세하기에, 이 원리들이 학생들에게 과학에서 윤리적 행위를 더욱 깊고 완전하게 이해할 수 있도록 만들 수 있다. 둘째, 어떤 직업 강령들은 모호하고 불명확하기에, 자신이 제시한 원리들은 과학 윤리에서 중요한 개념과 아이디어를 해명하는 데 학생들에게 도움을 줄 수 있다. 셋째, 그 어떤 직업 강령도 과학자에게 모든 상황에서 행동하는 법을 말할 수는 없기에, 자신의 원리들은 과학적 행위를 인도하는 데 중요한 역할을 할 수 있다. 넷째, 과학자나 과학도가 모두 자신들의 직업 강령을 알거나 이해하는 것은 아니기에, 자신의 원리들은 과학자에게 유용한 지식과 정보를 줄 수 있다. 다섯째, 많은 과학들은 직업적인 행위 강령을 갖지 않기에, 자신의 원리들이 규범적인 공허를 채울 수 있다. 즉, 그가 제시한 과학 윤리적 원

71) David B. Resnik, 앞의 책, 72-73쪽 참조.

리들이 과학 행위를 인도하고 과학 기술의 직업인들이 윤리적 딜레마에 관하여 생각하는 것을 돕는 데 유용한 역할을 해낼 수 있다는 것이다.

덜 일반적인 원리가 좀더 일반적인 원리보다 윤리적 실천에서 더 많은 이점을 안겨줄 수 있는지 여부와 관련해서 논쟁이 일어날 수 있다. 앞서 타무스 신화를 통하여, 언어나 문자가 외적인 기호로서 사용될 때 그러한 외부적 기호 의존성이 심화되어 내적인 반성이 사라지기에 인간의 기억이나 지혜를 증진하는 것이 아니라 오히려 해칠 수 있다고 경고하는 플라톤의 메시지에 귀를 기울일 필요가 있다. 예컨대 「벨몬트 보고서(The Belmont Report)」에 보면, 세부적인 규칙들은 복잡한 실제 상황을 다루기에 부적절하거나 서로 충돌하는 일이 일어나곤 하기에 더 광범위한 윤리적 원칙이 필요하다고 서술하고 있다. 그러한 원칙은 포괄적이어서 과학자와 피험자와 감독자와 일반 시민들로 하여금 관련된 윤리적 문제들을 쉽게 이해할 수 있도록 하고 윤리적 문제를 해결하는 데 지침이 될 수 있다는 것이다. 그래서 「벨몬트 보고서」는 단지 세 가지 포괄적인 윤리적 원칙(인간 존중, 선행, 정의) 제시와 그 적용으로 이루어져 있다. 하지만 이러한 논쟁을 떠나서 레스닉이 제시한 윤리 기준은 확실히 과학의 연구 과정에 잠복해 있는 여러 윤리적인 쟁점들을 드러내어 논의해볼 기회를 준다는 점에서 유용한 것으로 보인다. 그리고 레스닉의 규범은 머튼의 규범에 비하여 인간이나 동물의 존엄성을 명시적으로 고려하고 있다는 점에서 도덕적인 관점에서도 진일보한 것이라고 볼 수 있을 것이다.

머튼과 레스닉은 과학 또한 하나의 사회 제도나 직업일 뿐이라고 강조하고 있고, 과학의 규범이 도덕성을 띠는 것은 바로 과학 제도 자체가 본래적으로(과학의 목표 달성을 위하여 요청된다는 의미에서) 그러한 도덕을 내포하기 때문이라고 보는 것 같다. 이러한 관점 역시 자신들이 제시한 규범이 단순히 규제적 원리가 아니라 실제로 과학자 사회에서 작용하고 있는 원리라고 그들이 믿고 있음을 드러내는 것이라고 할 수 있을 것이다. 도덕적 관점에서 머튼과 레스닉의 규범이 (「벨몬트 보고서」의 윤리적 원리이기도 한) 우리의 상식적인 도덕 원리를 어떻게 반영하고 있는지 살펴보자.

상식적인 도덕 원리	머튼의 규범	레스닉의 규범
도덕적 존재의 존엄성	(보편주의, 공유주의)	자유, 교육, 상호 존중, 실험 대상에 대한 존중
선 행	공유주의 (무사무욕, 회의주의)	신중성, 개방성, 사회적 책임, 효율성
정 의	보편주의(공유주의)	정직성, 공로 인정, 기회 부여, 법의 준수

「벨몬트 보고서」처럼 도덕적 관점에서 기본적인 몇 가지 도덕 원리와 편람만을 제시하고 그 응용에 따른 세부적인 규칙은 과학자 사회에 맡겨놓는 길과, 레스닉처럼 과학적 관점에서 과학의 목표 달성을 위한 규범을 우선적으로 하여 세부적으로 제시하고 그것이 담고 있는 도덕적 의미에 관하여 생각하게 하는 길 두 가지 중에 어느 것이 더 옳은지 여부는 쉽게 판단할 수 있는 문제가 아니다. 그것은 바로 서로 다른 관점의 차이를 반영하는 것이기 때문이다. 다만 윤리학을 기존의 사회가 담고 있는 윤리적 원리에 대한 반성적 검토라고 간주하는 우리의 관점에서, 과

학의 목표 달성을 위한 수단으로서 윤리적 기준보다는 사회 일반이 수용할 수 있는 가장 기본적인 도덕적 관점을 기초로 하면서 세부적인 규정은 과학자를 주축으로 한 협의체가 반성적으로 설립하고 수정해나가도록 하는 방식을 더 온당한 것으로 받아들일 수 있을 것이라고 생각한다. 왜냐하면 과학의 목표 달성을 위한 수단으로서 윤리적 기준 설정은 단지 앞서 검토하였던 공리주의적인 측면만에 기초한 것이며, 과학 행위의 윤리가 오직 그러한 기준에 의거해서 판단되어서는 안 되기 때문이다. 과학 또한 사회 속에 있는 것이기에 일반 사회에 가장 기본적인 도덕적 존재에 대한 존중과 정의의 원리를 선행의 원리와 한데 고려하여 과학의 윤리적인 측면에 대하여 반성해보아야 하는 것이다. 결국 어느 관점에서든 나오는 세부적인 규칙은 같을 수 있지 않겠느냐는 의견이 있을 수도 있다. 하지만 윤리학은 결과를 평가하는 것이 아니라 오히려 행위자와 그 행위자의 행위 과정에 초점을 두는 것임을 명심해야 한다. 과학자로서 가질 수 있는 '과학의 발전을 위하여 정해진 윤리 규칙을 따른다는 의식'과 '인간으로서 가장 기본적으로 지켜야 할 도덕 원리에 따른다는 의식'은 전혀 같은 것이 아니다. 그리고 필자는 바로 후자의 의식이 우리 과학자들의 뇌리에 깊이 새겨져야 한다고 생각한다. 도덕이 인간을 위하여 있는 것이지 인간이 도덕을 위하여 있는 것이 아닌 것처럼, 과학이 인간을 위하여 있는 것이지 인간이 과학을 위하여 있는 것이 아니다. 수단이 아닌 목적으로서 인간이라는 가장 기본적인 도덕적 개념을 반성해보면 도대체 어느 쪽이 우선적으로 고려되어야 하는 것인지 바로 명백하게 드러날 것이다.

대학교나 연구 기관 내부에 지속적으로 윤리 교육을 실시하거나 윤리적 문제에 대해 자문할 수 있는 기구를 두는 방안을 생각해볼 수 있을 것이다. 윤리 교육이나 협의가 이루어질 경우 최소한 부정 행위와 관련한 문제가 있음을 인식할 수는 있을 것이기 때문이다. 과학자도 인간이다. 인간은 여러 부류의 압력과 유혹을 받는다. 윤리적인 반성은 이러한 유혹에 저항하는 데 도움을 주거나 적어도 그러한 유혹에 지는 것이 함축하는 내용들을 이해하는 데 도움을 준다. 윤리 교육의 주요점은 과학자 사회에 고착된 생각들을 시험하고 과학자들에게 윤리적 사고가 본성적으로 자리하게끔 하는 것이다. 젊은 과학도나 과학자들이 윤리에 관하여 사고하고 반성하지 못함은 지적인 죄라고 할 수 있다. 이는 과학에 대한 사회적이고 대중적인 지지와 신뢰성을 잃게 하여, 사회적 선을 이루어낼 수 있는 과학의 잠재성을 파괴해버린다.

2) 과학 기술 연구의 공로 인정과 특허 제도

과학 기술 연구자들은 자신의 연구 결과를 공개함으로써 해당 연구에 대한 공로를 인정받게 된다. 연구 결과는 주로 전문 학술 잡지 등을 통하여 공개된다. 이러한 공개 과정에서 논문 심사 과정을 거치게 되는데, 공정한 심사를 위하여 일방 또는 쌍방 비밀 심사 방식을 이용한다. 일방 비밀 심사가 가장 많이 이용되는데, 이러한 심사에서 논문의 필자는 심사자의 이름과 소속을 모르는데 심사자는 필자의 이름과 소속을 알게 한다. 양방 비밀 심사에서는 논문 필자와 심사자가 서로 상대방의 이름과 소속을 알지 못하게 한다. 학제 간 연구 결과를 주로 게재하고 있는 『행동 두뇌 과학(*Behavioral and Brain Science*)』처럼 개방적인 심사 방식도 이용되곤 한다(해당 잡지는 표적 논문과 개방 심사 소견들로 이루어져 있다).

통상 한 연구에서 가장 큰 기여를 한 연구자가 연구 논문의 제1저자로서 기재되는데, 이는 공로 인정만이 아니라 그에 따른 책임 부담의 의미도 함께 담고 있는 것이다. 따라서 흔히 보듯이 연구에 아무런 기여도 하지 않은 동료나 선임 연구자의 이름을 또한 공동 저자로서 기재하는 일은, 공로도 없고 그에 따른 책임도 질 수 없는 사람에게 공로를 인정하는 셈이다. 이는 공평성의 원칙에 어긋나는 일로서, 그 맡은 바 역할과 공로에 따라 정확히 해당 저자를 기재하는 등의 관행이 정착될 필요가 있을 것이다.

과학 기술 연구의 공로 인정은 또한 지적재산권을 통하여 이루어진다. 지적 재산은 물적 재산과는 달리 손실 없이 공유할 수 있다는 특성을 가지고 있는데, 이러한 지적 재산을 창출한 소유자에게 그 사용을 통제할 수 있는 권리를 보상으로 주는 제도가 존재하고 있다. 연구자는 저작권과 특허권과 영업 비밀 등을 통하여 연구 공로에 대한 보상을 얻을 수 있다. 지적재산권 제도는 연구자에게 지적재산권 수여라는 보상을 통하여 연구 동기를 자극하고 연구 결과를 공개하도록 하여, 과학 기술의 진보와 산업 발전을 이룩해낼 수 있다는 취지에서 만들어진 것이다.

저작권은 저작자로 하여금 저작물의 복제를 통제할 수 있게 하는 권리로서, 우리나라에서는 저작자 사후 50년까지 유효하다. 교육적인 목적 이외의 저작물에 대한 복제는 저작자의 사용 동의를 얻어야만(사용료 지불 등을 통하여) 가능하도록 되어 있다. 특허권은 자연 법칙을 이용한 고도의 발명을 한 이에게 부여되는 것이다. 특허권자는 20년간(특허 출원일로부터) 그 발명으로 인한 생산과 사용을 통제할 수 있는 권리를 가진다. 특허권을 얻기 위하여 발명자는 특허청에 출원서를 제출해야 하고(발명의 내용에 대한 설명을 상세하게 담고 있는 명세서와 함께), 특허청은 그 발명이 산업적 이용 가능성과 신규성과 진보성의 요건을 갖추었을 때만 특허를 허용한다. 산업적 이용 가능성의 요건은 해당 발명이 추상적인 개념에 머무르지 않고 현실적으로 구현될 수 있어야 한다는 것이고, 신규성의 요건은 그 발명이 출원 이전에 공개되지 않았어야 한다는 것이며, 진보성은 그 발명이 기존 과학 기술에 기초하여 쉽게 창작할 수 없어야 한다는 것이다. 특허된 발명은 공개된다. 즉, 그러한 공개의 대가로 발명자는 특허권을 수여받는 것이다. 영업 비밀은 관련 업계에 알려져 있지 않은 영업 활동에 유용한 과학 기술 내지는 경영상의 정보를 말한다. 영업 비밀의 소유권을 주장하기 위하여 소유자들은 의도적으로 영업 가치를 지닌 정보를 비밀로 유지했음을 입증해야 한다. 영업 비밀의 유지 기간에는 법적인 제한이 없다. 기본 취지에서 저작권과 특허권은 정보 공유를 촉진하기 위한 것이어서 개방성이라는 과학의 이념을 좇고 있지만, 영업 비밀은 비밀을 전제로 하기에 그러한 과학적 이념에 정면으로 배치되는 것이다.

오늘날 대부분의 과학기술자가 특허를 통하여 연구 결과에 대한 보상을 받기를 추구하기에, 특허 제도를 중심으로 이러한 보상 체계가 머튼의 공유주의와 레스닉의 개방성이라는 과학 이념과 어떤 관계를 맺을 수 있는지 살펴보기로 하자.

도덕 이론에서 비결과론인 자연권 이론과 칸트적 의무론에 따르면, 사람들이 어떤 것에 대한 소유권을 주장할 수 있으려면 자신의 노동이나 자원을 그것에다 투자했고 그것을 소유함이 타인의 권리를 침해하지 않아야 한다. 이와 달리 결과론인 공리주의에 따르면, 그러한 소유권 인정은 사회적인 이득을 극대화하는 방향으로 이루어져야 한다. 특허 제도는 이 두 가지 측면을 모두 반영할 수 있다고 주장된다. 과학 기술 연구자가 발명과 발견에 쏟은 공로를 특허 제도를 통하여 공식적으로 인정하여 연구와 공개의 동기를 그에게 부여할 수 있고, 연구 결과가 공개되어 다시 다른 연구를 뒷받침함으로써 궁극적으로는 사회적 이득이 되는 과학 기술의 진보 내지 발전을 이루어낼 수 있다는 것이다. 특허 제도는 또한 공서양속(公序良俗)을 해치는 것은 특허될 수 없다고 규정함으로써 인권 침해를 방지할 수 있다고 주장한다.

하지만 현행 특허 제도는 상당히 결과주의적인 관점에 치우쳐 있는 것으로 보인다. 즉, 과학 기술 연구자의 권리와 책임이나 사회적인 인권이나 정의 등은 사후적이거나 부수적인 고려 사항으로 미뤄지고, 단지 연구 성과 내지 결과에 초점이 맞추어져 있다는 것이다. 이는 과학의 이념이라고 할 수 있는 실질적인 공유를 위한 개방성의 범위가 특허 제도로 인하여 점점 더 좁혀져가고 있다는 사실에서 드러난다. 특허 대상이 기초적인 과학 원리만이 아니라 생명체와 인간 유전자에 대한 기능적 발견에 이르기까지 급격하게 확대되고 있는 것이다.

개방성은 과학 기술 자체가 주로 공적인 지반(공적인 기금과 다른 이들의 연구 결과 및 협력) 위에서 창출되는 것이기에 사유화되지 않고 공유되어야 한다는 요청이다. 즉, 과학 기술은 연구자 개인의 것이 아니라 과학 기술 공동체의 것이라는 인식이다. 20세기 중반 이전까지만 하더라도 순수한 과학적 연구의 발견에 대해서는 특허권을 수여하지 않는 것이 세계적인 원칙이었다. 과학적 발견에 대한 공식적인 재산권 운동은 1920년대에 프랑스에서 처음 일어났다고 한다. 예컨대 그때까지 통용되고 있었던 1844년의 프랑스 특허법 조항을 보면 "산업적으로 이용되지 않는 원리와 방법과 체계와 발견과 이론이나 순수하게 과학적인 개념에 관한 특허는 모두 무효다"라고 명시하고 있다. 1922년 프랑스 법학 교수인 바르세레미(Barthelemy)와 이탈리아의 루피니(Ruffini) 의원 등은 과학적 원리에 관해서도 특허를 허용해야 한다고 제안했고, 그러한 제안은 한동안 활발하게 논의되는 듯이 보이다가 여러 가지 반대에 부딪혀 포기되었다고 한다. 그 이후에까지 계속 논의되었던 과학적 발견에 대한 특허 반대론자의 주요 근거는 다음과 같은 것이었다. 첫째, 특정한 산업적 응용의 과학적 기초를 찾아내는 것은 아주 어렵다. 둘째, 한 과학적 발견의 공개와 그 산업적 응용 사이에는 큰 시간적 간격이 있다. 셋째, 과학 발견에 대한 특허 허용은 과학의 본령을 이루는 자유롭고 개방적인 정보 흐름을 막아버린다. 넷째, 그러한 허용은 과학 연구를 촉진하는 데 필요하지 않다(위대한 과학 발견의 선구자들은 금전적인 동기를 갖지 않았다).72)

하지만 오늘날에는 기초적인 과학 발견이라 하더라도 능히 특허될 수 있는 것으로 간주한다(물론 아주 폭넓은 과학 이론은 배제되지만). 무슨 일이 일어난 것일까? 첫째, 과학적 발견과 응용 사이의 거리가 극히 좁혀졌다. 둘째, 벤처 산업 등을 통하여 기초 과학 기술에 엄청난 자본 투자가 이루어졌다. 이러한 상황에서 대학과 같이 기초 과학 기술을 연구하는 곳에서 연구 결과물에 대한 특허권을 얻어 산업체에다 그 사용권을 주는 일이 아주 공공연한 일이 되었다. 이제 이러한 환경에서 위 특허 반대론자들의 마지막 주장에 대하여 다음과 같이 응수할 수 있을 것이다. 과학자의 동기와는 무관하게 돈이 없이는 과학적 진보를 이

72) Robert P. Merges, "Property Rights Theory and The Commons : The Case of Scientific Research", *Social Philosophy and Policy*, 1996, pp.152-155 참조.

루어낼 수 없다. 현대 과학 발견에 필수적인 장비와 인력을 확보하려면 큰돈이 든다. 그리고 그러한 돈을 획득하려면 특허권을 취득해야만 하는 것이다.

아무리 거의 모든 과학 기술의 영역에서 특허권 취득이 가능해졌다 하더라도 특허를 향한 과학기술자들의 지나친 과잉 경쟁은 이해하기 힘들다는 주장이 있다. 객관성을 추구한다는 자부심에 기초한 과학 공동체에는 기본적으로 머튼이 제시했던 공유주의의 이상 내지는 레스닉의 개방성이라는 이념이 깃들어 있지 않겠냐는 것이다. 머지스(Robert P. Merges)는 이러한 특허 경쟁의 이유를 게임 이론의 논리에 기초하여 설명한다.[73] 협동만이 게임 참가자 전부에게 이득을 줄 수 있는 게임이 벌어졌다고 해보자. 대부분의 게임 참가자들은 가장 큰 가치를 협동에 할당하지만 '이탈'로부터 높은 이득이 나오기에 앞다투어 협동 가치의 포기를 아쉬워하면서도 협동 진영에서 이탈한다. 협동이 지속되었다면 누구나 다 더 좋게 되었을 것임에도 불구하고, 서로 간의 평형 전략은 이탈이라는 선택을 하게 만든다. 이와 마찬가지로 특허의 가치가 증가하면서 과학자들은 대부분 개방성이라는 과학 이념을 포기하게 된다는 것이다. 혼자서만 특허를 추구하지 않고 견디다가 다른 사람들의 특허된 연구 결과물을 연구에 이용하면서 사용료를 지불해야 하는 고독한 연구자를 상상해보라. 결국 그는 개방성이라는 과학 이념을 포기하고 자신의 연구 결과에 대하여 특허권을 추구하는 방향으로 나아갈 수밖에 없을 것이다.

머지스는 이러한 개별 과학자들의 특허 경쟁(연구 결과의 배

---

73) 위의 책, 157-158쪽.

타적인 소유를 낳는)에도 불구하고 과학에는 여전히 공적인 개방성의 이념이 어느 정도 자리할 수 있다고 주장한다. 아니 과학에는 본래 단지 제한된 개방성만이 자리하고 있다는 것이다.

> 과학은 결코 완전히 '개방적인' 것이 아니었다. 옛날의 상업화 이전의 시기에도 '비공식적인' 재산권을 주장하여 인정하였고, 공식적인 재산권의 출현은 재산권의 두 계층 체계로서 가장 잘 기술되는 불안정한 변화 형태를 낳았다. '순수한' 연구의 영역에서 '비공식적인' 재산권과 관련한 옛 관행들은, 오늘 순수한 것이 내일에는 상업적인 잠재성을 지닐 수 있다는 이해를 공유하면서 어떤 조정이 이루어지고 있기는 하지만 아직 우세하다. 달리 말하여 과학 공동체를 적어도 당분간은 사유화의 공격으로부터 막아낼 수 있다는 징표가 있는 셈이다. 하지만 순수 연구자들과 상업적 연구의 영역에 있는 이들 사이의 거래는 다른 기초에서 수행된다. 그러한 거래는 좀더 공식적인 재산권에 기초해 있고, 재정적 보상이 그 관계의 기대 요소다. 이러한 경우에 그 공동 사회의 일원들은 외부인과 거래하고 있는 셈이며, 공식적인 재산권에 비공식적인 재산권이 길을 내준다. 과학 공동체는 그 일원들이 교환을 위한 비공식적인 내적 제도들을 유지하면서 또한 그 공동체의 일원이 아닌 이들과 상업적인 거래를 동시에 할 수 있다는 흥미로운 특징을 드러낸다.[74]

머지스가 말하는 공식적인 재산권이란 특허권을 뜻하고, 비공식적인 재산권은 과학 공동체에 의한 최초 발견자의 우선권 인정을 뜻하는 것이다. 이러한 머지스의 온건한 상황 해석에도 불구하고, 특허 제도로 인한 과학 기술 연구 결과의 사유화와 자유로운 정보 흐름의 차단 현상은 점점 더 가속화되고 있는 것으로

---

74) 위의 책, 166-167쪽.

보인다. 특허권 자체가 특허권자에게 배타적인 권리를 수여하는 것이기에, 거의 모든 과학 기술 연구 방면에서 특허의 허용은 과학 발전이나 인류 복지를 위하여 개방과 공유가 필수적인 과학 기술적 지식이라고 하더라도 제도적으로 그것을 개방시켜 공유케 할 수 있는 길이 열려 있지 않다는 것이다. 최근 사유화할 수 없는 것으로 여겼고 아직도 그렇게 주장되고 있는 인간 신체 조직이나 유전자에 대해서도 특허를 허용하는 것이 세계적인 추세다.[75] 이는 과연 특허 제도가 과학 발전에 이바지할 수 있는가라는 결과론적인 물음에 이어, 그 자체 목적으로서 존엄성을 가지는 인간을 특허 대상으로 삼을 수 있는가라는 비결과론적인 윤리적 물음을 던지지 않을 수 없게 한다.

이미 정착되어 전 세계적으로 실시되고 있는 특허 제도 자체의 존폐를 묻는 것은 단지 이상적인 이론가의 헛소리에 불과할 것이다. 하지만 현행 특허 제도가 숱한 윤리적 문제를 던지고 있는 이상, 그 제도 개선과 관련한 심도 있는 정책을 제안하거나 다른 대안적인 길을 모색하는 것은 누구이든 꼭 해야 할 일이라고 할 수 있을 것이다. 이슈가 되고 있는 특허 제도의 문제점과 대안을 일부 제시하였다.

특허 제도의 문제점

가) 모든 방면에 걸친 특허 허용으로 인하여 자유로운 정보이용권을 박탈한다.

나) 손실이 적은 재산권 행사에다 장기간에 걸쳐 너무 큰 이득을 부여함으로써 사회적 이익을 해친다.

---

75) 로리 앤드루스(Lori B. Andrews) · 도로시 넬킨(Dorothy Nelkin) 2001, 『인체 시장(*Body Bazaar*)』, 김명진 · 김병수 역, 궁리, 2006, 43-134쪽 참조.

다) 지나친 특허 경쟁으로 인하여 순수한 과학 이미지를 해친다.

라) 특허로 인하여 공개된 기술의 이용률이 낮다.

마) 나라 간의 격차를 심화시킨다.

바) 유전자나 치료법에 대한 특허까지 허용함으로써 인간 존엄성을 해칠 위험이 있고 일반인이 새로운 치료법에 접근하는 것을 어렵게 한다.

사) 과학 기술 공개를 촉진하는 것에 비해 과학 발전과 인류 복지에 이바지하는 바가 너무 적다.

현행 특허 제도에 대한 대안

아) 머지스의 제안(특허 정책에서 제도적 보완) — 연구 실험의 도구는 공유해야 한다는 '연구실험사용설'처럼 특허 제도의 몇 가지 규칙을 조정하여 과학은 기본적으로 공유물에 근거한다는 사실을 드러내고, 산업적 이용 가능성 규정을 강화하여 지나친 우선권 경쟁을 방지하고 연구 활동의 여유를 보장한다.[76]

자) 벵클러(Yochai Benkler)의 제안(공동체 생산 모형) — 대학에서 지적재산권을 공유하고(연구 실험 도구의 개방과 개도국 기술 지원), 과학자들이 동료 생산 전략을 채택하여 대학의 사용권 설정 관행을 보완한다.[77]

---

76) 위의 책, 164-166쪽 참조.

77) Yochai Benkler, "Commons-Based Strategies and the Problems of Patents", *Science* 305, 20 August 2004, pp.1110-1111 참조.

제7장 과학 기술 실험과 윤리

1. 인체 실험과 윤리 기준

'의사의 아버지'라고 불리는 히포크라테스(Hippocrates : BC 460?~377?. 그리스 코스 섬)는 의사의 윤리와 관련하여 '환자를 돕거나 적어도 해를 끼치지 말라'는 대원칙을 천명했다. 이 원칙에서 엿볼 수 있는 한 가지 면은 의사와 환자 관계에서 의사가 주도적인 역할을 한다고 가정하고 있다는 점이다. 좋은 의사는 환자에게 가장 좋은 것이 무엇인지 결정할 수 있어야 하고, 좋은 환자는 의사의 권고를 잘 따라야 한다. 히포크라테스 이후 의사와 환자의 관계에서 의사가 주도적인 역할을 해야 한다는 의식은 역사상 아주 최근에 이르기까지도 팽배하였던 것으로 보인다.[78] 하지만 아무리 환자를 위한 것이라 하더라도 환자의 동의

78) Walter Glannon, "The Patient-Doctor Relationship", *Biomedical Ethics*,

없는 치료를 존엄한 존재인 인간의 자율성이라는 측면에서 허용할 수 있는가에 관한 강한 문제 제기가 있었다. 그리고 이와 더불어 이러한 문제를 적극적으로 해결하려고 하는 움직임이 현대 의료 과학계에서 활발히 일어나고 있다.

우리는 인간 신체를 대상으로 한 실험(인체 실험)에서 바로 전통적인 의사와 환자의 관계가 지닐 수 있는 윤리적인 문제점을 뚜렷하게 엿볼 수 있다. 치료 내지 과학적 발견을 목표로 한 인체 실험은 고대로부터 현대에 이르기까지 끊이지 않고 행해져왔다. 하지만 이와 함께 인체 실험이 드러내는 비윤리성 또한 꾸준히 지적되었고, 특히 인간을 대상으로 한 나치 의사들의 잔혹한 실험상에 직면하면서 인체 실험이 이루어져야 한다면 그 결정은 의사가 아니라 환자 내지는 피험자에게 맡겨야 한다는 일반의 동의가 이루어지게 되었다. 그 역사를 짤막하게 간추려보자.[79]

기록에 남아 있는 주목할 만한 고대의 인체 실험은 기원전 2세기경 알렉산드리아에서 행해졌다. 헤로필루스(Herophilus)와 에라시스트라투스(Erasistratus)는 많은 사형수들을 생체 해부하여 신경계를 발견하고 인체의 해부학적 구조도를 상세하게 제시했다. 그들은 인간에 대한 의학 지식을 얻기 위해서는 해부를 실시할 수밖에 없고, 자신들의 인체 실험은 어차피 죽을 사형수만을 대상으로 하여 이루어지는 것이며, 소수의 사형수를 희생하여 인류에게 큰 이득을 줄 수 있기에 그들의 인체 실험이 정당한 것이라고 주장하였다.

Oxford University Press, 23-46 참조.

79) 김옥주, 「뉘른베르그 강령과 인체 실험의 윤리」, 『의료 · 윤리 · 교육』 제5권 제1호(2002년 6월). George J. Annas and Michael A. Grodin, (eds.), *The Nazi doctors and the Nuremberg Code : human rights in human experimentation*, Oxford Univ. Press, 1992, pp.67-93, 121-144 참조.

대규모의 인체 실험이 이루어진 것은 18세기 프랑스 파리에서였다. 당시 파리의 대형 병원은 병들고 가난한 사람들이 마지막으로 죽어가는 장소였고, 의사들이 환자의 동의 없이 인체 실험을 실시할 수 있는 연구소라고 할 수 있었다. 새로운 세균을 발견해낸다는 열망에 휩싸여 의학 연구자들은 환자나 가난한 이들 또는 수용소 수감자들에게 세균을 주입하여 경과를 관찰하곤 했다. 이렇게 하여 병리학과 세균학 등의 실험 의학이 18~19세기에 급부상하였던 것이다. 19세기 후반과 20세기 초에 걸쳐 사회적으로 이러한 생체 실험 사실이 널리 알려지면서 그에 반대하는 운동이 대중적으로 일어났다.[80]

레더러(Susan Lederer)의 보고에 의하면, 1900년 미국 상원의원인 갤린저(Senator Gallenger)는 "콜롬비아 지역에서 인체에 행해지는 과학 실험의 규제 법안"을 의회에 상정했다. 이 법안은 어린이나 노인이나 정신 질환자와 같이 육체적이거나 정신적으로 허약한 사람들에게 고통을 줄 수 있는 실험을 금지하고, 정상인들은 반드시 충분한 설명을 듣고 자발적으로 동의한 후에야 실험에 참여시킬 수 있도록 하는 내용을 주요하게 담고 있었다. 이 법안이 의회에 상정된 이후 당시 명망 있는 의학자들은 전국의 의사들을 규합하고 의원들에 대한 수많은 로비 활동을 통하여 이 법의 통과를 막았다고 한다. 같은 해 일어난 다른 사건 또한 인체 실험 반대 운동을 저지하는 데 아주 큰 역할을 하였다. 리드(Walter Reed)의 의학연구팀은 쿠바 섬에서 의학자들 자신과 군인들을 실험군과 대조군으로 나누어 황열병에 걸린 모기에 직접 물려보게 함으로써 그 병이 모기에 의해 전파된다는 사실

80) Susan E. Lederer, *Subjected to Science: Human Experimentation in America before the Second World War*, Johns Hopkins Univ. Press, 1995 참조.

을 밝혀냈다. 이 과정에서 의사들과 군인들은 심하게 앓았고 의사 한 명은 사망하였다. 당시 군인들은 금전적인 실험 계약을 맺었는데, 실험이 끝나면 100달러를 받고 실험 도중 아프거나 죽으면 200달러를 받기로 되어 있었다. 여하튼 이 발견으로 인하여 황열병으로 죽어갈 수 있었던 수많은 인명의 목숨을 구할 수 있었기에, 당시 리드의 연구팀은 그 실험의 성공 이후 오랫동안 자신들을 희생해서 인류의 질병을 퇴치하는 데 공헌한 영웅으로 칭송되었다고 한다.

그 이후에도 인체 실험에서 피험자의 '자발적 동의'와 같은 규제 장치가 있어야 한다는 인식은 있었지만, 과학적 지식이 인류 복지에 공헌한다는 긍정적 측면이 훨씬 더 강하게 부각되어 그와 관련한 사회적인 규모의 큰 합의를 이루어낼 수 없었다. 결국 실험에 임하는 의학 연구자 개인의 양심과 선택이 인체 실험의 윤리를 형성하였던 것이다. 이러한 상황에서 1939년에서 1945년에 걸쳐 일어난 제2차 세계대전은 전쟁 수행을 위하여 대규모의 의학 실험을 필요로 하였고, 피험자들에 대한 윤리적 규정이 없는 인체 실험의 횟수와 양을 엄청나게 증가시켰다. 미국과 영국 등지에서 대다수의 의학 연구자들은 국가에서 수행하는 전쟁 수행에 필요한 연구에 적극적으로 참여하였고, 정신 질환자들과 죄수들 등이 주된 실험 대상이 되었다. 군인들도 죽는 마당에 죄수들도 실험 대상으로서나마 국가에 보탬이 되어야 한다는 생각이 높게 자리하고 있었던 것이다. 전쟁을 일으킨 당사국이었던 독일과 일본에서는 더 극악한 인체 실험이 무수하게 자행되었다. 특히 어른 아이 할 것 없이 전쟁 포로와 수용소 수감자들을 대상으로 한 인체 실험은 차마 말로 표현할 수 없을 정도로 참혹하고 잔악하기 그지없는 것이었다.

나치의 의사들에 대하여 1947년에 벌어졌던 뉘른베르크 재판에서 인체 실험의 윤리적 기준에 관한 문제가 주요하게 제시되었고, 그때까지 인체 실험과 관련하여 존재하고 있었던 여러 윤리적인 고려 사항과 기준들이 검토되었다. 나치의 의사들은 자신들을 변호하면서 특히 인체 실험에 대한 보편적 기준이 없다는 점을 강조했다. 그들의 논점은 다음과 같은 것이었다.[81] 첫째, 전쟁 수행과 과학 발전을 위하여 인체 실험은 필수적인 것이며, 다수를 위하여 소수를 희생시킬 수 있다. 둘째, 죄수를 실험 대상으로 하는 것은 세계적인 추세를 따른 것이고, 죄수도 전쟁 수행에 기여해야 한다. 셋째, 실험 대상이 되었던 죄수들은 국가가 선정했거나 암암리에 스스로 선택한 것이다. 넷째, 의사들은 자국의 법을 따랐을 뿐이다. 다섯째, 인체 실험을 위한 보편적 윤리 기준이 없고, 과학 발전을 위하여 자발적 동의를 얻지 않은 실험이 전 세계적으로 행해졌다. 여섯째, 의사가 아닌 비전문가가 실험을 수행했더라면 더 큰 해를 초래했을 것이다.

뉘른베르크 전범재판부는 최후 판결문에서 인체 실험이 어떤 사회적 이득을 낳든 그 기준이 되는 윤리적이고 법적인 원칙을 준수해야 한다고 주장하면서, 후에 「뉘른베르크 강령(Nuremberg Code)」이라고 불리게 될 10가지의 조항을 첨부하였다. 이 강령은 단지 나치 의사들에게 국한된 것이 아니라 윤리 기준이 없는 인체 실험이 얼마나 잔혹해질 수 있는지 목도한 당시 재판부가 인체 실험 일반에 대한 지침의 역할을 할 수 있도록 의도적으로 작성한

---

81) Michael A. Grodin, "Historical Origins of the Nuremberg Code", *The Nazi Doctors and the Nuremberg Code : human rights in human experimentation*, (eds.) George J. Annas and Michael A. Grodin, Oxford Univ. Press, 1992, pp.132-133.

것이었다. 「뉘른베르크 강령」에는 실험으로 인하여 피험자에게 해를 끼쳐서는 안 된다는 규정 이외에 특히 충분한 설명에 근거하여 '피험자의 자발적 동의'를 얻어야 한다는 규정이 핵심적으로 등장한다. 이는 나치 의사들이 자신들을 변호하여 내놓은 근거들 중 과학 발전을 위한 공리주의 원리와 암묵적인 선택의 원리 및 보편적 기준의 부재에 대하여 정면으로 반대하는 내용을 담고 있는 것이다.

「뉘른베르크 강령」은 이후 인체 실험의 연구 윤리와 관련하여 꾸준히 길잡이 노릇을 하기는 했지만, 너무 추상적이라는 비판의 목소리가 있었다. 세계의사회는 1950년대 중반부터 1960년대 중반에 걸쳐 법조인이 아닌 의사들 스스로 인체 실험에 관한 구체적인 윤리 규정을 만들 필요가 있다는 의식을 가지고, 「뉘른베르크 강령」에 대한 검토 및 수정과 새롭게 추가할 원칙에 관한 논의를 계속하였다. 1964년 핀란드 헬싱키에서 열린 총회에서 세계의사회는 인간을 대상으로 하는 의료 연구와 관련한 「헬싱키 선언(World Medical Association Declaration of Helsinki)」을 채택하였다. 「헬싱키 선언」은 특히 「뉘른베르크 강령」의 윤리 기준에서 더 나아가 "치료를 목적으로 하는 실험"과 "치료를 목적으로 하지 않는" 실험을 구분하였다. 그리고 건강한 피험자에 대한 실험에서 지켜야 할 윤리적 원칙은 건강하지 않은 환자를 대상으로 한 실험에서도 지켜야 한다고 명시하였다. 해당 선언문의 내용은 2000년 9월 스코틀랜드 에든버러에서 열린 세계의사회 총회에 이르기까지 수차례 개정되었는데, 1980년대에 이루어진 주요 개정 내용을 보면 연구윤리위원회에 관한 사항을 세부적으로 명시하고 실험에 스스로 동의할 수 없는 사람과 관련하여 부모나 후견인의 법적 동의를 구하도록 하는 조항을 추가하였다. 현재 「헬싱키 선언」 원칙의 준수는 세계 유수 전문 학술지의 게재 요건이 되어 있고, 인체 실험과 관련한 연구 윤리의 주요 지침이 되고 있다.[82)]

한편, 1960년대 중반에 이르기까지 미국의 의료 과학 연구자들은 「뉘른베르크 강령」과 「헬싱키 선언」 양자를 유효한 것으로 적극 수용하지 않았다. 그들은 인간을 대상으로 하는 실험 윤리를 심각하게 고려하지 않았고, 나치의 발 밑에서 일어났던 인체 실험 등의 잔학 행위는 미국에서는 결단코 일어날 수 없는 일로서 단지 이데올로기에 사로잡힌 나치 의사들의 광기에서 비롯된 것이었을 뿐이라고 일축하였다. 모든 의료 연구 피험자는 의료 연구자의 본연적인 양심에 의하여 보호되고 있고 보호할 수 있다고 믿었던 것이다. 하지만 1966년 비처(Henry Beecher)가 『뉴잉글랜드 의학 저널(*New England Journal of Medicine*)』에 「윤리학과 임상 연구(Ethics and Clinical Research)」라는 논문을 발표하고, 1968년 영국 의사인 팝워스(D. H. Pappworth)가 『인간 기니피그(*Human Guinea Pigs*)』라는 책을 발간하면서 상황은 변한다. 비처와 팝워스는 모두 제2차 세계대전 이후에 미국과 영국 등지에서 행해졌던 수많은 인체 실험 사례를 들고 있는데, 이러한 사례는 모두 심각한 윤리적 문제를 일으키는 것이었다. 특히 팝워스는 자신의 책에서 미국과 영국에서 20년 이상(1940~1960년대 중반)에 걸쳐 수집한 500여 건의 비윤리적 연구 사례를 13개의 범주(유아와 아이, 임산부, 정신박약자, 죄수, 말기 환자와 노인, 자원자, 수술 대상자에 대한 실험, 방사능 노출 실험, 대조군으로 환자 이용, 병인의 주사, 심장병과 신장병 환자 실험,

82) <http://www.wma.net/e/policy/b3.html> 참조.

신약 시험)로 나열하고 있다.[83] 또한 모레노(Jonathan Moreno)는 1995년에 발표한『부당한 위험 — 국가에 의한 비밀 인체 실험(*Undue Risk : Secret State Experiments on Humans*)』에서 20세기에 미국에서 행해졌던 윤리적 문제를 일으키는 많은 인체 실험들이 국가의 지원을 받아 이루어졌다는 충격적인 보고를 하고 있다. 인용된 실험 중에 하나만 인용해보아도 실제로 이루어진 인체 실험의 윤리적 심각성이 어느 정도인지 능히 짐작할 수 있을 것이다.

> 정신 지체아를 위한 뉴욕 윌로우브룩 주립 학교는 아이들에게 간염 바이러스를 접종하여 간염 백신을 개발하는 연구를 1956년부터 15년 동안이나 수행하였다. 부모의 동의를 얻었다지만, 그 연구의 제반 위험에 관하여 부모에게 제대로 설명하지 않았고 그에 관한 동의가 있어야만 입교 허락이 되는 것으로 알게 하였다.

특히 1972년에 폭로된 터스키기 매독 연구는 인체 실험과 관련하여 의료 과학자의 본연적인 양심이라는 것이 얼마나 허망한 것인지 여실히 보여주는 사건이었다. 그 전말은 이러하다.[84]

> 미 연방 정부 산하 공중보건국(Public Health Service) 성병과 소속의 의사들은 1932년 매독의 치료와 자연적인 경과 과정에 관하여 연구하기 위하여 메이콘 카운티 지역 내에서 매독에 걸린 399명의 흑인을 실험군으로 하고 200명의 건강한 흑인 남자를 대조군으로 선정하여 터스키기 매독 연구라고 칭하여진 실험을 개시했다. 이 흑인들은

83) Maurice Henry Pappworth, *Human Guinea Pigs : Experimentation on Man*, Beacon Press, 1968.

84) <http://en.wikipedia.org/wiki/Tuskegee_Syphilis_Study> 참조.

가난하고 대개가 문맹인 소작인들이었고, 자신들이 무슨 병에 걸렸는지 알지 못하고 있었다. 단지 그들은 의사들에게서 자신들이 '나쁜 피'를 가지고 있다고만 들었고, 자유로이 해당 병원에 가서 치료를 받을 수 있고 하루에 한 끼의 따뜻한 식사를 대접받을 수 있다는 데 순순히 정기적인 검사 요구에 응하였다. 또한 사망시에는 장례비로 50불을 받을 수 있다고 들었다. 피험자들은 사망 후 부검에 응해야 했지만, 이에 관해서는 결코 듣지 못했다. 그 병의 치명적인 진행 과정을 관찰하기 위하여 많은 환자들에게 거짓으로 위약(placebo) 치료를 실시하였다. 1934년에 첫 번째 임상 데이터가 공개되고, 첫 번째 주요 보고서가 1936년에 발표되었다. 이것은 비밀스런 연구가 아니었고 연구 전 진행 과정에 걸쳐 여러 논문이 발표되었다. 1947년경 페니실린이 매독을 위한 표준 치료제가 되었기에, 성병을 말소하라는 국가적인 캠페인이 메이콘 카운티에도 이르렀지만 의사들은 피험자들이 거기에 참여하지 못하게 하였다. 페니실린 발견 이전에 매독은 흔히 만성적이고 고통스러우며 치명적인 합병증으로 이끌곤 하였다. 실험을 주도하던 의사들은 매독에 걸린 피험자들을 페니실린으로 치료하여 연구를 끝내려 하지 않고, 순전히 어떻게 그 병이 퍼지고 죽음에 이르게 하는지 연구하기 위하여 페니실린이나 페니실린에 대한 정보를 차단시켜버린 것이다. 그래서 참가자들은 메이콘 카운티 지역의 다른 사람들은 참가했던 매독 치료 프로그램에도 접근할 수 없었다. 또한 제2차 세계대전시에는 징병된 250명의 남자가 매독 판정을 받고 치료 명령이 내려졌지만, 공중보건국은 그들을 면제시켜버렸다. 이 연구는 1972년까지 계속되었고, 한 연구자가 언론에 이에 대해 고발함으로써 장장 40여 년에 걸친 터스키기 매독 연구는 막을 내리게 되었다. 연구가 끝난 1972년에 단지 피험자들 중 74명만이 살아 있었다. 28명이 직접 매독으로 인하여 사망하였고, 100명이 합병증으로 죽었다. 40명의 부인들이 감염되었고, 19명의 아이들이 선천성 매독을 지니고 태어났다.[85]

이러한 일련의 사건들에 대한 반성에 힘입어 1974년 미국에서는 인간을 대상으로 하는 실험을 규제하는 '국가연구규제법(National Research Act)'이 제정되어, 관련 분야의 전문가와 비전문가를 포함하는 '피험자 보호를 위한 국가위원회(National Commission)'가 설치되었다. 이 국가위원회는 의학 전문가와 비의학자를 포함하는 임상연구윤리위원회(Institutional Review Board, IRB)로 하여금 각 연구 기관의 시험 계획을 심사하도록 규정하였고, 1978년에는 인체 실험과 관련한 「벨몬트 보고서」를 작성하여 발표하였다. 「벨몬트 보고서」는 인체 실험과 관련한 역사적 경험을 토대로 하여 '인간 존중'과 '선행'과 '정의'의 세 가지 윤리적 원칙을 제시하고 있는데, 이는 지속적으로 수정되어 오늘날 인간을 대상으로 하는 모든 실험 연구에서 필수적인 윤리 지침으로서 받아들여지고 있다.[86]

우선 보고서에 명시된 '인간 존중'의 원칙에 따르면, 모든 인간은 자율적인 행위자로서 대우받아야 하고, 자율성이 제한된 사람은 보호받아야 한다. 이는 인체 실험에서 '충분한 설명에 근거한 피험자의 자발적 동의'가 있어야 함을 요구한다. 이를 위하여 피험자는 우선 연구의 목적과 절차, 연구의 기대 이익과 위험 및 여러 다른 대안적인 절차 등에 관한 정보를 들을 수 있어야 한다. 그리고 이러한 정보는 피험자가 명확히 이해할 수 있도록 제시

85) 터스키기 연구의 피험자였던 생존자 8명 중 5명이 1997년 5월 16일 백악관 행사에 참석하였고, 클린턴 대통령은 그들에게 터스키기 연구와 관련하여 이렇게 공식적으로 사과하였다. "우리가 이미 한 것을 되돌릴 수는 없습니다. 하지만 우리는 침묵하기를 끝낼 수 있습니다. … 우리는 외면하기를 그칠 수 있습니다. 우리는 여러분의 눈을 직시하며 미국인을 대신하여 미국 정부가 한 일이 수치스러운 것이었다고 말할 수 있습니다. 죄송합니다."

86) <http://ohsr.od.nih.gov/guidelines/belmont.html> 참조.

되어야 한다. 또한 자신에게 주어진 제반 정보를 이해한 피험자가 폭력이나 압력 등 부당한 영향을 입지 않고 자발적으로 동의할 수 있어야 한다. 선행의 원리에 따르면, 실험자는 피험자에게 해를 끼쳐서는 안 되고 위험을 최소화하고 이득을 극대화하여야 한다. 제안된 실험 연구에 관한 체계적이고 포괄적인 정보에 기초하여 연구가 체계적으로 고안되었는지, 피험자에 미치는 가능한 위험은 수용할 만한 것인지 평가해야 한다. 정의의 원리에 따르면 피험자의 선택은 공정하게 이루어져야 한다. 연구자는 자신이 좋아하는 이에게만 이득이 되는 실험을 실시한다거나, 달갑지 않은 사람에게는 위험한 연구를 실시하는 등의 공정하지 않은 선택 행위를 해서는 안 된다. 또한 실험이 피험자에게 미칠 부담을 고려하여 실험에 참가할 수 있는 이와 참가할 수 없는 이를 공정하게 구분할 수 있어야 한다.

우리나라에서는 인체 실험과 관련하여 어떤 윤리적 기준이 마련되어 있을까? 해방 이후 우리나라에서도 치료적인 인체 실험과 비치료적인 인체 실험이 꾸준히 이루어지고 있는 것으로 보고되고 있지만, 인체 실험과 관련한 윤리 문제는 단지 가십거리에 그치며 그렇게 대중적 관심을 불러모으지 못했다. 그래도 뒤늦긴 하였지만 인간 피험자를 대상으로 하는 임상 연구를 검토하기 위한 임상연구윤리위원회(IRB)가 1989년 가톨릭대 병원에 처음 설치되었고, 주요 대학 병원이 그 뒤를 이었다.[87] 그렇지만 대학 병원에 설치된 윤리위원회(IRB) 대부분이 신약 등의 허가와 관련한 개별적인 임상 연구 검토만 수행하고 있을 뿐이며, 학술 목적의 임상 연구에 대한 검토는 극히 미흡하다고 한다. 즉,

87) 신상구, 「제2차 함춘 강좌」, 서울대병원 임상의학연구소(1999. 12. 12일자) 참조.

개별적인 실험 계획 등을 대상으로 한 그때마다의 검토를 수행하고 있는 것뿐이지, 일반적인 임상 연구 기준 정립과 연구 환경 변화에 따른 그러한 기준의 개정 등에 관해서는 심도 있는 검토가 이루어지지 못하고 있다는 것이다. 이에는 우리나라에서 짧은 인체 실험 연구 윤리의 역사와 피험자의 자발적 동의라는 개념에 친숙하지 못한 사회 문화적 배경(황우석 사건에서 난자 공여 문제와 관련하여 사람들이 어떤 태도를 취했는지 상기해볼 수 있을 것이다)이 큰 몫을 차지한다고 할 것이다. 국내에서 연구 윤리의 기초 마련은 우선적으로 실험 연구 윤리의 중요성에 관하여 의료 과학자들과 일반인들의 관심을 이끌어내는 것이 급선무일 것이고, 이미 시행착오를 거친 타국의 사례를 거울로 삼아 우리나라의 전통 윤리와 조화를 이루게끔 지속적으로 연구 윤리 기준을 정립해나가는 일이 필요하다고 할 것이다.

2. 인체 실험 연구 윤리 기준에 대한 반성

앞에서 보았듯이 인체 실험에 대한 연구 윤리 기준은 인류의 뼈아픈 경험을 토대로 하여 많은 시행착오를 거치면서 「뉘른베르크 강령」, 「헬싱키 선언」, 「벨몬트 보고서」로 구체화되었다. 철학자인 도나간(Alan Donagan)은 이를 상식적인 도덕에서 철학적인 도덕으로 나아간 인류의 쾌거라고 극찬한다.[88] 표면적으로는 의료 과학의 궁극 목표인 것으로 보이던 환자 개인의 건강

88) Alan Donagan 1977, “Informed Consent in Therapy and Experimentation”, *The Philosophical Papers of Alan Donagan, Volume II*, The Univ. of Chicago Press, 1994, pp.169-171 참조.

및 공동체의 건강으로부터 전통적으로 인간 사회에 뿌리 박혀 있던 인간에 대한 존중으로 이행하면서 모든 수단적 가치를 넘어서는 목적 자체로서 인간에 대한 존중이 의료 과학자와 피험자 사이에 필요함을 반성적으로 깨달았다는 것이다. 과연 그러한지 '충분한 설명에 근거한 자발적 동의'라는 개념을 중심으로 인체 실험의 윤리를 결과론적인 측면과 비결과론적인 측면으로 나누어 살펴보겠다.

전통적으로 의사들이 대부분 인체 실험을 수행해왔기에 치료와 과학적 실험 모두와 관련하여 의사와 환자의 관계, 포괄적으로 의료 과학자와 피험자의 관계에서부터 논의를 시작할 것이다. 앞서 인체 실험의 역사에서 살펴보았듯이 많은 의사들은 히포크라테스의 '환자를 돕거나 적어도 해를 끼치지 말라'는 원리를 일단 환자가 자신에게 치료를 의뢰한 이상 환자의 자율성과는 무관하게 의사가 판단하여 환자의 건강을 보살필 수 있음을 뜻하는 것으로 이해하였다. 하지만 나치 의사들의 인체 실험과 같은 경우를 보면서 환자의 동의를 무시한 치료나 인체 실험은 인류의 이상에 반대되는 극악한 결과를 낳을 수 있음을 의료인들 스스로가 깨닫게 되었다. 이제 치료나 실험 과정 선택에서 의사가 결정하는 종류로부터 의사가 제안하고 환자가 결단하는 종류로의 변화가 일어난다. 도나간은 치료나 실험에 대한 충분한 설명에 근거한 자발적 동의의 요구가 바로 이러한 변화를 인정하는 것이며, 그러한 요구는 다음의 세 가지 원리에 기초하고 있다고 주장한다. 첫째, 인간은 본래 유일한 존엄성과 가치를 지닌다. 둘째, 인간은 단순히 수단으로 이용될 수 있는 것이 아니라, 항상 동시에 목적으로서 작용한다. 셋째, 인간은 모두 양도할 수 없는 생명과 자유와 행복 추구의 권리를 가진다.

먼저 '충분한 설명'이라는 요건을 보자. 통상 환자나 피험자가 불평하게 되는 요인은 의사나 의료 과학자가 그들의 동의를 구하지 않았다거나 그릇된 설명에 의거하여 동의를 구했다는 것이 아니라, 정작 자신의 몸에 어떤 일이 일어날지 중요한 부분에 대한 충분한 설명을 듣지 못하였다거나 자신들이 이해할 수 없는 전문적인 의학 용어로 설명을 들었다는 것이다. 이는 「벨몬트 보고서」에서 '충분한 설명'과 '이해'로 구분하여 의사나 연구자가 어떠해야 하는지 명시하고 있는 부분이기도 하다. 또한 피험자는 자신에게 실제로 행해지는 일뿐만 아니라 치료나 실험에 따른 부수적인 위험에 대해서도 설명 받기를 원한다. 의사나 연구자들은 그러한 부수적인 위험에 대하여 환자나 피험자가 알 경우 그들의 감정적 혼란으로 인하여 치료나 실험이 제대로 이루어지지 못할 것이라고 주장하곤 한다. 하지만 환자나 피험자가 자율적으로 결단을 내릴 수 있는 존재인 이상, 그러한 정보를 오직 의사나 연구자의 판단에 의거하여 차단하는 것은 그들이 환자나 피험자의 자율성을 애초에 부정하는 것과 마찬가지다.

관련 정보의 선택을 의사만이 결정하는 것도 아니다. 의사와 환자는 서로 다른 치료 과정이나 실험 과정에 관하여 그리고 그로 인하여 야기될 가능한 결과에 관하여 서로 다른 가치를 부여할 수 있다. 의사만이 아니라 환자가 부여할 수 있는 가치가 따로 있을 수 있다는 것이다. 예컨대 의사는 흡연이 건강을 해치기에 금연을 권할 수 있겠지만, 흡연자는 다소간에 건강을 해치는 것을 감수하고 흡연하기를 선택할 수도 있다. 또한 의사나 연구자는 어떤 치료나 실험을 수행하는 데서 일어날 수 있는 부수적인 위험 전부를 알지 못한다. 그들은 단지 특정 분야의 전문가로서 자신이 알 수 있고 제시할 수 있는 정보가 제한되어 있음을 분명하게 인식하고 밝혀야 한다. 그들은 또한 치료나 실험으로 인하여 자신이 예견할 수 없는 다른 부수적인 위험이 있을 수 있음을 환자나 피험자에게 주지시켜야 한다.

'충분한 설명에 근거한 자발적 동의'에서 자발성(voluntariness)의 요건은 인간이 위험한 실험에 자신의 몸을 내맡길 수 있음을 인정하고 주어진 것이다. 앞서 뉘른베르크 재판에서 나치 의사들은 피험자의 자발적 동의가 법적으로 인체 실험을 허용하는데 필수적인 것일 경우 자신들이 항변할 여지가 없음을 잘 알고 있었다. 그래서 그들은 의학의 역사에서 자발적 동의가 없는 숱한 실험들이 있었음을 강조한 것이다. 그들의 논증을 표준화한 형식으로 나타내보자.

1. 전쟁 수행과 과학 발전을 위하여 인체 실험은 필수적인 것이며, 다수를 위하여 소수를 희생시킬 수 있다.
2. 죄수를 실험 대상으로 하는 것은 세계적인 추세를 따른 것이고, 죄수도 군인처럼 전쟁 수행에 기여해야 한다.
3. 실험 대상이 되었던 죄수들은 국가가 선정했거나 암암리에 스스로 선택한 것이다.
4. 나치 의사들은 자국의 법을 따랐을 뿐이다.
5. 인체 실험을 위한 보편적 윤리 기준이 없고, 과학 발전을 위하여 자발적 동의를 얻지 않은 인체 실험이 전 세계적으로 행해졌다.
6. 의사가 아닌 비전문가가 실험을 수행했더라면 더 큰 해를 초래했을 것이다.

---

7. 나치 의사들은 (법적, 도덕적으로) 죄가 없다.

전제 1은 과학 발전과 관련하여 공리주의 원리를 그대로 도입한 것이고, 전제 2~4는 국가는 개인의 희생을 요구할 수 있고 국가를 위한 인체 실험에 응하는 것은 국가를 위하여 군인으로서 싸우는 것과 마찬가지라는 주장을 드러내고 있다. 전제 5는 (비도덕적일 수 있는) 자발적 동의를 얻지 않은 인체 실험이 있었고 전 세계가 그것을 묵인해왔기에 유사성의 원리에 따라 나치 의사들의 인체 실험 역시 묵인해야 한다는 유비적 주장이다. 나치 의사들이 저지른 해악만도 도덕성 여부를 따지기에 지나치다고 할 수 있기에 전제 6은 결론을 지지하기에 별 보탬이 되지 못한다. '국가는 개인의 희생을 요구할 수 있다'는 주장은 사실 특정한 정치 체제를 벗어나서 바라보면 '다수를 위하여 소수를 희생시킬 수 있다'는 공리주의 원리의 한 표현 형태라고 볼 수 있기에, 위 논증은 전체적으로 공리주의 도덕 원리와 유비적인 주장 둘에 기초한 논증이라고 볼 수 있을 것이다.

우선 유비적인 주장 둘을 먼저 검토해보자. 군인으로서 국가를 위해 싸우러 나가는 것과 인체 실험에 응하는 것은 같거나 유사한 일인가? 국가를 위해 싸우는 것은 단지 오직 국가라는 조직체만을 위한 것이거나 타인들을 위한 것이 아니라, 나를 포함하는 공동체의 공동선을 위한 것이라고 할 수 있을 것이다. 그리고 전쟁에 나가 다치거나 죽을 수 있는 위험이 도사리고 있다고 하더라도 그것은 공동선을 위한 나의 의지로부터 비롯한 일이라 할 수 있기에 도덕적으로 나의 자율성을 침해하는 것이 아니다. 하지만 인체 실험에 응하는 일은 사정이 다르다. 특히 나치 의사들이 행한 실험은 예외 없이 죽거나 불구가 될 수밖에 없는 실험이었고, 오직 과학 발전이라든가 국가를 위한다는 명목 밖에는 없었다. 나를 포함한 공동체의 공동선을 위함이 아니라, 거기서는 내가 완전히 배제된다는 것이다. 즉, 개인의 의지 또는 의사가 완전히 배제된 실험으로서 개인의 자율성을 원천적으로 침해하고 있는 것이다. 이렇게 그 두 경우는 도덕적인 측면에서 완전히 서로 다른 것이다. 자발적 동의가 없는 숱한 인체 실험을 전 세계적으로 묵인하였기에, 나치 의사의 인체 실험 또한 묵인하여야 한다는 주장에 대해서는 어떠한가? 이는 '두 가지 나쁜 일이 한 가지 좋은 일을 만든다'는 논리적 오류를 담고 있는 주장이라고 할 수 있을 것이다. 나쁜 일은 나쁜 일일 뿐이지, 나쁜 일이 숱하게 쌓인다고 하여 나쁜 일을 좋은 일로 만들지는 못한다. 자발적 동의를 얻지 않은 인체 실험이 있었고 사람들이 그것을 묵인했다고 하는 사실을 변명거리로 삼는 것 자체가 그러한 실험이 비도덕적인 것임을 스스로 인정하고 있는 셈이라 할 수 있다.

과학 발전을 위하여 소수를 희생시킬 수 있다는 주장은 어떠한가? 앞서 소개한 황열병 연구 사례는 이러한 주장을 뒷받침할 아주 좋은 경우라고 할 수 있을 것이다. 의사와 군인들의 사소한(?) 희생으로 말미암아 황열병의 전파 경로를 밝혀내어 결과적으로 숱한 인명을 구조할 수 있었다니 말이다. 한 가지 비슷한 사례를 더 들어보자.

1963년 여름 미국 유대만성질환병원의 의료 책임자는 외부 암연구소의 요청으로 그 연구소 의사들에게 자기 병원에 있는 22명의 환자들에게 인간 암 조직 배양물 세포들을 성분으로 하는 현탁액을 주사하는 것을 허용했다. 그 주사의 목적은 쇠약하지만 암에 걸리지 않은 피험자에게 주사된 물질의 거부 메커니즘과 그 정도를 알아보기 위함이었다. 실험자들은 피험자들로부터 구두 동의를 얻었다고 주장했지만, 피험자들은 주사액에 암세포가 포함되었다는 말을 결코 듣지 못했다. 나중에 실험자들은 그 이유로서 해롭지도 않고 위험하지도 않은 실험인데도 피험자가 '암'이라는 무서운 단어를 들었다면 불필요한 소란이 있었을 것이라는 점을 들었다. 뉴욕주립대학 평의회는 그 병원의 의료 책임자와 연구소의 연구 책임자에게 의료 연구에서 사기와 기만 행위의 죄를 물었다.[89]

이러한 의사들에 대하여 동정적인 의견이 표현될 수 있다. 그들은 좋은 의도를 가지고 있었고 피험자들에게 사소한 해만을 입히고서 다른 많은 이들을 위한 중요한 과학적 발견을 성취한 것이 아닌가? 하지만 이런 의견은 기본적으로 과학 발전을 위하여 소수를 희생한 것일 뿐이라는 나치 의사들의 주장에 동의하는 셈임을 알아야 한다. 우리는 굳이 칸트의 의무론을 끌어들이지 않는다고 하여도 인간이 목적 그 자체며 단순히 수단으로서만 이용될 수는 없는 존재라고 생각한다. 공리주의 원리를 인체 실험에 아무런 여과 없이 적용할 경우에, 이러한 목적으로서 인간의 개념은 원천적으로 파괴될 수밖에 없다. 더 큰 선인 과학 발전(국가의 이익, 인류의 이익)을 위해서라면, 개인의 생명권과 자율권 등은 그 정도를 불문하고 제한할 수 있는 것이다. 이러한 입장에 설 때 얼마나 인류에 정면으로 반하는 극악한 결과를 낳을 수 있는지 이미 역사가 입증하였다.

물론 현대에도 개인의 자율권을 제한하는 형벌 제도(극단적으로는 사형 제도)와 같은 것이 존재한다. 하지만 그러한 제도는 국가적 법률의 지배를 받는 국민 모두를 진정으로 자신의 행동에 책임을 질 수 있는 자율성을 지닌 존재로서 대우함에서 나온

---

89) Elizabeth Bankert · Jeffrey A. Cooper, "History and Ethical Principles", <http://blog.naver.com/orthospine/120017316642> 참조.

것이다. 범죄자는 법률을 위반함으로써 자신의 자율권을 제한 당할 것을 스스로 허용한 셈이 된다. 하지만 자발적 동의에 근거하지 않는 치료나 인체 실험은 그러한 인간 자율성의 실현을 원천적으로 봉쇄하는 것이다.

인체 실험과 관련한 수많은 윤리적 문제들을 염두에 두고 작성된 「헬싱키 선언」과 「벨몬트 보고서」는 모두 '충분한 설명에 근거한 자발적 동의'를 가장 기본적인 원칙으로 하면서, 모든 인체 실험이 자격을 갖춘 연구윤리위원회의 심사를 거치고 나서야 이루어질 수 있게 하고 있다. 또한 그러한 요건을 만족시키지 못한 실험에 기초한 논문은 모두 거절하도록 규정하고 있다. 하지만 현실적으로 인체 실험과 관련한 규정이나 제도가 개선된다고 하여, 바로 인체 실험과 관련한 의료 과학자들의 도덕 의식이 그만큼 높아진다고 보기는 힘들 것 같다. 「뉘른베르크 강령」이 나오고 「헬싱키 선언」이 나온 이후에도 그 윤리적 기준을 무시하고 이루어진 실험 사례들이 여전히 많이 보고되고 있기 때문이다. 아직도 의료 과학자들 중에는 충분한 설명에 근거한 환자의 자발적 동의 유무가 인체 실험에서 별로 중요하지 않다고 여기는 사람들이 여럿 있는 것으로 보인다. 그들은 의료 과학자가 자신의 환자나 피험자에게 최선을 다하지 못하게 만드는 까다롭고 세세한 윤리 규정들이 더 큰 문제라고 불평을 쏟아낸다. 캘리포니아대 의대 교수면서 연구 부정 행위에 깊은 관심을 쏟고 있는 프리드먼(Paul J. Friedman) 교수의 말을 들어보자.

> 일반적으로 과학자들은 관료적 규칙과 규제를 잘 참지 못한다. 이는 그들이 과학 연구에서의 책임 있는 행위라는 대체로 암묵적인 기준을 절도 있게 지키는 이들로 스스로를 자리매김해 쟁취해낸 독립성

의 일부분이다. 그리고 이런 특징은 과학자들의 창조성 및 생산성과 연관을 가진 것으로(실제로 그렇든 그렇지 않든) 생각되어 왔다. 연구의 실행 과정에서 이는 많은 과학자들이 행정적 규칙을 따르는 것이 불편하다고 느낄 때 종종 규칙을 무시하는 것으로 나타난다. 부분적으로 이는 교육에서 기인한 문제다. 인체 대상 연구나 동물 연구를 관장하는 정책, 그리고 유독성 화학 물질, 전염 가능성이 있는 미생물, 방사성 물질 등과 같이 생물에게 위험한 물질들의 이용을 규제하는 정책은 지난 20년간 더욱더 엄격해져 왔다. 그러나 고참 과학자들은 이렇게 변화하는 정책을 좇으면서 새로운 태도와 연구 실행 방식을 받아들이는 데 있어 일관되지 못한 모습을 보여왔고, 이는 그들 아래 있는 대학원생이나 박사후과정 학생들에게 좋지 못한 선례로 남을 수 있다."[90]

엄밀하고 세세한 윤리 규정의 존재가 곧 의료 과학자들의 좋은 도덕적 결단과 행위를 낳게 하는 것은 아니라는 것이다. 무엇이 더 필요한가? 외적인 규정으로 인한 가르침이나 명령이 아니라 의료 과학자 스스로가 자신의 의료 연구에 그러한 윤리적인 내용이 함축되어 있음을 깨닫게 해야 하는 것이다. 이를 위하여 연구자가 주지할 가장 기본적인 도덕 원리는 (인간 존중, 선행, 정의의 원리처럼) 아주 단순할 필요가 있다. 도덕이나 윤리가 가진 진정한 힘은 외적인 것이 아니라 내적인 것이다. 도덕이나 윤리는 다만 규제적인 것이 아니라 멋진 삶을 일구어내도록 하는 좋은 도덕적 결단과 행동을 이끌어내는 길잡이라고 할 수 있다. 인류의 역사는 그리고 의료 과학의 역사는 그러한 도덕과 윤리가 어떤 것인지 바로 보여준다. 그러한 도덕과 윤리에는 결과를

90) Paul J. Friedman, "An Introduction to Research Ethics", *Science and Engineering Ethics*, 2 : 4(1996), pp.443-456.

중시하는 결과론적인 시각만이 담겨 있는 것이 아니라 그 자체 목적인 도덕적 존재의 존엄성과 권리를 존중하는 비결과론적인 시각이 또한 적어도 그만큼 담겨 있는 것이다. 그리고 그러한 여러 가지 시각들은 한데 어울려 의료 과학자들에게 연구자로서 스스로에 대한 자부심과 아울러 인간으로서 멋진 삶을 살아갈 수 있는 기틀을 제공한다.

3. 사례 연구

「헬싱키 선언」은 피험자가 미성년자 또는 정신적이거나 신체적 장애로 인하여 직접 동의를 할 수 없는 경우에 대하여 다음과 같이 24~26항을 두어 대리 동의를 허용하고 있다.

24. 법적 금치산자나 신체적이거나 정신적으로 동의할 능력이 없는 사람이나 법적 능력이 없는 미성년자인 연구 피험자와 관련하여, 연구자는 해당 법률에 따라 법적 위임을 받은 대리인으로부터 충분한 설명에 근거한 동의를 얻어야 한다. 연구가 그러한 집단의 건강을 증진시키는 데 필요하고 이 연구가 그 집단 대신에 법적 능력을 갖춘 이들을 대상으로 하여 수행할 수 없는 것이 아닌 한, 해당 집단을 연구 대상으로 삼아서는 안 된다.
25. 미성년자인 어린이처럼 법적 능력이 없는 것으로 간주되는 피험자가 연구 참가에 관한 결단에 동의할 수 있을 때, 연구자는 법적 위임을 받은 대리인의 동의와 더불어 그러한 피험자의 동의를 획득하여야 한다.
26. 대리 동의나 사전 동의를 포함하여 동의를 얻어낼 수 없는 개인을

대상으로 하는 연구는 단지 충분한 설명에 근거한 동의를 얻는 것을 막는 신체적/정신적 조건이 그 연구 집단에 필요한 특성인 경우에만 수행할 수 있다. 충분한 설명에 근거한 동의를 할 수 없게 만드는 조건을 가진 이를 연구 피험자로 삼아야 할 특별한 이유를 실험 계획안에 진술하여 심사위원회의 심의를 통한 승인을 받을 수 있도록 해야 한다. 또한 연구에 계속 임하겠다는 동의는 그 개인이나 법적 위임을 받은 대리인으로부터 가능한 한 빨리 받아야 한다고 계획안에다 진술한다.

「벨몬트 보고서」에서 그러한 피험자에 관하여 진술한 부분을 발췌하면 다음과 같다.

예컨대 미숙함이나 정신적 장애로 인하여 극심하게 이해에 제한을 받는 경우, 특별한 조항을 두어야 할 필요가 있을 수 있다. 이해 능력이 부족한 것으로 간주할 수 있는 피험자 부류(이를테면 유아와 어린이, 정신 장애 환자, 말기 환자, 혼수 상태에 놓인 환자)는 각기 해당 조건에서 고려되어야만 한다. 그러나 이러한 사람들에 대해서도 그들이 할 수 있는 정도로 연구 참여 여부를 선택할 기회를 줄 것을 인간 존중 원리는 요구한다. 연구 실험에 참가하지 않겠다는 이 피험자들의 반대 의사는 해당 연구가 그들에게 달리 이용할 수 없는 치료를 받게 할 수 있음을 함축하지 않는 한 존중되어야 한다. 인간 존중은 또한 피험자를 해로부터 보호하기 위하여 다른 이의 허가를 받으려 할 것을 요구한다. 따라서 그 이해력이 부족한 사람들은 그들 자신의 소망을 인정받으면서도 그들이 해를 입지 않도록 제삼자를 이용함으로써 존중받게 되는 것이다.

다음은 신상구 박사가 앞서 인용한 「제2차 함춘 강좌」에서 소개하고 있는 국내의 의료 사건 사례다. 소개된 사례는 정신병 환자를 대상으로 한 자발적 동의 없는 실험의 사례와 미성년자인 보호 시설 안의 유아를 대상으로 한 실험 사례다. 위 「헬싱키 선언」과 「벨몬트 보고서」에 관련 조항이 있음에도 불구하고, 본인의 자발적 의사가 따르지 않는 '대리 동의'가 우리의 상식적 도덕관에 비추어볼 때 과연 도덕적으로 허용될 수 있는 것인지 생각해보자. 허용될 수 있다면 아래와 같은 경우 정신병자나 유아에 대한 임상 시험 동의 절차는 어떤 과정을 거쳐야 할지 또한 생각해보자.

[사례 1]

경기도 소재 Y 및 K 정신병원은 H 제약에서 해외로부터 수입에 의해 신약 허가를 받기 위한 정신분열증 치료제인 '디스피리돈'과 '레모노라이드' 두 가지 신약에 대한 임상 시험을 의뢰받고, Y 병원은 입원 환자 28명을 대상으로 신약 임상 시험을 실시하고 K 병원은 입원 환자 69명을 대상으로 신약 임상 시험을 실시하였다. 실험을 마치고 보고서가 식품의약품안전청에 신약 허가 신청 자료로 제출되었다. 그러나 해당 임상 시험은 피험자 선정 및 동의 과정에 의혹이 제기되었다. 두 병원의 임상 연구자는 '환자나 보호자에게 임상 시험에 관한 동의를 받았다'고 주장하였으나, 식품의약품안전청의 실사 과정에서 환자와 보호자의 자발적 동의 없이 임의적로 실험동의서를 작성한 혐의가 드러났다.

[사례 2]

서울 Y 병원 P 교수는 K 제약으로부터 중국산 일본 뇌염 생 백신의 국내 수입 허가를 받기 위한 임상 시험을 의뢰받고, 임상시험계획서를 작성하여 IRB 및 식품의약청의 심의 승인을 거친 후 서울과 경기

지역의 3개 사설 영아원에서 1~3세 유아 95명을 대상으로 임상 시험을 실시했다. 그러나 이 임상 시험은 피험자 선정 등의 문제가 제기되었는데, P 교수는 영아원장의 동의를 받았으며 보호 시설의 원장이 친권을 대리 행사할 수 있으므로 문제가 되지 않는다고 반론했다.

「헬싱키 선언」과 「벨몬트 보고서」가 이해 능력이 부족한 이에 대한 인체 실험에 관한 대리 동의 조항을 두고 있는 것은, 이해 능력이 부족한 이에 대한 인체 실험을 권장하기 위해서가 아니라 공공연하게 그러한 실험이 이루어지는 것을 막기 위한 것이었다. 대리 동의를 허용하지 않을 경우 이해 능력이 부족한 이에게 가해질 수 있는 해악이 대리 동의를 허용하는 제도적 장치를 갖출 경우 가해질 수 있는 해악보다 훨씬 더 클 수 있다는 것이다. 또한 이는 이해 능력이 부족한 이에 대한 인체 실험을 완전히 금지시킬 경우 어린이나 유아의 병 치료나 정신질환자의 병을 치료하는 약품이나 치료법의 개발이 불가능하게 되어, 그들이 장래에 가질 수 있는 치료의 기회를 원천적으로 가로막을 수도 있다는 우려 또한 담고 있다.

앞서 좋은 결과(자신이나 누군가의 도덕적 권리를 확보하는)와 나쁜 결과(타인의 도덕적 권리를 침해하는)를 모두 야기할 수 있는 어떤 행위를 할 것인지에 대한 도덕적 결단을 내려야 하는 상황에 처해 있을 경우, 이중 결과의 원리를 적용하여 그러한 행위의 도덕적 허용 가능성에 대한 조건을 제시할 수 있다고 예시하였다. 이해력이 부족한 이에 대한 인체 실험의 경우도 그러한 경우에 해당한다고 볼 수 있기에, 이중 결과의 원리에 따른 세 가지 요구 사항을 중심으로 실험의 가능 조건을 설정해볼 수 있을 것이다. 그 세 가지 사항은 다음과 같았다. 첫째, 좋은 결과를 낳기 위하여 불가피하게 나쁜 결과가 나올 수밖에 없다. 둘째, 나쁜 결과를 의도하지 않는다(나쁜 결과가 좋은 결과를 낳기 위한 직접적인 수단이 아니다). 셋째, 좋은 결과가 적어도 나쁜 결과만큼 가치가 있는 것이다.

이해 능력이 부족한 이는 인체 실험과 관련하여 자발적 동의를 할 수 없는 사람이기에 인간 존중의 원리에 따라 그러한 동의를 할 능력이 있는 사람보다 특별한 보호를 받을 자격이 있다. 첫째, 실험(해를 끼칠 수 있는)의 불가피성을 주장하려면 해당 실험은 이해 능력이 있는 이들을 대상으로 하여 같은 효과를 낼 수 없는 종류의 실험이라야 하고, 실험에 임하는 이가 실험으로 인하여 직접적인 이득을 얻을 수 있다는 보장이 있어야 한다. 둘째, 나쁜 결과를 의도하지 않는 것이라면 이해력이 부족한 이가 감수할 수 있을 최소한의 위험만을 해당 실험이 동반해야 하고 그 이상의 위험을 예상할 수 있을 경우에는 결코 실험이 이루어져서는 안 된다. 셋째, 해당 실험으로 인하여 실험에 임한 사람과 그가 속한 집단이 얻을 수 있는 이득이 그 실험과 관련한 위험보다 상당히 크다고 확신할 수 있어야 한다. 이해 능력이 부족한 이들 중에서도 어느 정도 온당하게 자신의 의사 표현을 할 수 있는 이가 있을 수 있다. 이러한 의사 표현이 가능한 이에 대해서는 대리 동의로서 충분하지 않고 피험자 본인의 자발적 동의 절차를 거치도록 해야 한다. 본인이 실험을 거부하는 경우 그러한 실험이 이루어져서는 안 된다. 영아원이나 정신병원과 같은 시설 속에서 생활하는 이를 대상으로 실험을 수행하려고 할 경우에는 법적인 대리인의 동의 이외에 국가가 정한 연구윤리위원회의 엄격한 심사를 거치도록 해야 한다. 시설의 특성상 개인적인 인권이 무시될 가능성이 높기 때문이다. 이러한 조건을 열거해보면 다음과 같다.

가) 실험은 이해 능력이 없는 피험자와 직접적인 관련이 있어야 한다.
나) 실험은 이해 능력이 있는 이들을 대상으로 실시하여 유사한 효과를 얻을 수 없는 종류의 것이어야 한다.
다) 피험자에게 실험으로 인한 이득이 주어질 수 있어야 한다.
라) 예상 위험이 이해 능력이 없는 피해자가 능히 감수할 수 있는 정도의 최소 정도를 넘지 않아야 한다.
마) 실험으로 인한 이득이 실험에 동반되는 위험보다 크다고 확신할 수 있어야 한다.
바) 피험자가 어느 정도 자신의 의사를 표현할 수 있고 실험에 응하기를 거부할 경우에는 그를 상대로 실험을 실시해서는 안 된다.
사) 피험자가 자신의 의사를 표현할 수 없는 경우에는 법률이 정한 대리인의 동의를 얻어야 한다.
아) 시설에서 생활하는 이해 능력이 부족한 이에 대한 실험은 법적 대리인에 의한 대리 동의 이외에 국가에서 정한 연구윤리위원회의 심사를 거치도록 해야 한다.

이러한 조건에 맞추어 위 두 가지 사례에 관하여 생각해보자. 첫 번째 사례는 정신병원의 환자들을 피험자로 삼은 경우다. 정신병 치료제를 시험하는 것이기에 정신 질환자인 피험자와 관련은 있을 수 있으나, 다른 중요한 사항들을 전혀 고려하지 않았기에 해당 실험은 도덕적으로 부당하다고 할 수 있다. 두 번째 사례는 자기 의사를 전혀 표시할 수 없는 유아를 피험자로 삼은 경우다. 일본 뇌염 생 백신을 시험하는 것이기에 유아인 피험자와 직접 관련이 없고 이해 능력이 있는 이들을 대상으로 해서도 같은 효과를 얻을 수 있는 경우라고 할 것이다. 해당 실험의 수행은 도덕적으로 정당하다고 볼 수 없다.

이렇게 실시해서는 안 되는 실험이 버젓이 이루어지고 있는 것을 보면, 우리나라에서 이해 능력이 부족한 이를 대상으로 하는 실험에 대한 도덕적이고 법적인 규제가 극히 허술하다는 것을 알 수 있다. 심지어 두 번째 경우 연구윤리위원회의 승인을 얻었다는 것이 사실이라면, 동 위원회가 극히 형식적인 심사만을 하고 있지 실질적인 심사를 다하지 못하고 있음을 반증하는 것이라고 볼 수 있을 것이다. 일단 법적으로 대리 동의를 할 수 있는 친권자나 대리인에 관한 규정을 강화할 필요가 있다. 특히 시설 속에서 생활하는 이해 능력이 없는 이들을 대상으로 실험을 수행하려고 하는 경우, 국가에서 정한 연구윤리위원회의 엄격한 심사 과정을 거치도록 하는 조처가 필요하다. 그리고 연구윤리위원회의 심사는 적어도 위 실험의 가능 조건을 기본적으로 고려하여 이루어져야 한다.

□ [뉘른베르크 강령(Nuremberg Code)] 전문[91)]

1. 인간 피험자의 자발적 동의가 절대적으로 필수불가결하다. 이는 실험에 참가할 사람이 동의할 수 있는 법적 능력을 갖추어야 함을 의미한다. 그는 힘이나 협잡이나 사기나 속박이나 속임이나 다른 숨은 형태의 압박이나 강제와 같은 요소의 개입 없이 자유롭게 선택할 수 있는 상황에 놓여 있어야 한다. 그리고 그는 실험의 제반 요소를 충분히 알고 이해하여 사려 있고 사리에 맞는 결단을 내릴 수 있어야 한다. 이 나중 요소가 요구하는 바에 따르면, 피험자가 긍정적인 결단을 내리기 이전에 실험의 성격과 소요 기간 및 목적을 알고 있어야만 한다는 것이다. 또한 그는 실험의 수행 방법 및 수단, 합당하게 예상할 수 있는 모든 불편과 위험, 실험 참가로 인하여 피험자의 건강이나 인격에 미칠 수 있는 효과에 관하여 알고 있어야만 한다.

91) George J. Annas and Michael A. Grodin, 앞의 책, 2쪽.

이러한 동의의 질을 확인할 의무와 책임은 실험을 개시하고 방향을 정하며 실험에 착수하는 개인 각각에게 지워진다. 이는 다른 이에게 이관할 수 없는 개인적 의무와 책임이다.

2. 실험은 다른 연구 방법이나 수단에 의해서는 얻을 수 없는 것으로서 사회적 선을 위한 결실 있는 결과를 산출할 수 있어야 하고, 성격상 임의적이거나 불필요한 것이어서는 안 된다.
3. 실험은 동물 실험의 결과와 연구중인 질병이나 다른 문제의 자연사에 관한 지식에 기초하여 고안됨으로써 예상 결과가 그 실험의 수행을 정당화할 수 있는 것이어야 한다.
4. 실험은 모든 불필요한 신체적이고 정신적인 고통과 상해를 피할 수 있도록 수행되어야 한다.
5. 죽음이나 불구와 같은 상해가 일어나리라고 믿을 확실한 이유가 있는 경우에는 결코 실험을 수행해서는 안 된다. 단, 실험자인 의사가 또한 피험자로서 참가하는 실험에서는 어쩌면 예외를 인정할 수도 있을 것이다.
6. 감수해야 할 위험 정도가 결코 그 실험으로 인하여 해결할 수 있는 문제의 인도주의적 중요성에 따른 정도를 초과해서는 안 된다.
7. 적절한 준비를 갖추어야 하고, 아무리 일어날 가능성이 없어 보일지라도 피험자를 어쨌든 가능한 상해나 불구나 죽음에서 보호할 수 있는 적절한 시설이 마련되어야 한다.
8. 과학적으로 자격이 있는 사람만이 실험을 수행해야 한다. 실험을 수행하거나 실험에 착수하는 실험자는 실험의 모든 단계에 걸쳐 가장 높은 수준의 기술을 발휘하고 주의를 쏟아부어야 한다.
9. 실험이 진행되는 도중에 피험자는 실험을 계속하는 것이 자신

에게 불가능해보이는 신체적이거나 정신적인 상태에 도달하는 경우 자유롭게 실험을 끝낼 수 있어야 한다.

10. 실험을 진행하는 도중에 책임 과학자는 자신에게 요구되는 성심과 능숙한 기술과 주의 깊은 판단에 따라 실험을 계속하는 것이 피험자에게 상해를 끼치거나 피험자를 불구로 만들거나 죽음에 이르게 하리라고 믿을 그럴 듯한 원인을 갖는 경우에는 해당 실험을 어떤 단계에서든 끝낼 수 있는 준비가 되어 있어야만 한다.

□ [헬싱키 선언(World Medical Association Declaration of Helsinki)] 전문

— 인간 피험자를 대상으로 하는 의료 연구를 위한 윤리 원칙[92]

1964년 6월 핀란드 헬싱키에서 열린 18차 세계의사회 총회에서 채택하고

1975년 9월 일본 동경에서 열린 29차 세계의사회 총회와

1983년 9월 이탈리아 베니스에서 열린 35차 세계의사회 총회와

1989년 10월 홍콩에서 열린 41차 세계의사회 총회와

1996년 9월 남아프리카공화국 서머싯웨스트에서 열린 48차 세계의사회 총회와

2000년 9월 스코틀랜드 에든버러에서 열린 52차 세계의사회 총회에서 개정함.

2002년 워싱턴에서 열린 세계의사회 총회에서 29항의 주석을 추가하고

2004년 동경에서 열린 세계의사회 총회에서 30항의 주석을 추가함.

---

92) <http://www.wma.net/e/policy/b3.html> 참조.

가. 서 문

1. 세계의사회는 인간 피험자를 대상으로 하는 의료 연구에서 의사 및 다른 연구자에게 지침을 제시하기 위하여 헬싱키 선언을 윤리 원칙에 관한 진술로 발전시켰다. 인간 피험자를 대상으로 하는 의료 연구는 확인 가능한 인체 시료나 자료에 관한 연구를 포함한다.
2. 사람들의 건강을 증진하고 보호하는 것이 의사의 의무다. 의사는 자신의 지식과 양심을 이러한 의무를 다하는 데 바쳐야 한다.
3. 세계의사회 제네바 선언은 "환자의 건강이 나의 첫 번째 고려 사항이다"는 말로 의사에게 의무를 지우고 있고, 국제 의료 윤리 강령은 "환자의 신체적이고 정신적인 조건을 약화시키는 결과를 가져올 수 있는 의료적 치료를 행할 때 의사는 오직 환자의 이익만을 생각하여 치료에 임해야 한다"고 선언하고 있다.
4. 의료적 진보는 궁극적으로 일부분 인간 피험자를 대상으로 하는 실험에 의존해야만 하는 연구에 기초해 있다.
5. 인간 피험자에 대한 의료 연구에서 인간 피험자의 복지와 관련한 고려 사항이 과학과 사회의 이익보다 우선시되어야 한다.
6. 인간 피험자를 대상으로 하는 의료 연구의 일차적인 목적은 질병 예방과 진단과 치료 절차를 개선하고 질병의 원인과 발생 과정에 관한 이해를 높이는 것이다. 가장 입증이 잘된 질병 예방과 진단과 치료법이라고 하더라도 그 효과, 효율성, 접근성, 질에 관한 연구를 통하여 지속적으로 그에 대한 도전이 이루어져야만 한다.
7. 현재 이루어지고 있는 의료적 치료와 의료 연구에서 대부분의

질병 예방과 진단과 치료 절차는 위험과 부담을 안고 있다.

8. 의료 연구는 모든 인간에 대한 존중을 촉진하고 그 건강과 권리를 보호하는 윤리적 기준에 따라야 한다. 어떤 연구 집단들은 해를 당하기 쉽기에 특별한 보호를 받을 필요가 있다. 경제적이고 의료적으로 불우한 처지에 있는 이들이 지니고 있는 특별한 필요 사항들을 알고 있어야 한다. 스스로 동의하거나 거절할 수 없는 사람들, 구속 상태에서 동의할 수밖에 없는 사람들, 연구에서 개인적 이득을 얻지 못할 사람들, 연구가 자신에 대한 치료와 결부되어 있는 사람들에 대하여 또한 특별한 주의를 기울일 필요가 있다.
9. 연구자들은 인간 피험자를 대상으로 하는 연구와 관련하여 적절한 국제적 요구 사항만이 아니라 자국의 윤리적이고 법적이며 규제적인 요구 사항들도 알고 있어야 한다. 하지만 자국의 윤리적이거나 법적이거나 규제적인 요구 사항이 이 선언에 제시한 인간 피험자를 위한 보호 규정 중 어떤 것이든 축소시키거나 제거하도록 허용해서는 안 된다.

나. 모든 의료 연구를 위한 기초 원칙

10. 의료 연구에서 인간 피험자의 생명, 건강, 사생활, 긍지를 보호하는 것이 의사의 의무다.
11. 인간 피험자를 대상으로 하는 의료 연구는 일반적으로 인정된 과학 원리에 따라야 하고, 과학 문헌과 다른 관련된 정보 자료에 관한 철저한 지식, 적합한 실험, 적절한 경우에는 동물 실험에 기초한 것이어야 한다.
12. 환경에 영향을 미칠 수 있는 연구를 수행할 때는 적절한 주의를 기울여야 하고, 연구에 이용되는 동물의 복지를 존중해야

한다.

13. 인간 피험자를 대상으로 하는 각 실험 절차의 고안과 수행은 실험 계획안으로 분명하게 정식화되어야 한다. 이 계획안은 심의, 평가, 지도 편달, 적절한 경우에는 승인을 얻기 위하여 연구자나 스폰서나 다른 어떤 종류의 부당한 영향과도 무관하게 독립적이어야 하는 특별히 임명된 연구윤리위원회의 승인을 받아야 한다. 이 독립적인 위원회는 해당 연구 실험이 수행되는 나라의 법률과 규정에 따라야 한다. 위원회는 진행되고 있는 실험을 심사할 수 있는 권한이 있다. 연구자는 특히 심각한 이상이 발생할 때는 어떤 것이든 심사 정보로서 위원회에 보고할 의무가 있다. 연구자는 또한 기금, 스폰서, 제휴 기관, 상충될 수 있는 다른 이해 관계, 피험자 장려금에 관한 정보를 연구윤리위원회에 제시해 심사를 받아야 한다.
14. 연구 계획안은 항상 관련된 윤리적 고려 사항에 관한 진술을 포함하여야 하고, 이 선언에서 공표한 원칙에 따른다고 밝혀야 한다.
15. 인간 피험자를 대상으로 하는 의료 연구는 오직 과학적으로 자격을 갖춘 사람에 의해서 임상적인 능력을 갖춘 의료인의 감독을 받아 수행되어야 한다. 항상 의료적으로 자격을 갖춘 사람이 인간 피험자에 대한 책임을 져야 하고, 연구 피험자가 동의했다손 치더라도 결코 피험자에게 그러한 책임을 지워서는 안 된다.
16. 인간 피험자를 대상으로 하는 모든 의료 연구 과업에서 피험자나 다른 이에게 주어질 예상 이득과 비교하여 예측할 수 있는 위험과 부담을 주의 깊게 평가하는 일이 선행되어야 한다. 그렇다고 의료 연구에 건강한 자원자가 참가하는 것을 배

제하는 것은 아니다. 연구 계획은 모두 공적으로 이용할 수 있어야 한다.

17. 의사는 인간 피험자를 대상으로 하는 연구 과업에서 제반 위험을 적절하게 평가하여 만족스럽게 처리할 수 없는 한 그러한 일에 착수하는 것을 삼가야 한다. 연구와 관련한 위험이 잠재 이득보다 높다고 드러나거나 긍정적이고 이득을 주는 결과가 나온다는 결정적인 증거가 있다면, 의사는 어떤 연구든 그만둬야 한다.
18. 인간 피험자를 대상으로 하는 의료 연구는 그 목적이 피험자에게 가해지는 내재적 위험과 부담보다 더 중요할 경우에만 수행한다. 이는 인간 피험자가 건강한 자원자일 때 특히 중요하다.
19. 의료 연구는 연구 대상이 되는 집단이 연구 결과에서 이득을 볼 수 있는 위치에 놓일 가능성이 합당하게 있을 때만 정당화된다.
20. 피험자는 연구 과업에서 자원자면서 충분한 설명에 근거하여 참가 선택을 한 자여야 한다.
21. 자신의 정체성을 보호할 연구 피험자의 권리를 항상 존중해야 한다. 피험자의 사생활과 환자 정보의 비밀을 존중하고 피험자의 신체적이고 정신적인 정체성 및 피험자의 인격에 대한 그 연구의 영향을 최소화하기 위하여 모든 조심을 다하여야 한다.
22. 인간에 관한 모든 연구에서 피험자가 될 수 있는 사람에게는 각기 목표, 방법, 기금 출처, 상충될 수 있는 모든 이해 관계, 연구자의 제휴 기관, 연구 예상 이득, 잠재 위험, 연구로 인하여 겪어야 하는 불편에 관하여 충분한 설명이 적절하게 주어

져야 한다. 피험자에게는 연구에 참가하는 것을 삼가거나 언제라도 보복 없이 참가 동의를 철회할 수 있는 권리에 관하여 충분한 설명이 주어져야 한다. 의사는 피험자가 그러한 설명을 이해하였음을 확인한 연후에야 그 피험자가 자유롭게 제시하는 충분한 설명에 근거한 동의를 바람직하게는 서면으로 얻을 수 있다. 서면 동의를 얻을 수 없을 때, 그러한 동의는 공식 문서로 작성하여 공증을 받아야 한다.

23. 연구 과업을 위한 충분한 설명에 근거한 동의를 얻을 때 피험자가 의사와 의존 관계에 있거나 속박 상태에서 동의하는 경우라면 특히 신중하여야 한다. 그러한 경우에 연구에 관여하지 않고 피험자와는 아무런 관계도 없는 의사가 설명을 잘 듣고 나서 그러한 동의를 구해야 한다.

24. 법적 금치산자나 신체적이거나 정신적으로 동의할 능력이 없는 사람이나 법적 능력이 없는 미성년자인 연구 피험자와 관련하여, 연구자는 해당 법률에 따라 법적 위임을 받은 대리인으로부터 충분한 설명에 근거한 동의를 얻어야 한다. 연구가 그러한 집단의 건강을 증진시키는 데 필요하고 이 연구가 그 집단 대신에 법적 능력을 갖춘 이들을 대상으로 하여 수행할 수 없는 것이 아닌 한, 해당 집단을 연구 대상으로 삼아서는 안 된다.

25. 미성년자인 어린이처럼 법적 능력이 없는 것으로 간주되는 피험자가 연구 참가에 관한 결단에 동의할 수 있을 때, 연구자는 법적 위임을 받은 대리인의 동의와 더불어 그러한 피험자의 동의를 획득하여야 한다.

26. 대리 동의나 사전 동의를 포함하여 동의를 얻어낼 수 없는 개인을 대상으로 하는 연구는 단지 충분한 설명에 근거한 동

의를 얻는 것을 막는 신체적/정신적 조건이 그 연구 집단에 필요한 특성인 경우에만 수행할 수 있다. 충분한 설명에 근거한 동의를 할 수 없게 만드는 조건을 가진 이를 연구 피험자로 삼아야 할 특별한 이유를 실험계획안에 진술하여 심사위원회의 심의를 통한 승인을 받을 수 있도록 해야 한다. 또한 연구에 계속 임하겠다는 동의는 그 개인이나 법적 위임을 받은 대리인으로부터 가능한 한 빨리 받아야 한다고 계획안에다 진술한다.

27. 연구 논문의 저자와 발행자는 윤리적인 의무를 져야 한다. 연구 결과를 발표하는 데 연구자는 연구 결과의 정확성을 기해야 한다. 긍정적인 결과만이 아니라 부정적인 결과도 발표해야 하고, 발표하지 않았다면 공개적으로 이용할 수 있게 해야 한다. 기금 출처와 제휴 기관과 상충할 수 있는 모든 이해 관계가 출판물로 공표되어야 한다. 선언에 제시한 원칙에 따르지 않은 실험 보고서에 대해서는 출판을 허가해선 안 된다.

다. 의료적 치료를 겸한 의료 연구를 위한 부가 원칙

28. 의사는 의료 연구와 의료적 치료를 겸할 수 있다. 이는 단지 해당 연구가 그 예방적이거나 진단적이거나 치료적인 잠재 가치에 의해 정당화되는 한에서 가능하다. 의료 연구와 의료적 치료를 겸할 때, 연구 피험자인 환자를 보호하기 위하여 부가적 기준이 적용된다.

29. 새로운 방법에 자리할 수 있는 이득과 위험과 부담과 효과는 현재 존재하는 최선의 예방법과 진단법과 치료법의 그것에 비추어 시험되어야 한다. 그렇다고 하여 입증된 예방법이나 진단법이나 치료법이라곤 존재하지 않는 연구에서 위약을

사용하거나 아무런 치료도 하지 않는 경우를 배제하는 것은 아니다.

30. 연구의 막바지에 임하여 연구에 참가한 환자라면 누구에게나 해당 연구로 인하여 확인된 가장 잘 입증된 예방법과 진단법과 치료법을 이용할 권리에 대해 확신시켜주어야 한다.
31. 의사는 치료의 어떤 측면이 연구와 관련되는지 환자에게 충분히 설명해주어야 한다. 환자가 연구 참가를 거절하였다고 하여 환자와 의사의 관계가 틀어지는 일이 있어서는 결코 안 된다.
32. 입증된 예방법과 진단법과 치료법이 존재하지 않거나 효과를 보지 못하는 환자를 치료할 때, 의사는 입증되지 않았거나 새로운 것인 예방책이나 진단 내지는 치료 수단이 생명을 구하거나 건강을 회복시키거나 고통을 줄일 희망이 있다고 판단하는 경우 그 환자로부터 충분한 설명에 근거한 동의를 얻고서 자유롭게 그러한 수단을 이용할 수 있어야 한다. 가능하다면 그러한 수단을 연구 대상으로 삼아서 그 안전성과 효용성을 평가하도록 계획해야 한다. 모든 경우에 새로운 정보는 기록해야 하고, 적절한 경우 공개해야 한다. 이 선언의 다른 관련 지침도 준수해야 한다.

29항의 주석

세계의사회는 다음의 입장을 재확인한다. 위약에 의한 실험을 이용함에 극도의 주의를 기울여야 하고, 이러한 방법은 대개 단지 기존에 입증된 치료법이 없는 경우에만 사용해야 한다. 그러나 입증된 치료법이 있다고 하더라도 다음 상황에서는 위약에 의한 실험을 윤리적으로 허용할 수 있다.

- 설득력 있고 과학적으로 건전한 방법론적 이유로 위약에 의거한 실험을 이용함이 예방법이나 진단법이나 치료법의 효능이나 안전성을 결정하는 데 필요한 경우,

- 예방법이나 진단법이나 치료법이 위험이 따르지 않는 조건에서 연구되고 있고 위약 처방을 받은 환자들이 심각하거나 돌이킬 수 없는 해를 입을 위험이 없을 경우.

다른 모든 헬싱키 선언의 조항을 준수해야 하고, 특히 적절한 윤리적이고 과학적인 검토가 필요하다.

30항의 주석

세계의사회는 다음의 입장을 재확인한다. 연구 계획을 짜는 과정에서 연구 피험자들이 실험이 끝나고 난 뒤에 해당 연구에서 유익한 것으로 파악된 예방법과 진단법과 치료법을 이용할 수 있는 권리나 다른 적절한 치료를 이용할 수 있는 권리를 확인하는 것이 필요하다. 이렇게 실험 후 피험자의 권리나 다른 치료 이용에 관하여 확인한 사항을 연구계획안에 서술하여, 연구윤리위원회가 심사중에 그러한 사항을 고려할 수 있도록 해야 한다.

□ [벨몬트 보고서(The Belmont Report)] 전문
— 인간 피험자를 보호하기 위한 윤리적 원리와 지침[93]

■ 생명 의료 연구와 행동 연구 실험 관련 인간 피험자를 보호하기 위한 국가위원회

■ 1979년 4월 18일

■ 기관 : 보건교육복지부

■ 사안 : 공중의 의견을 구하기 위한 보고서

■ 요약 : 1974년 7월 12일 국가연구법(Pub. L. 93-348)이 발효되어, 생명 의료 연구와 행동 연구 실험 관련 인간 피험자를 보호하기 위한 국가위원회가 발족하였다. 위원회에 주어진 임무 중 하나는 인간 피험자를 대상으로 하는 생명 의료 연구와 행동 연구 실험의 토대를 이루는 기초적인 윤리적 원리를 확인하고, 해당 연구 실험이 그러한 원리에 따라 이루어짐을 확인하기 위하여 따를 지침을 마련하는 것이다. 이 작업에서 위원회는 다음을 고

93) <http://ohsr.od.nih.gov/guidelines/belmont.html> 참조.

려하였다. 첫째, 생명 의료 및 행동 연구와 인정된 일상적 의료 행위에는 경계가 있다. 둘째, 인간 피험자를 포함하는 연구 실험의 적합성을 결정하는 데 위험-이득 기준이 평가적인 역할을 한다. 셋째, 그러한 연구 실험에 참여하는 인간 피험자 선정을 위한 적절한 지침이 마련되어야 한다. 넷째, 충분한 설명에 근거한 동의의 본성 및 정의는 다양한 연구 환경에서 다를 수 있다.

「벨몬트 보고서」는 위원회가 심의 과정에서 확인한 기초적인 윤리적 원리를 요약한 것이다. 이 보고서는 1976년 2월에 스미스소니언협회의 벨몬트회의소에서 열렸던 4일간의 집중적인 논의 결과며, 거의 4년에 걸쳐 매달 열렸던 위원회의 심의 내용들로 보충하였다. 이 보고서는 인간 피험자를 대상으로 하는 연구 실험을 둘러싼 윤리 문제를 해결하는 데 도움을 주는 기초적인 윤리적 원리와 지침에 관한 진술이다. 이 보고서를 연방 기록부에 공개하고 요청에 따라 증쇄함으로써, 해당 기관은 과학자와 임상연구윤리위원회의 임원과 연방 공직자들이 그것을 손쉽게 이용할 수 있도록 한다. 이러한 일에서 위원회를 도운 전문가를 소개하는 긴 보고서가 포함된 두 권의 부록은 DHEW 공개 번호 (OS)78-0013과 (OS)78-0014로서 이용 가능하며, 워싱턴 디시 20402 미국정부인쇄국 문서관리부에서 구매할 수 있다.

위원회가 펴낸 다른 대부분의 보고서와는 달리 「벨몬트 보고서」는 보건교육복지부에 의한 행정 행위와 관련하여 구체적인 권고를 하지 않는다. 위원회는 차라리 「벨몬트 보고서」 전체를 복지부 정책에 관한 한 진술로서 채택하기를 권했다. 복지부는 이러한 권고에 대한 공중의 의견을 요청한다.

생명 의료 연구와 행동 연구 실험 관련
인간 피험자 보호를 위한 국가 위원회

위원회 임원들

리안(Kenneth John Ryan) : 의학 박사, 보스톤여성병원장.
브레디(Joseph V. Brady) : 철학 박사, 존스홉킨스대 행동생물학 교수.
쿠크(Robert E. Cooke) : 의학 박사, 펜실베이니아 의과대 교수.
하이트(Dorothy I. Height) : 국립흑인여성자문연구소장.
존슨(Albert R. Jonsen) : 철학 박사, 샌프란시스코 캘리포니아대 생명윤리학 부교수.
킹(Patricia King) : 법학 박사, 조지타운대 법률센터 법학 부교수.
레벅(Karen Lebacqz) : 철학 박사, 태평양 종교학부 기독윤리 부교수
루이젤(David W. Louisell)** : 법학 박사, 버클리 캘리포니아대 법학 교수.
셀딘(Donald W. Seldin) : 의학 박사, 댈러스 텍사스대 내과 교수 및 과장.
스텔라(Eliot Stellar) : 철학 박사. 펜실베이니아대 생리심리학 교수 및 대학 사무장.
터틀(Robert H. Turtle)** : 법학사, VomBaur, Coburn, Simmons & Turtle 변호사, 워싱턴 DC.
**(사망).

차 례

가. 치료와 연구의 경계
나. 기초적인 윤리적 원리
    1. 인간 존중
    2. 선 행
    3. 정 의
다. 적 용
    1. 충분한 설명에 근거한 동의
    2. 위험과 이득의 평가
    3. 피험자 선택

인간 피험자를 대상으로 하는 연구의 윤리적 원리 및 지침

과학 연구는 크나큰 사회적 이득을 낳기도 했지만, 몇 가지 골치 아픈 윤리적 문제를 제기하기도 했다. 특히 제2차 세계대전기에 생명 의료 연구 실험에서 인간 피험자를 학대 남용한 사실이 보고됨에 따라 일반 대중이 그러한 문제에 주목하게 되었다. 뉘른베르크 전범 재판의 시기에 수용소 죄수를 대상으로 하여 생명 의료 연구 실험을 수행했던 의사와 과학자를 심판하기 위한 일련의 기준으로서 뉘른베르크 강령을 입안하였다. 이 강령은 이후 인간 피험자를 대상으로 하는 연구 실험이 윤리적으로 수행됨을 보장하려고 의도한 여러 규약의 원형이 되었다. (1945년 이래 여러 다른 기구들이 의료 연구에서 이루어지는 적절하고 책임 있는 인체 실험 행위를 위한 다양한 규약을 채택하였다. 가장 잘 알려진 규약은 1947년의 뉘른베르크 강령, 1964년에 채택하고 1975년에 개정된 헬싱키 선언, 1971년에 미국 보건교육복지부가 채택하고 1974년에 연방 법률로 규정된 지침이다. 사회 행동 연구 수행을 위한 규약 또한 채택되었는데, 1973년에 공표된 미국심리학회의 규약이 가장 잘 알려져 있다.)

뉘른베르크 강령은 일반 규칙과 특수 규칙으로 이루어져 있으며, 연구자나 심사자를 이끌 지침의 역할을 한다. 이 규칙은 흔히 복잡한 상황에서 길잡이 역할을 하기에 부적절한 것임이 드러나곤 한다. 때로 규칙들끼리 상충하기도 하고, 흔히 그것들을 해석하거나 적용하기가 어렵다. 좀더 폭넓은 윤리적 원리를 기초로 하여 특수 규칙을 정식화하고 비판하고 해석할 수 있게끔 할 것이다.

이 보고서에서 인간 피험자를 대상으로 하는 연구와 관련이 있는 세 가지 원리 또는 일반적인 규범 판단들을 확인한다. 관련된 다른 원리가 있을 수도 있으나, 이 세 가지 원리는 포괄적인 것으로서 인간 피험자를 대상으로 하는 연구에 내재한 윤리적인 문제를 과학자와 피험자와 심사자와 관심이 있는 시민이 이해할 수 있도록 하는 수준에서 일반적으로 진술한다. 항상 이 원리를 적용하여 논쟁의 여지없이 특수한 윤리 문제를 해결할 수 있는 것은 아니다. 목적은 다만 인간 피험자를 대상으로 하는 연구에서 일어나는 윤리 문제를 해결할 수 있도록 하는 분석적인 틀을 제공하는 것이다.

이 보고서는 연구와 치료 사이의 구분과 세 가지 기초적인 윤리적 원리에 관한 논의 및 이러한 원리의 적용에 관한 소견으로 이루어진다.

가. 치료와 연구의 경계

생명 의료 연구와 행동 연구 실험 관련 인간 피험자를 보호하려면 어떤 활동을 검토해야 하는지 알기 위하여, 생명 의료 및 행동 연구를 인정된 요법을 행하는 치료와 구분하는 것이 중요하다. 연구와 치료 사이의 구분은 부분적으로는 (한 요법을 평가하도록 고안된 연구에서처럼) 그 둘이 함께 나타나곤 하기에, 그리고 부분적으로는 표준적인 치료 관행에서 크게 이탈하는 일을 "실험적"이라고 칭하곤 하기에("실험적"이라는 용어와 "연구"라는 용어가 주의 깊게 정의되지 않을 때) 흐릿해진다.

대개 "치료"라는 용어는 오직 개별적인 환자나 의뢰인의 복지를 증진시키도록 고안되고 온당하게 성공을 기대할 수 있는 행위를 지칭한다. 의료적이거나 행동적인 치료의 목적은 특정한 개인들을 진단하거나 예방 조치를 취하거나 요법을 행하는 것이다. (치료는 통상 특정한 개인의 복지만을 증진시키기 위한 행위와 관련되지만, 때로 헌혈과 피부 이식과 장기 이식과 같이 다른 사람의 복지를 증진시키기 위하여 한 개인에게 어떤 조치를 취할 수도 있다. 또한 한 특정한 개인의 복지를 증진시키면서 동시에 어떤 이득을 다른 이들에게 제공하는 이중의 목적을 가지고 그러한 행위가 이루어질 수도 있다. 이를테면 예방 접종은 접종을 받는 당사자와 사회 일반을 둘 다 보호한다. 그러나 몇몇 형태의 치료가 의료적 행위가 이루어지는 개인에게 즉각적으로 이득을 주는 것과는 다른 요소를 가진다는 사실이, 연구와 치료의 일반적인 구분을 혼동케 해서는 안 된다. 한 치료 과정이 어떤 다른 이에게 이득을 줄 수 있을 때도, 그것은 한 특정한 개인이나 집단들의 복지를 증진시키려는 행위일 수 있다. 따라서 그것은 치료이고, 연구로서 심사할 필요가 없다.) 이와 달리 "연구"라는 용어는 가설을 시험하고 결론을 이끌어낼 수 있게 하여 일반화할 수 있는 지식(예컨대, 이론과 원리와 관계 진술로 표현된)을 개발하거나 그러한 지식을 낳는 데 공헌하는 활동을 지칭한다. 연구는 통상 목적을 제시하는 정식 계획안과 그러한 목적을 달성하도록 고안된 일련의 절차로 서술된다.

한 임상의가 표준적이거나 인정된 치료 관행을 상당히 벗어날 때, 이러한 이탈 그 자체가 연구를 구성하는 것은 아니다. 한 절차가 새롭다거나 시험되지 않았다거나 다르다는 뜻에서 "실험적"이라는 사실이 자동적으로 그것을 연구에 속하게 만드는 것은 아니라는 것이다. 그러나 이렇게 기술되는 극히 새로운 절차가 안전하고 효과적인지 결정하기 위해서는 일찍이 그것을 정식 연구 대상으로 삼아야 한다. 따라서 주요한 혁신을 정식 연구 과제로 삼아야 한다고 주장하는 것은 의료위원회의 책임이다. (사회적 실험에 관한 문제는 생의학적 행동 연구의 문제와는 크게 다를 수 있기에, 본 위원회는 이 시점에서 그러한 연구에 관하여 아무런 정책 결정도 내리지 않기로 한다. 본 위원회는 오히려 그 후속 기구 중 하나가 그러한 문제를 다루어야 한다고 믿는다.)

연구가 한 요법의 안전성과 효용성을 평가하도록 고안될 때 연구와 치료는 함께 수행될 수 있다. 이것은 그 활동이 심사를 요구하는지 여부와 관련하여 아무런 혼란도 야기할 필요가 없다. 한 활동에 연구의 요소가 조금이라도 있다면 인간 피험자의 보호를 위하여 그러한 활동을 심사하여야 한다는 것이 일반 규칙이다.

나. 기초적인 윤리적 원리

"기초적인 윤리적 원리"라는 표현은 인간 행위에 관한 많은 특수한 윤리적 규정과 평가를 기초적으로 정당화하는 데 이용되는 일반적 판단을 지칭한다. 서구 문화 전통에서 일반적으로 인정되는 원리들 중 세 가지 기초적인 원리가 인간 피험자를 대상으로 하는 연구 윤리에 특히 관련이 있다. 인간 존중의 원리, 선행의 원리, 정의의 원리가 그것이다.

1. 인간 존중

인간 존중은 적어도 두 가지 윤리적 신념을 담고 있다. 첫째, 개인들은 자율적인 행위자로서 대우받아야 한다. 둘째, 자율 능력이 부족한 사람은 보호받을 권리가 있다. 따라서 인간 존중의 원리는 자율성을 인정하라는 요구와 자율 능력이 부족한 이를 보호하라는 요구인 두 가지 다른 도덕적 요구로 나뉜다.

자율적인 사람은 개인적 목표에 관하여 신중하게 생각할 수 있고 그러한 생각의 결과에 따라 행할 수 있는 개인이다. 자율성을 존중하는 것은 자율적인 사람들이 이루어내는 의견과 선택을 중시하면서, 그들의 행위를 (명백히 다른 이들에게 해롭지 않다면) 방해하지 않도록 하는 것이다. 자율적인 행위자를 존중하지 않는 것은 그렇게 할 아무런 강한 이유도 없으면서 그 사람이 내리는 판단을 거부하거나 한 개인이 스스로 내린 판단에 따라 행할 자유를 부인하거나 스스로 판단을 내리는 데 필요한 정보를 주지 않거나 하는 것이다.

그러나 모든 인간이 스스로 결정할 수 있는 것은 아니다. 자기결정의 능력은 한 개인의 생애에 걸쳐 성숙해가는 것이다. 그리고 어떤 사람은 병이나 정신 장애나 심각하게 자유를 제한하는 상황 때문에 전부 내지는 부분적으로 이 능력을 상실한다. 미성년자와 무능력자에 대한 존중은 그들이 성숙해가는 동안이나 능력을 상실한 시기에 그들을 보호할 것을 요구한다.

어떤 사람은 심지어 자신을 해칠 수도 있는 활동을 그로 하여금 못하도록 막는 데 이르기까지 광범한 보호를 필요로 한다. 어떤 사람은 자신이 자유롭고 가능한 정반대의 결과를 알고서 행동한다는 것을 확신하는 것 이상의 거의 아무런 보호도 필요로 하지 않는다. 보호 정도는 해의 위험과 이득의 가능성에 비추어 정해져야 한다. 자율성을 결여한다고 판단되는 어떤 사람에게서든 그러한 판단은 주기적으로 재평가되어야 하며, 상황이 달라지면 그러한 판단도 변할 것이다.

인간 피험자를 대상으로 하는 대부분의 연구 사례에서 인간 존중은 피험자가 적절한 설명을 듣고서 자발적으로 실험에 임할 수 있도록 요구한다. 그러나 어떤 상황에서는 이 원리를 어떻게 적용할지 분명하지 않다. 죄수들을 연구 피험자로서 삼는 것이 이해에 도움을 주는 한 사례라고 할 수 있다. 인간 존중의 원리는 한편으로 죄수에게서 연구에 지원할 기회를 박탈해서는 안 된다고 요구하는 것처럼 보일 것이다. 다른 한편을 보자. 감옥에 갇혀 있는 상황에서 그들은 달리 자원하지 않을 연구 활동에 참가하도록 미묘한 강제를 받거나 부당한 영향을 입을 수 있다. 이 경우 인간 존중은 죄수가 보호받아야 한다고 명할 것이다. 죄수들이 "자원하게끔" 허용하느냐 그들을 "보호하느냐"는 딜레마를 제공한다. 곤란한 경우 대부분에서 인간 존중은 흔히 존중 원리 그 자체가 촉구하는 상쟁하는 주장들을 어떻게 균형지울 것이냐 하는 문제다.

2. 선 행

인간을 윤리적으로 대하는 방식에는 그 결단을 존중하고 해로부터 보호하는 것만이 아니라 그 복지를 보장하려고 애쓰는 것이 있다. 이러한 대우 방식은 선행의 원리에 속한다. "선행"이라는 용어는 흔히 엄밀한 의무를 넘어서는 친절이나 자선 행위를 포괄적으로 가리키는 것으로 이해되곤 한다. 이 보고서에서 선행은 좀더 강한 의미로 의무로서 이해한다. 이러한 의미로 두 가지 일반 규칙을 선한 행위의 보충 표현으로서 정식화하였다. 첫째, 해를 끼치지 말라. 둘째, 가능한 이득을 최대화하고 가능한 해를 최소화하라.

히포크라테스가 제시한 "해를 끼치지 말라"는 격률은 오랫동안 의료 윤리의 근본 원리였다. 베르나르(Claude Bernard)는 그러한 격률을 연구 영역까지 확장하여, 다른 이들에게 어떤 이득이 생길 수 있든 그러한 이유로 사람을 해쳐서는 안 된다고 말한다. 그러나 해를 피하려면 해로운 것이 무엇인지 알아야 한다. 그리고 이러한 정보를 얻는 과정에서 사람들이 해를 당할 위험이 있다. 더군다나 히포크라테스 선서는 의사가 자신의 환자에게 "그가 내릴 수 있는 최선의 판단에 따라" 이득을 줄 것을 요구한다. 실제로 이득을 주는 것이 무엇인지 알려고 하다보면 사람들을 위험에 처하게 할 수 있다. 이러한 단적인 명령들에 자리하고 있는 문제는 언제 위험이 있음에도 불구하고 정당하게 이득을 추구할 수 있고 언제 위험 때문에 이득을 포기해야 하는지 결정하는 일이다.

선행의 의무는 연구자 개인과 사회에 큰 영향을 미친다. 이 의무는 특정 연구 과제 및 총체적인 연구 기획 둘 다로 확장되어 적용되기 때문이다. 특정 과제의 경우에 해당 기관의 연구자와 일원은 그 연구와 관련하여 미리 위험을 줄이고 이득을 극대화할 수 있는 방안을 찾으려고 고심해야 한다. 과학 연구 전반의 경우에 큰 사회의 일원들은 지식의 진보를 이루고 새로운 의료 과정과 심리 치료 과정 및 사회 과정을 개발함으로 인하여 나올 수 있는 장기적인 위험과 이득을 알고 있어야 한다.

선행 원리는 흔히 인간 피험자를 대상으로 하는 많은 연구 분야에서 잘 정의된 정당화 역할을 차지한다. 어린이를 대상으로 하는 연구에서 사례를 들어보자. 어린이의 병을 치료하고 건강하게 성장하도록 돕는 효과적인 방식을 얻을 수 있음이 어린이를 대상으로 하는 연구를 정당화하는 데 내놓을 수 있는 이득이다. 이는 심지어 연구 피험자 개인들이 직접적인 수혜자가 아니라고 하여도 마찬가지다. 또한 이미 인정된 일상적 치료 관행이라고 하더라도 자세하게 연구해보면 위험한 것으로 판명날 수 있기에, 연구를 통하여 그러한 치료 관행에서 일어날 수 있는 해를 막을 수 있다. 그러나 선행 원리의 역할이 항상 그렇게 분명한 것은 아니다. 예컨대, 연구 실험에 참가하는 어린이들에게 직접적인 이득이 주어질 수 있다고 바로 전망하지 못하면서 최소 정도를 넘어선 위험을 가지는 연구를 허용할 수 있느냐 하는 윤리적 난제가 남아 있다. 어떤 이는 그러한 연구를 허용할 수 없다고 주장하지만, 어떤 이는 그러한 제한으로 말미암아 미래에 어린이에게 큰 이득을 약속해줄 수 있는 많은 연구가 이루어지지 못하게 될 것이라고 지적하였다. 곤란한 경우라면 어디서든 그렇듯, 여기서도 선행 원리에 따른 서로 다른 주장들은 상충할 수 있고 어려운 선택을 강요할 수도 있다.

3. 정 의

누가 연구 이득을 보고, 누가 그 부담을 짊어져야 하는가? 이것은 "분배적 정의"나 "받을 자격"의 의미에서 정의의 문제다. 부정의는 받을 자격이 있는 사람에게 합당한 이유 없이 이득을 주지 않거나 부당하게 어떤 부담을 지울 때 일어난다. 정의 원리를 달리 생각해보면, 동등한 존재를 동등하게 대우해야 한다고 표현할 수 있다. 그러나 이는 설명을 필요로 한다. 누가 동등하고 누가 동등하지 않은가? 동등하지 않은 분배를 정당화하려면 무엇을 고려해야 하는가? 논평자들은 거의 모두가 경험, 나이, 결핍, 능력, 공적, 지위에 기초한 구분들이 때로는 어떤 목적으로 인한 차별적인 대우를 정당화하는 기준을 구성할 수 있다고 인정한다. 그렇다면 어떤 측면에서 사람들이 동등하게 대우받아야 하는지 설명하는 것이 필요하다. 부담과 이득을 분배하는 정당한 방식들에 관한 몇 가지 널리 인정된 정식들이 있다. 각각의 정식은 부담과 이득의 분배가 기초해야 하는 어떤 관련 속성을 언급한다. 이러한 정식은 (1) 각 사람에게 동등한 몫을 주고, (2) 각 사람에게 개별적 필요에 따라서 주며, (3) 각 사람에게 개별적 노력에 따라서 주고, (4) 각 사람에게 사회적 공헌도에 따라서 주며, (5) 각 사람에게 공적에 따라서 주라는 것이다.

정의에 관한 문제들은 오랫동안 형벌, 과세, 대의제와 같은 사회 제도와 관련을 맺었다. 최근에 이르기까지 정의 문제는 일반적으로 과학 연구와 관련되지는 않았다. 그러나 인간 피험자를 대상으로 하는 연구 윤리에 관한 가장 초기의 반성들에서도 정의 문제는 이미 예시되어 있다. 예컨대 19세기와 20세기 초에 대개 가난한 병동 환자가 연구 피험자가 되는 부담을 떠안고는 했지만, 개선된 의료적 이득은 주로 개인 병실을 쓰는 환자에게 주어졌다. 뒤이어 나치 수용소에서는 싫어하는 죄수들을 연구 피험자로서 마음대로 이용하였고, 이는 특히 극악무도한 부정의로서 비난되었다. 미국에서는 1940년대에 터스키기 매독 연구가 시작되었다. 불우한 시골 흑인들이 실험 대상으로 이용되었는데, 이 실험은 결코 그 집단만에 한정되지 않은 병의 자연 경과를 연구하기 위한 것이었다. 그 연구 과제의 지속을 위하여 피험자들은 명백히 효과가 있는 치료를 받을 기회를 박탈당했고, 그러한 기회의 박탈은 일반이 그러한 치료를 받을 수 있게 된 후 오랜 시간이 흘렀어도 여전히 지속되었다.

이러한 역사적 배경과 마주하여 어떻게 정의 개념이 인간 피험자를 대상으로 하는 연구에 관련되는지 알 수 있다. 예컨대 연구 피험자 선정을 조사할 필요가 있는데, 이는 어떤 부류나 계층(이를테면 생활 보호 대상인 환자들, 특정한 소수 인종이나 민족들 또는 시설 수용자들)이 연구하고 있는 문제와 직접 관련된 이유에서가 아니라 단순히 쉽게 이용할 수 있다거나 양보를 받을 수 있다거나 쉽게 조정할 수 있기에 체계적으로 선정되고 있는 것은 아닌지 결정하기 위해서다. 끝으로 공공 기금에 기초한 연구로 인하여 치료 장치와 과정이 개발되는 경우, 정의는 언제든 그러한 장치와 과정이 그 비용을 감당할 수 있는 사람들에게만 제공되지 않도록 하고, 그러한 연구에서 후에 그 연구 결과를 이용할 수 있는 수혜자가 될법하지 않은 집단의 사람을 부당하게 실험 대상으로 선정해서는 안 된다고 요구한다.

다. 적 용

연구 실험에 일반 원리를 적용하려면 필요한 다음 사항을 고려해야 한다. 충분한 설명에 근거한 동의, 위험과 이득의 평가 및 연구 피험자 선정이 그것이다.

1. 충분한 설명에 근거한 동의

인간 존중은 피험자에게 그가 할 수 있는 정도로 자신에게 일어나거나 일어나지 않을 것을 선택할 기회를 주어야 한다고 요구한다. 이러한 기회는 충분한 설명에 근거한 동의를 위한 적절한 기준이 만족될 때 주어진다.

충분한 설명에 근거한 동의의 중요성은 의문시되지 않지만, 충분한 설명에 근거한 동의의 본성과 가능성에 관해서는 논쟁이 자주 일어나고 있다. 그렇지만 그 동의 과정이 세 가지 요소들을 포함하는 것으로서 분석될 수 있다는 데 널리 합의가 이루어지고 있다. 충분한 설명과 이해와 자발성이 그것이다.

충분한 설명

대부분의 연구 규칙은 피험자에게 충분한 설명이 주어짐을 확인하려고 충분한 설명 제시를 위한 특정 항목을 두고 있다. 이러한 항목은 일반적으로 연구 절차, 연구 목적, 연구가 담고 있는 위험과 예상 이득, 대안적인 절차(치료가 포함되는 경우), 질문을 던지고 언제라도 연구에서 물러날 수 있는 기회를 피험자에게 제공한다는 진술을 포함한다. 어떻게 피험자를 선정하는지와 연구 책임자 등의 항목을 부가하자는 제안이 있었다.

그러나 단순히 항목을 나열한다고 하여 어떤 종류의 설명을 얼마나 많이 해야 하는지 판단할 수 있는 기준에 대한 질문에 답하지는 못한다. 의료적 치료에서 흔히 호소하는 한 기준은 해당 분야나 지역의 치료자들이 공통적으로 제공하는 설명인데, 이러한 설명은 연구가 바로 공통의 이해가 존재하지 않을 때 이루어지는 것이기에 적절하지 않다. 의료 과오와 관련한 법률에서 현재 널리 받아들이고 있는 다른 기준은 치료자로 하여금 합리적인 사람이라면 누구나 자신이 받는 치료에 관한 결단을 내리기 위하여 알고자 할 내용에 관하여 그에게 설명하도록 요구한다. 이것 또한 불충분해보인다. 필히 자원자일 연구 피험자는 필요한 치료를 받기 위하여 임상의의 손에 스스로를 내맡기는 환자보다 불필요하게 감수해야 하는 위험에 관하여 상당히 더 알기를 원할 수 있기 때문이다. "합리적인 자원자"의 기준을 제시해야 할 필요가 있을 수 있다. 해당 과정이 자신의 치료를 위하여 꼭 필요한 것도 아니고 어쩌면 완전히 이해된 것도 아닐 수 있다는 사실을 알고 있는 사람이 지식을 진보시키는 일에 자신이 참가하기를 바라는지 결단할 수 있도록 설명의 범위와 본성이 정해져야 한다. 자신에게 어떤 직접적인 이득이 주어질 것이라고 예상할 때도 피험자는 위험의 범위와 자발적으로 참가한다는 것이 어떤 것인지 분명하게 이해할 수 있어야 한다.

연구의 어떤 관련 측면에 관하여 피험자에게 설명한다면 그 연구의 효력을 손상시킬 우려가 있는 경우에 특별한 동의 문제가 일어난다. 많은 경우에 연구가 끝날 때까지는 어떤 특징이 드러나지 않을 연구에 참가하도록 권유하는 것이라고 피험자에게 알리는 것으로 족하다. 불완전한 설명만이 제시되는 모든 연구 사례에서, 그러한 연구는 다음의 조건을 만족시켜야 정당화될 수 있다. 첫째, 불완전한 설명 제시가 연구 목표를 달성하는 데 진정 필요하다. 둘째, 피험자에게 미칠 수 있는 최소 정도를 넘어선 드러나지 않은 위험이 없다. 셋째, 적당한 시기에 피험자에게 보고하여 연구 결과를 전달하려는 적절한 계획이 있다. 피험자의 협력을 이끌어내기 위하여 위험에 관한 내용을 감추어서는 결코 안 된다. 그리고 연구에 관한 직접적인 질문에 대하여 항상 진실한 답변을 주어야 한다. 충분한 설명을 제시함이 연구를 망치거나 연구의 효력을 없앨 수 있는 경우와, 충분한 설명을 제시하는 일이 단순히 연구자를 불편하게 만들 뿐인 경우를 주의 깊게 구분하여야 한다.

이 해

설명이 이루어지는 방식과 맥락은 설명 그 자체만큼이나 중요한 것이다. 예컨대 잘 짜이지 않은 설명을 성급하게 제시하는 일, 생각할 시간을 거의 주지 않거나 질문할 기회를 줄이는 일 모두는 충분한 설명에 근거하여 선택할 피험자의 능력에 부정적인 영향을 미칠 수 있다.

피험자의 이해력은 지적 능력과 합리성과 성숙도와 언어에 달려 있는 것이기 때문에, 충분한 설명을 제시하는 일을 피험자의 능력에 맞추어 이루어내는 것이 필요하다. 연구자는 피험자가 설명을 이해하였는지 확인할 책임이 있다. 피험자에게 미칠 위험에 관한 설명을 피험자가 적절하고 완전하게 이해하였는지 확인할 의무가 항상 있는데, 이러한 의무는 위험이 심각할수록 더 강한 것이 된다. 때로는 구두나 서면으로 이해 여부 시험을 몇 가지 해보는 것이 적절할 수 있다.

예컨대 미숙함이나 정신적 장애로 인하여 극심하게 이해에 제한을 받는 경우, 특별한 조항을 두어야 할 필요가 있을 수 있다. 이해 능력이 부족한 것으로 간주할 수 있는 피험자 부류(이를테면 유아와 어린이, 정신 장애 환자, 말기 환자, 혼수 상태에 놓인 환자)는 각각의 해당 조건에서 고려되어야만 한다. 그러나 이러한 사람들에 대해서도 그들이 할 수 있는 정도로 연구 참여 여부를 선택할 기회를 줄 것을 인간 존중 원리는 요구한다. 연구 실험에 참가하지 않겠다는 이 피험자들의 반대 의사는 해당 연구가 그들에게 달리 이용할 수 없는 치료를 받게 할 수 있음을 함축하지 않는 한 존중되어야 한다. 인간 존중은 또한 피험자를 해로부터 보호하기 위하여 다른 이의 허가를 받으려 할 것을 요구한다. 따라서 그 이해력이 부족한 사람들은 그들 자신의 소망을 인정받으면서도 그들이 해를 입지 않도록 제삼자를 이용함으로써 존중받게 되는 것이다.

선택된 제삼자는 그 이해력이 부족한 피험자의 상황을 가장 잘 이해하고 그 사람에게 최대한 이득이 가게끔 해줄 것 같은 사람들이어야만 한다. 피험자를 대신하여 행하도록 위임받은 사람은 연구 과정을 지켜보다 피험자에게 최선이라고 판단한다면 피험자를 연구 실험에서 물러나게 할 수 있어야 한다.

자발성

연구에 참가하겠다는 동의는 자발적으로 한 경우에만 유효하다. 충분한 설명에 근거한 동의가 지니는 이러한 요소는 강제와 부당한 영향이 없어야 함을 요구한다. 강제는 한 사람이 다른 사람의 승낙을 얻어내기 위하여 공공연하게 해를 끼치겠다는 위협을 그에게 의도적으로 할 경우에 일어난다. 이와 달리 부당한 영향은 승낙을 얻어내기 위하여 과다하거나 부당하거나 부적절하거나 부적당한 보상이나 다른 제안을 내놓음으로써 일어난다. 또한 피험자가 특히 취약한 경우에는 보통은 받아들일 수 있을 권유가 부당한 영향이 될 수도 있다.

권위적인 위치에 있거나 명령을 내릴 수 있는 위치에 있는 사람이 (특히 강제적인 제재가 가능한 경우에) 피험자에게 한 방향의 행위를 취할 것을 촉구할 때, 통상 도리에 맞지 않는 압력이 자리하곤 한다. 그러나 영향력을 끼치는 그러한 요인들은 지속적으로 존재하고 있기에, 어디에서 도리에 맞는 설득이 끝나고 어디에서 부당한 영향이 시작되는지 정확히 진술하는 것은 불가능하다. 하지만 가까운 친척이 마음대로 영향력을 발휘하여 한 사람의 선택을 조정하고, 한 개인이 달리 받을 자격이 있는 보건

서비스를 받지 못하게 하겠다고 위협하는 것과 같은 행위들은 부당한 영향에 속할 것이다.

2. 위험과 이득의 평가

위험과 이득의 평가는 어떤 경우에는 연구가 추구하는 이득을 얻는 대안적인 방식들을 포함하여 관련 자료를 주의 깊게 배열하여 제시할 것을 요구한다. 따라서 그 평가는 제안된 연구에 관한 체계적이고 포괄적인 정보를 모을 기회와 책임 둘 다를 제시한다. 그것은 연구자에게 제안 연구가 적절하게 계획된 것인지 시험할 수단이고, 심사위원회에게 피험자에게 미칠 위험이 정당화되는지 결정하기 위한 방법이다. 실험에 피험자로서 참가하려는 사람은 참가 여부를 결정하는 데 그 평가를 이용할 수 있을 것이다.

위험과 이득의 본성과 범위

연구가 긍정적인 위험과 이득 평가에 기초하여 정당화되어야 한다는 요구는 선행 원리와 밀접한 관련을 맺는다. 이는 마치 충분한 설명에 근거한 동의를 얻어야만 한다는 도덕적 요구가 본래는 인간 존중 원리에서 파생되는 것과 같다. "위험"이라는 용어는 해가 일어날 수 있는 가능성을 지칭한다. 그러나 "낮은 위험"이나 "높은 위험"과 같은 표현들이 나올 때, 그러한 표현은 통상 (흔히 애매하게) 해를 입을 가능성(확률)과 예상하는 해의 정도(크기) 둘 다에 관한 것이다.

"이득"이라는 용어는 보건이나 복지에 관한 긍정적 가치를 지닌 어떤 것을 지칭하기 위하여 연구 맥락에서 사용된다. "위험"과는 달리 "이득"은 확률을 표현하는 용어가 아니다. 위험은 이득의 전망과 적절하게 대비할 수 있고, 이득은 해가 일어날 위험이 아니라 해와 적절하게 대비할 수 있다. 따라서 소위 위험/이득 평가는 가능한 해의 확률과 크기 및 예상 이득과 관련이 있다. 많은 종류의 가능한 해와 이득을 고려할 필요가 있다. 예컨대 심리적인 해, 신체적인 해, 법적인 해, 사회적인 해, 경제적인 해의 위험이 있고 그에 대응하는 이득이 있다. 연구 피험자에 대한 가장 잘 일어날 수 있는 유형의 해는 심리적이거나 신체적인 고통이나 상해지만, 다른 가능한 종류를 간과해서는 안 된다.

연구의 위험과 이득은 피험자 개인과 그 가족과 크게는 사회(또는 사회 속의 특수한 피험자 집단)에 영향을 미칠 수 있다. 이전의 규칙과 연방 규정은 피험자에게 미칠 위험이 있는 경우에 피험자가 얻을 수 있는 예상 이득과 그 연구에서 나오는 지식처럼 사회가 얻을 수 있는 예상 이득을 합한 값이 그러한 위험의 값을 넘어야 함을 요구했다. 이러한 여러 요소를 저울질하는 데 연구 피험자에게 곧바로 영향을 미칠 수 있는 위험과 이득은 통상 아주 특별한 중요성을 가질 것이다. 그런데 어떤 경우에는 피험자의 이해와는 다른 이해가 그 피험자의 권리가 보호되는 한, 해당 연구가 담고 있는 위험을 정당화하기 위하여 그 자체로 충분할 수도 있다. 따라서 선행 원리는 피험자를 해의 위험으로부터 보호하라고 요구할 뿐만 아니라, 연구에서 얻을 수 있는 실질적인 이득의 손실에도 유념할 것을 요구한다.

위험과 이득의 체계적 평가

일반적으로 위험과 이득을 "균형지어" "알맞은 비율에 있음"을 보여야 한다고 말하곤 한다. 이 용어들의 은유적인 성격으로 인하여 정확한 판단을 내리는 일에 자리한 곤란에 주의하게 된다. 연구계획안의 심사를 위하여 양적인 기법을 이용할 수 있는 일은 아주 드물 것이다. 그러나 가능한 한 위험과 이득에 관하여 체계적이고 임의적이지 않은 분석을 한다고 생각하려고 애써야 한다. 이러한 이상은 연구의 정당화 가능성에 관한 결단을 내리는 일이 철저하게 그 연구의 모든 측면들에 관한 정보를 축적하고 평가하며, 체계적으로 대안들을 살펴볼 것을 요구한다. 이러한 절차는 연구 평가를 좀더 엄중하고 정확하게 만든다. 이 과정에서 심사위원회 임원과 연구자 사이에 이루어지는 의견 교환이 잘못 해석되거나 전달되어 상충하는 판단을 내리지 않도록 한다. 그래서 우선 연구 가정이 타당한 것인지 결정해야 한다. 다음으로 위험의 성격과 확률 및 크기가 가능한 한 분명하게 구분되어야 한다. 위험을 확인하기 위하여 명백한 방법을 사용하여야 한다. 그리고 이는 특히 낮거나 사소한 위험과 같이 모호한 범주를 사용할 수밖에 없는 경우에 더욱 그러하다. 해나 이득의 전망에 관한 연구자의 추정이 합당한지 또한 결정해야 한다. 이는 알려진 사실들이나 이용 가능한 다른 연구에 의거하여 판단한다.

끝으로 연구 정당화 가능성에 관한 평가는 적어도 다음 사항을 고려하여 반영해야만 한다. 첫째, 인간 피험자를 잔인하거나 비인도적으로 대우함은 결코 도덕적으로 정당화되지 않는다. 둘째, 연구 목적을 달성하는 데 꼭 필요한 정도로 위험을 줄여야 한다. 인간 피험자를 이용하는 것이 실제로 꼭 필요한 것인지 결정해야 한다. 어쩌면 위험을 결코 완전하게 제거할 수는 없을지 모르지만, 조심스럽게 주의하면 종종 대안적 절차를 이용하는 방식으로 축소시키곤 할 수 있을 것이다. 셋째, 연구로 인하여 심각한 손상이 일어날 위험이 있을 때, 심사위원회는 특히 고집스럽게 위험이 정당한지 따져야 한다(통상 피험자가 얻을 이득의 가능성을 살피거나 드물게는 참가를 분명 자발적으로 한 것인지 살피면서). 넷째, 해를 입기 쉬운 사람을 대상으로 하는 연구라면 그를 피험자로서 하는 것이 적절한지 여부를 그 자체 입증해야 한다. 수많은 변수를 고려하여 판단을 내려야 한다. 이는 위험의 성격과 정도, 실험에 참가하는 특수 집단이 처한 조건, 예상하는 이득의 성격과 수준을 포함한다. 다섯째, 제반 위험과 이득을 충분한 설명에 근거한 동의 과정에 사용되는 서류와 절차에 모두 열거해야 한다.

3. 피험자의 선택

인간 존중 원리가 동의를 위하여 필요한 사항을 내놓고 선행 원리가 위험 / 이득 평가를 요구하듯, 정의 원리는 연구 피험자를 선정하는 데 공정한 절차와 결과가 있어야 한다는 도덕적 요구 사항을 제기한다.

정의는 두 가지 수준에서 연구 피험자 선정과 관련이 있다. 사회적인 수준과 개인적인 수준이 그것이다. 피험자 선정에서 개인적 정의는 연구자가 공정하도록 요구할 것이다. 따라서 연구자는 자신이 선호하는 몇몇 환자에게만 이득을 예상하는 연구에 참가하도록 하거나 "달갑지 않은" 사람만을 선정하여 위험한 연구에 참가하도록 해서는 안 된다. 사회적 정의는 어떤 특정 종류의 연구에 참가할 수 있는 부류의 피험자와 참가할 수 없는 부류의 피험자를 구분해야 함을 요구한다. 부담을 견딜 수 있는 해당 부류 일원의 능력과 이미 부담을 졌던 이들에게 다른 부담을 지우는 것이 적절한지에 기초하여 그러한 구분이 이루어진다. 따라서 피험자 부류의 선정에는 선호 서열(이를테면 어린이에 앞서 성인)이 있고, 어떤 부류(이를테면 시설에 수용된 정신질환자나 죄수)의 피험자로서 실험 참가는 단지 특수한 조건에서만 이루어질 수 있다고 하는 것은 사회적 정의의 문제라고 볼 수 있다.

연구자가 피험자 개인들을 공정하게 선정하고 연구 과정에서 공정하게 대우한다고 하더라도, 피험자 선정에 부정의가 나타날 수 있다. 그래서 부정의는 사회에 제도적으로 뿌리 박힌 사회적이고 인종적이며 성적이고 문화적인 편견으로부터 일어난다. 따라서 연구자 개인이 자신이 담당하는 연구 피험자를 공정하게 대우하고 있고 임상연구윤리위원회(IRB)가 특정 기관 내부에서 틀림없이 공정하게 피험자 선정을 이루게 하려고 주의한다고 하더라도, 연구에 따른 부담과 이득의 전체 배분에서 정의롭지 못한 사회적 패턴이 나타날 수 있다. 개별 기관이나 연구자 개인이 자신이 속한 사회 배경에 만연되어 있는 문제를 해결할 수는 없겠지만, 연구 피험자 선정 과정에서 분배적 정의를 고려할 수는 있다.

어떤 집단, 특히 시설 속 집단은 여러 가지 면에서 그 취약성과 환경으로 인한 부담을 이미 안고 있다. 위험하지만 치료적이지 않은 연구가 제안될 때, 부담이 덜한 다른 부류의 사람이 우선적으로 그러한 위험을 감수하도록 요청되어야 한다. 단, 해당 연구가 피험자 부류가 처한 특정 조건과 직접 관련이 있는 경우는 예외일 것이다. 또한 공공 연구 기금이 흔히 공공 보건 기금과 같은 방향으로 사용되고 있다손 치더라도, 공공 보건에 의존해야 하는 집단이 우선적으로 연구 피험자가 되도록 하면서도 다른 형편이 나은 집단이 그러한 연구로 인한 이득을 얻을법하다면 이는 불공정해보인다.

해를 입기 쉬운 사람을 연구 피험자로 하는 일에서 하나의 특별한 부정의 사례를 찾을 수 있다. 소수 인종, 경제적으로 불우한 이들, 심한 병에 걸린 이들, 시설에 수용된 이들처럼 연구가 이루어지는 과정에서 쉽게 이용할 수 있다는 점 때문에, 지속적으로 해당 집단들을 연구 피험자로서 참가시키려는 시도가 있을 수 있다. 이 취약한 이들은 자유로운 동의와 관련하여 단지 다른 누군가에게 의존할 수밖에 없고 흔히 자신에게 불리한 양보를 할 수밖에 없다. 이러한 그들의 처지를 감안할 때, 오직 행정적 편의에 의해서나 그들이 앓고 있는 병이나 그들이 처한 사회 경제적 조건으로 인하여 그들을 쉽게 다룰 수 있다는 점 때문에 연구 피험자로 이용될 수 있는 위험에 맞서 그들을 보호해야 한다.

제8장 과학 기술과 환경

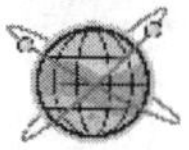

오늘날 인류가 직면한 가장 큰 문제 중 하나는 전 지구적인 환경 오염과 생태계 파괴의 위기라고 할 수 있다. 이 위기는 인류의 생존 기반과 삶의 터전에 관한 문제로서 인간의 과욕과 지나친 물질주의가 불러온 인간 내부로부터 비롯한 위기이기에 더욱 심각하다. 예컨대 미국 듀퐁사의 프레온 가스 개발로부터 그 규제와 관련한 몬트리올 의정서의 채택에 이르기까지의 과정은 과학 기술의 개발이 환경에 어떠한 영향을 미칠 수 있으며, 또한 이미 상용화된 환경 파괴 물질의 규제가 얼마나 힘든 것인지 여실히 보여주고 있다. 그러한 규제를 어렵게 하는 주요한 요인으로, 그러한 물질이 환경에 미치는 정확한 인과적 연관을 보여주기 힘들다는 점, 국제간 협력이 이루어지기 어렵다는 점, 현 세대의 불이익을 강요한다는 점 및 마땅한 대체 물질을 쉽게 찾아낼 수 없다는 점 등을 꼽을 수 있다. 이는 환경 호르몬이나 지구 온난화와 같은 전 지구적 환경 문제에서도 마찬가지로 적용할 수 있다. 이러한 문제를 세부적으로 검토함으로써 과학 기술과 환경의 관계를 묻고, 우리가 환경 문제의 해결을 위하여 어떠한 일을 할 수 있는지 논의할 것이다.

1. 환경 파괴와 윤리

1) 침묵의 봄과 환경 운동

모든 생명체들이 환경과 조화를 이루며 사는 마을이 하나 있었다. 이 마을은 곡식이 자라는 밭과 풍요로운 농장들 사이에 자리잡고 있는데, 봄이면 과수원의 푸른 밭 위로 흰 구름이 흘러가고 가을이 되면 병풍처럼 둘러쳐진 소나무를 배경으로 불타듯 단풍이 든 참나무와 단풍나무, 자작나무가 너울거렸다. 어느 가을날 이른 아침 희미한 안개가 내린 언덕 위에서는 여우 울음소리가 들려왔고 조용히 밭을 가로질러 달려가는 사슴의 모습도 종종 볼 수 있었다. 길가에는 월계수와 인동나무, 오리나무, 양치 식물 그리고 들꽃이 연중 그 자태를 뽐내며 지나는 여행객의 눈을 즐겁게 해주었다. 나무 열매와 씨앗을 먹고사는 수많은 새들이 눈밭에 내려앉는 겨울철에도 길가는 여전히 아름다웠다. 이 일대는 풍부하고 다양한 새들로 유명했는데, 봄과 가을에는 이동 시기를 맞은 철새 무리들이 떼지어 날아가는 모습을 보려고 사람들이 멀리서부터 찾아오곤 했다. … 어떤 사악한 마술의 주문이 마을을 덮친 듯했다. 닭들이 이상한 질병에 걸렸다. 소떼와 양떼가 병에 걸려 시름시름 앓다가 죽고 말았다. 마을 곳곳에 죽음의 그림자가 드리워진 듯했다. … 낯선 정적이 감돌았다. 새들은 도대체 어디로 가버린 것일까? 이런 상황에 놀란 마을 사람들은 자취를 감춘 새에 관해서 이야기했다. 새들이 모이를 쪼아먹던 뒷마당은 버림받은 듯 쓸쓸했다. 주변에서 볼 수 있는 단 몇 마리의 새조차 다 죽어가는 듯 격하게 몸을 떨었고 날지도 못했다. 죽은 듯 고요한 봄이 온 것이다. 전에는 아침이면 울새, 검정지빠귀, 산비둘기, 어치, 굴뚝새를 비롯한 여러 가지 새들의 합창이 울려 퍼지곤 했는데 이제는 아무런 소리도 들리지 않았다. 들판과 숲과 습지에 오직 침묵만이 감돌았다.[94]

레이첼 카슨(Rachel Carson)은 『침묵의 봄(*Silent Spring*)』을 이렇게 봄을 알리는 새 소리가 사라져버린 마을에 관한 이야기로부터 시작하고 있다. 카슨은 당시 대규모로 살포되곤 하였던 살충제의 위험성을 자각하고 수년에 걸쳐 살충제와 관련한 자료조사 및 분석을 통하여 얻어낸 결과와 그 결과의 환경적 의미를 그 책에서 섬세한 필치로 그려내고 있다. 그녀는 풍뎅이와 흰개미와 진드기와 모기 등 병충해의 발생 문제와 이의 퇴치를 위하여 대규모로 살포되곤 하였던 DDT 등의 살충제에 대해 조사하였고, 살충제와 화학 물질의 사용이 육상 및 수상 동식물에 끼치는 심각한 피해를 입증하고자 하였다.

카슨은 인간이 곤충을 향하여 겨눈 현대 과학의 총부리가 동시에 곤충만이 아니라 인간을 포함한 지구 전체를 향하여 겨눈 총부리라고 경고한다. 예컨대 호수 속의 작은 벌레를 죽이기 위해 사용한 화학 물질은 먹이사슬의 모든 생물체에 차곡차곡 축적되고, 해충을 박멸하기 위해 사용한 살충제 때문에 해충들의 내성은 더욱더 강력해진다. 이렇게 카슨은 인간이 자연을 공격하는 전쟁에서 저지른 몰상식하고 잔인한 일에 대하여 분노를

94) 레이첼 카슨(Rachel Carson) 1962, 『침묵의 봄』, 김은령 역, 에코리브르, 2002, 33-34쪽.

표시하고, 진보라는 이름으로 우리가 생명계에 어떤 일을 하고 있는지 똑바로 드러내려고 하였다.

『침묵의 봄』은 당시 미국 사회에 엄청난 반향을 불러일으켰고 추후 환경 운동의 기폭제가 되었다. 그 영향으로 1963년 케네디 대통령은 환경 문제를 다룰 과학자문위원회를 구성하였고, 1969년 환경법안이 의회에서 통과되었다. 암연구소에서는 DDT가 암을 유발할 수 있다는 증거를 발표했다. DDT는 우리나라에서 6·25전쟁 직후에 이를 박멸한다고 머리에다 하얗게 뿌리곤 하였던 약품이다.

1950~1960년대는 미국 이외에도 전 세계적으로 환경에 대한 인식이 커진 시기였다. 1952년에 영국 런던에서는 석탄 연소에 따른 아황산가스가 안개와 결합하여 맹독성의 황산 안개로 변하는 일이 일어나 3주 동안 4000여 명이 죽고, 뒤이어 만성 폐질환에 따른 합병증으로 8000여 명이 사망하는 일이 일어났다. 1950년대 초반 일본 미나마타에서는 조류와 고양이 등이 갑자기 마비 증세를 일으키다 죽어가고 곧 사람에게도 같은 일이 일어났다. 마비와 발작 증세를 일으키는 사람들이 거의 1000명에 달하였고 19명의 기형아가 태어났으며 43명이 사망하였다. 질병의 원인은 1957년에 규명되었는데, 미나마타에 위치한 화학 공장에서 배출한 폐수 중에 포함된 수은 중금속으로 인한 것이었다. 무기 수은이 유기물로 전환되어 하천의 플랑크톤에 농축되었고 이것을 먹은 생물에서 먹이사슬에 따라 그 농축의 정도가 점점 높아져 마침내 해당 어류를 먹은 짐승과 인간을 치명적인 신체적 결손과 죽음으로 내몰았던 것이다. 유사한 공해병인 니가타 수은병과 이타이이타이병 및 대기 오염에 의한 요카이치병의 발생도 모두 비슷한 시기인 1950~1960년대에 일어난 일이었다. 이

러한 일들을 계기로 환경에 대한 관심과 문제 의식이 심화되었고, 1970년(4월 22일)에는 처음으로 2000만 명이 참가했던 '지구의 날' 행사가 열리기도 했다.

하지만 환경 문제가 전 지구적인 관심사가 된 것은 이후 일어난 오존층 파괴 현상의 발견, 지구 온난화 문제, 원시림의 감소, 동식물의 멸종, 환경 호르몬 문제, 유전자 조작 생물체 문제 등의 대규모적인 환경 위기를 겪으면서였다. 이러한 문제와 직면하여 단순히 과학 기술의 발전이 인류 번영을 약속하지는 않는다는 의식과 더불어, 자연 생태계가 단순히 인간을 위한 도구에 그치는 것이 아니라는 반성을 불러일으켰다. 그린피스를 비롯한 수많은 환경 단체들이 등장하였고, 현재 다양한 유형의 환경 운동이 국제적으로 전개되고 있다.

2) 환경 이론과 도덕적 지위 기준

환경론자들은 위와 같은 환경 문제의 주요한 원천이 '무한 성장'이라는 진보 이념에서 비롯하였다고 지적한다. 그들은 이러한 이념에 따른 파괴 행위로부터 인류와 지구를 구해내야 한다고 역설하고, 이를 위하여 사회를 변화시켜야 한다고 제안한다. 이들은 파괴적인 군비 경쟁의 중지, 생태적으로 건전한 경제 구조의 개발, 모든 억압으로부터의 해방, 일원적인 과학 기술 구조의 폐지, 동물 학대의 금지 등을 주장한다.

환경론자의 주장에 공감하는 이론가들은 환경 위기를 낳은 철학적 기초에 대하여 의문을 던진다. 이러한 의문을 골자로 하는 학문 분야를 환경철학이라고 할 때, 환경철학을 그 변화 주장의 정도에 따라 세 가지 주요 분야로 나눌 수 있다. 첫째, 인간중심주의의 폐기와 급진적인 혁명이나 패러다임의 전환만이 당면한 생태 위기를 극복할 수 있다고 주장하는 급진적인 생태철학이 있다. 둘째, 인간 중심적인 윤리적 태도를 바꾸고 인간이 아닌 존재를 도덕적으로 고려한다면 생태 위기를 극복할 수 있다고 주장하는 환경윤리학이 있다. 셋째, 환경 문제는 인간중심주의에서 나온 것이 아니라 인간의 무지와 탐욕과 근시안적인 시야에서 비롯한 것으로 적절한 환경 정책을 시행함으로써 능히 해결할 수 있다고 주장하는 인간 중심적인 개혁주의가 있다. 인간 중심적인 개혁가들은 급진적인 생태학자들의 주장을 실현 가능성이 없는 이상주의자의 소박한 의견 정도로 받아들인다.

급진적인 생태철학은 심층생태학(deep ecology)과 사회생태학(social ecology)을 포함한다. 심층생태학은 인간이 모든 가치의 기원이며 척도라는 견해를 가지고 있는 한 자연을 인간 욕구를 만족시키기 위한 재료 정도로 여길 수밖에 없을 것이고, 이는 생태학적 위기를 가속화시킬 수밖에 없다고 진단한다. 사회생태학은 생태학적 위기가 주로 사회 계급 구조에서 비롯한 것이라고 주장한다. 권위적인 사회 구조는 사람들 사이의 불평등을 낳을 뿐만 아니라 생명 일반을 파괴하는 결과를 낳는다.

환경윤리학에서는 이렇게 논의한다. 오늘 우리가 사람들을 학대하거나 죽이는 일을 삼갈 도덕적이고 법적인 의무가 있듯이, 내일 우리는 여러 종류의 생명들을 학대하거나 죽이는 일을 삼갈 도덕적이고 법적인 의무를 가질 수 있다. 환경윤리학자들은 급진적인 생태철학자들과 한편이 되기도 하고, 더 약화된 입장에 서기도 한다. 후자의 입장에 서는 윤리학자들은 인간이 본래 다른 생물보다 더 가치가 있음을 수긍하지만, 그렇다고 하여 다른 생물들을 단순히 도구로 처우할 수는 없다고 주장한다. 다른 생물도 그 자체 가치를 지닐 수 있다. 따라서 생태적 보고인 습지를 개발하는 것을 막거나 멸종 위기에 몰린 종을 보호하는 일은 그 자체로 정당한 것이다.

인간중심주의를 고수하는 개혁주의자들은 환경 문제의 뿌리가 인간 중심적 태도도 아니요, 그러한 태도를 낳는 사회 구조도 아니라고 논의한다. 그들은 환경에 관한 법이나 공공 정책을 바꾸고 환경 교육을 강화하고 미래 세대에 대한 도덕적 책임을 강조하고 자연에 대한 애정을 갖게 만들고 자원을 적절하게 분배함으로써 환경 문제를 원만하게 해결할 수 있다고 본다.

이 세 부류의 이론가들은 생태 위기가 인간중심주의에서 비롯한 것이냐 여부에 대한 판단에서 큰 차이를 보인다. 그렇다면 이들은 '인간'을 바라보는 시각 자체를 달리 하는 것일 수 있다. 우선 인간은 신적 이성을 가진 존재로서 모든 다른 존재를 지배할 수 있는 권리를 가지고 있다는 시각이 있을 수 있다. 인간은 다른 동식물과 마찬가지로 생태계를 이루는 일부일 뿐이기에, 다른 동식물과 똑같은 정도의 권리만을 가지고 있다는 시각이 있을 수 있다. 인간은 생태계에 속하면서 다른 동식물처럼 진화를 통하여 생존을 이어왔지만, 또한 다른 동식물과는 달리 높은 가치를 지닌 문화나 문명을 스스로 창출함으로써 다른 존재보다 우위에 설 수 있는 권리를 확보하였다는 시각이 있을 수 있다. 인간은 생물학적 존재이자 문화적 존재이기에, 문화를 향유할 권리와 더불어 생태계의 한 일원으로서 생태계를 보호할 의무를 동시에 가진다는 시각이 있을 수 있다. 어떤 입장에 서든 생태 위기를 해결하고자 하는 이상, 기존에 인간에게만 적용해온 도덕적 지위가 어느 정도는 인간이 아닌 다른 존재에게도 적용할 수 있음을 인정하는 셈이 될 것이다. 환경론자들이 내세우는 도덕적 기준은 크게 '지각력'과 '생명'이라고 할 수 있다. 지각력과 생명을 도덕적 지위 기준으로 간주하는 환경론자들의 이유를 들어보고 어떤 문제점이 있을 수 있는지 살펴보자.

실반(Richard Sylvan)은 「새로운 환경윤리학이 있을 필요가 있나?(Is There a Need for a New, an Environmental Ethic?)」[95]에서 전통적인 서구 윤리학이 인간 종을 '기초 종'으로 삼기에 인간 종족주의를 근간으로 하고 있다고 밝힌다.

> 사회계약론의 입장에서 의무는 기초 종에 속하는 개체들 사이의 상호 합의의 문제다. 사회정의론은 대칭적인 공정성의 원리를 기초 종인 다소 특별한 인간 종의 일원들에게 적용하는 것으로부터 권리와 의무가 나온다고 바라본다. 좀 모호하긴 하지만 칸트적 입장에서 의무는 기초 종인 인간 종의 일원에 대한 존중에서 나온다. 각각의 경우 기초 종의 일원들이 기초 종의 밖에 있는 것들에게 나쁜 마음을 품게 될 때, 그것은 그들에게 참 안 된 일이다. 이것이 (대략) 정의다.[96]

따라서 이제 환경론자에게 주어진 이론적 과제는 어떻게 윤리적인 기초 종을 확장하여 인간만이 아니라 인간이 아닌 존재를 포함하도록 할 것이냐다. 예컨대 그러한 기초 종이 동식물과 생태계를 포함하도록 설정할 수 있을 것이다.

---

95) *Proceedings of the XV World Congress of Philosophy*, No. 1, Varna, Bulgaria, 1973, pp.205-210.

96) Richard Sylvan 1973, "Is There a Need for a New, an Environmental Ethic?", *Environmental Philosophy*, (ed.) Michael E. Zimmerman, Prentice Hall, 1993, p.20.

지각력

싱어(Peter Singer)는 1973년에 발표한 「동물 해방(Animal Liberation)」[97]에서 처음으로 실반이 제기한 철학적 문제를 해결하려고 시도한다. "해방 운동은 우리의 도덕적 지평을 확장할 것을 요구한다. 그래서 결국 이전에는 자연스럽고 불가피하다고 여겼던 관행들이 이제는 용납할 수 없는 것으로 보이게 된다."[98] 서구 도덕철학에서는 전통적으로 아주 특별하게 인간만이 도덕적 대우를 받을 수 있다고 보았고, 인간이 아닌 동물들에게는 기껏해야 인간의 선에 기초한 지위만을 부여했다. 예컨대 토마스 아퀴나스와 칸트에 따르면, 동물을 학대하는 사람이 나쁜 것은 그러한 일이 인간을 그와 유사하게 대우하게 하는 습관을 조장하기 때문이다. 또한 로크(John Locke)는 동물을 잔인하게 대우함이 다른 인간을 잔인하게 대우하도록 이끌기에 그렇게 해서는 안 된다고 주장하였다. 즉, 이들 철학자들은 동물 자체 때문이 아니라 인간에게 어떤 영향을 미치기 때문에 동물을 잘못 대해서는 안 된다고 보고 있는 것이다. 싱어는 바로 이러한 인간 중심적인 도덕적 지평을 동물 중심적인 도덕적 지평으로 확장하고자 한다.

싱어의 논증은 이렇게 진행된다. 인간에게만 도덕적 지위를 부여하게 하는 어떤 것이 있다고 해보자. 인간을 도덕적 기초 종의 일원으로서 자격이 있게끔 하는 기준이 다른 동물들을 배제할 만큼 충분히 높을 경우, 그것은 또한 소위 변경에 있는 인간인 유아와 정신지체아 등을 배제할 것이다. 예컨대 추론 능력이나

97) *The New York Review of Books*, April 5, 1973.

98) Peter Singer 1973, "Animal Liberation", *Environmental Philosophy*, edited by Michael E. Zimmerman, Prentice Hall, 1993, p.22.

언어 능력이 인간을 도덕적으로 고려하게 만드는 지위 기준이라면, 우리는 그러한 능력이 없는 다른 동물들을 다루는 것처럼 유아 등을 다룰 수 있을 것이다. 즉, 생쥐를 실험 대상으로 하는 것처럼 유아에 대하여 고통스런 실험을 아무 거리낌없이 실시할 수 있다는 것이다. 하지만 그것은 너무도 끔찍한 일이 아닌가! 이러한 반대 감정의 토로에 맞서 싱어는 이렇게 묻는다.

> 좀더 큰 지적 능력을 소유함이 한 인간에게 다른 인간을 이용하고 착취할 자격을 부여하지 않는다면, 왜 그것은 인간들에게 인간이 아닌 존재들을 이용하고 착취할 자격을 부여해야 하는가?[99]

싱어가 택한 전략은 그러한 도덕적 지위 기준을 낮추는 것으로서, 벤담(Jeremy Bentham)의 기준을 받아들인다. 그것은 쾌락과 고통을 경험할 수 있는 능력인 '지각력'이다. "만일 한 존재가 고통을 겪는다면, 그 고통을 고려하고 실로 그것을 모든 다른 존재의 유사한 고통과 동등하게 간주하지 못하도록 할 도덕적 정당화란 있을 수 없다."[100] 그렇다면 남은 문제는 인간과 다른 존재가 고통을 겪는지 확인하는 것이다. 싱어는 '고통은 내적인 의식 상태이기에 말을 하지 못하는 존재에게서는 외적으로 확인할 수 없다'는 주장이 지극히 비상식적이고 현학적이기만 한 허구적인 것이라고 바로 거절한다. 우리는 유아나 정신지체아가 외적으로 고통의 몸짓을 보일 때 그들이 고통을 겪고 있음을 부인하지 않는다. 마찬가지로 우리는 적어도 인간이 아닌 척추 동물에서도 인간에게서 확인되는 고통의 몸짓을 외적으로 확인할

99) 위의 책, 23쪽.

100) 위의 책, 24쪽.

수 있다. 따라서 어떤 존재가 고통을 겪을 때 그것을 무시할 도덕적 정당화가 없다면, 인간만이 도덕적 존재라는 주장은 다만 싱어에게서 인간 종족주의에 불과한 것일 뿐이다. 싱어는 이러한 인간종족주의가 동물 실험이나 대량으로 이루어지는 가축의 사육 및 도살에서 횡행하고 있으며, 동물 해방 논의는 그러한 일이 도덕적으로 옳지 않다고 반대할 수 있는 이론적 근거를 제시한다고 주장한다. 싱어의 동물해방론은 사실 공리주의 가치론을 인간을 넘어서 인간이 아닌 동물에까지 일관적으로 적용한 것이다. 쾌락은 선이고 고통은 악이라고 주장할 때, 인간의 쾌락과 고통만이 아니라 동물의 그것까지 고려의 대상으로 삼는다는 것이다.

동물해방론은 이미 널리 수용하고 있는 정착된 가치론을 그대로 적용했다는 점에서 상당한 호소력을 가질 수도 있겠지만, 반면에 공리주의에 대한 비판을 그대로 동물해방론에도 적용할 수 있다는 난점을 갖는다. 싱어는 동물해방론에서 채식주의를 주장하면서 가축 도살에 반대하지만, 이를 순수하게 공리주의적인 입장에서 옹호할 수는 없다. 우리는 공리주의의 원리에 따라 가능한 동물을 편하게 기르고 고통 없이 도살하면서 여전히 육식을 즐길 수 있다(고통을 뺀 쾌락의 양을 극대화하면서). 또한 쾌락과 고통을 느낄 수 있는 모든 존재를 고려하면서 공리를 계산하는 경우, 오직 그 결과에 의거하여 잔인한 생체 실험까지도 정당화할 수 있다.

이에 공리주의의 난점을 극복하기 위하여 비결과론 진영에서는 통상 인간에 고유한 가치에 기초한 개인의 권리를 주장하려고 시도하듯이, 레간(Tom Regan)은 동물이 그 자체로 '고유한 가치'를 지닌다고 주장하며 동물의 권리를 인정하는 길로 나아갔다.[101] 삶의 주체로서 인간은 고유한 가치를 지니기에 인간을 한갓 수단으로서 대우해서는 안 된다. 특히 어떤 집단의 이득이나 쾌락을 위하여 개인을 해치는 것은 해침을 당하지 않을 그의 권리를 침해하는 것이다. 이는 마찬가지로 삶의 주체인 다른 동물에게도 똑같이 적용된다. 우리가 고유한 가치를 지니듯이 그 다른 동물도 고유한 가치를 지닌다. 우리가 이러한 가치를 존중받지 못하도록 대우받아서는 안 되듯이 그 다른 동물도 그래서는 안 된다. 이렇게 인간이 아닌 동물과 관련하여 결과론 진영의 동물해방론에 대응하여 비결과론 진영의 동물권리론이 등장하는 것이다.

그렇다면, 즉 도덕적 지위가 없다고 그동안 여겨왔던 동물에게 그런 지위를 부여할 수 있다면, 지각력이 없거나 삶의 주체라고 볼 수 없는 동물이나 다른 생명체들(생명이 없는 것들은 제외한다손 치더라도)은 왜 그러한 지위를 가질 수 없는가?

생 명

1981년에 발표한 「자연 존중의 윤리학(The Ethics of Respect for Nature)」[102]에서 테일러(Paul W. Taylor)는 생명중심주의 윤리 이론을 제창했다. 인간중심주의 윤리 이론에 따르면, 자연환경과 생태계에 영향을 미치는 인간 행위는 그것이 인간 복지에 이바지하거나 인간의 권리를 보호하고 잘 행사할 수 있도록 하는 것이라면 옳다. 즉, 인간만이 모든 권리와 선의 궁극적인 중심이 되는 것이다. 이에 반하여 생명중심주의 윤리 이론에 따

---

101) Tom Regan, "The Case for Animal Rights", *Defense of Animals*, (ed.) Peter Singer, Oxford : Basil Blackwell, 1985, pp.13-26.

102) *Environmental Ethics* Vol. 3 No. 3 (Fall 1981), pp.197-218.

르면, 지구 생명 공동체의 일원으로서 야생 동식물은 다만 인간을 위한 수단으로서의 존재가 아니라 인간만큼이나 그 자체 고유한 가치를 지니고 있는 목적으로서의 존재다. 그래서 우리에게는 그러한 존재들이 자연 상태에서 건강하게 살아갈 수 있도록 자연 생태계의 균형을 유지하고 멸종 동식물을 보호하고 환경 오염을 피해야 할 의무가 있다.

> 자연에 대한 생명 중심적 시각은 네 가지 주요한 요소를 담고 있다. 첫째, 인간을 지구 생명 공동체에 속한 인간과 다른 일원 모두와 똑같은 조건에 놓여 있다고 생각한다. 둘째, 지구 자연 생태계를 총체적으로 상호 연결된 요소들이 이루어내는 복잡한 그물로서 간주하고, 각각의 존재가 생물학적으로 건강하게 기능하려면 다른 존재들이 또한 그렇게 기능하여야 한다고 본다. 셋째, 각각의 개별적인 유기체를 그 자신의 방식으로 자신의 선을 추구하는 목적론적 생명 중심으로서 간주한다. 넷째, 장점에 관해서든 고유한 가치 개념에 관해서든, 인간이 본성상 다른 종보다 우월하다는 주장은 위 세 가지 요소에 비추어 근거 없는 비합리적인 편향에 불과한 것이기에 거절되어야 한다.[103]

테일러는 야생 유기체들이 모두 똑같이 내재적 가치를 지닌다고 (그래서 도덕적으로 고려해야 한다고) 주장하고 있는 것이다. 하지만 모든 야생 유기체들이 똑같은 도덕적 가치를 지닌다는 생각은 우리의 상식에 반하는 것이다. 어떻게 지각력이 있으며 오래 사는 동물과 하루살이가 똑같은 가치를 지닌다고 볼 수 있을까? 우리가 유충과 바퀴벌레와 잡풀의 복지에 하나하나 똑같이 신경 쓴다고 하여 자연 환경이 건강하게 유지될 수 있을까?

---

103) Paul W. Taylor 1981, “The Ethics of Respect for Nature”, *Environmental Philosophy*, (ed.) Michael E. Zimmerman, Prentice Hall, 1993, p.70.

사실 환경론자들은 개별 생물들의 복지가 아니라 생태계 전체의 복지에 관심을 갖는다. 생태계가 건강하게 유지되기 위하여 생물들 간의 먹고 먹히는 먹이사슬은 필수적인 것이기에, 개체들 간의 가치 평등주의에 기초한 테일러의 생명 존중 윤리는 그 본래의 환경적 관심에 부응하기가 무척이나 어려운 것이다. 이는 싱어와 레간의 동물 해방 / 권리 윤리에서도 마찬가지다. 개별적인 동물의 복지나 권리에 초점을 맞추다보면, 인간이 키우는 가축의 복지도 야생 동물의 그것만큼이나 존중되어야만 할 것이다. 환경적 이슈가 되고 있는 멸종 동식물의 복지만을 특별히 존중할 이유는 없는 것으로서, 가축의 복지를 추구하다가 그 멸종 위기에 처한 동식물을 희생시킬 수도 있는 것이다. 또한 대규모 가축 사육으로 인한 환경 파괴(지하수의 고갈, 토양 침식, 초지 조성을 위한 농약 사용으로 인한 대지 오염, 야생 동식물에 미치는 피해)도 가축의 복지를 위한다면 능히 허용할 수 있을 것이다. 이는 그들이 원래 가지고 있었던 환경적 관심과는 정반대의 길을 가게 만든다.

이러한 문제점을 극복하기 위하여 환경이나 생태계를 전체적으로 고려하고자 하는 움직임이 일어났다. 전체 생태계의 건강이라는 관점에서 들여다보면 종의 다양성을 유지할 필요가 있기에, 멸종 위기에 처한 동식물에 대한 특별한 보호 등을 정당화할 수 있기 때문이다. 레오폴드(Aldo Leopold)와 캘리콧(J. Baird Callicot)의 "땅(자연 환경) 윤리"가 바로 그러한 관점을 가지고 있다.[104] 레오폴드는 땅 윤리가 호모 사피엔스의 역할을 땅 공동

104) Aldo Leopold, "The Land Ethic", *A Sand County Almanac with Other Essays on Conservation from Round River*, Oxford Univ. Press, 1949. J. Baird Callicott, "The Conceptual Foundations of the Land Ethic", *Companion to a*

체의 정복자로부터 그 평범한 일원이자 시민으로 바꾼다고 공표한다. 땅 윤리는 동료 일원만이 아니라 공동체 일반에 대한 존중을 또한 함축한다. 캘리콧에 따르면, 땅 윤리는 코페르니쿠스적인 천문학을 배경으로 한 진화적이고 생태적인 생물학을 그 과학적 토대로 삼고 있다. 진화론은 윤리와 사회 조직 및 발전 사이의 개념적인 고리를 제공하고, 인간과 인간이 아닌 자연 사이에 통시적인 고리를 확립한다. 이러한 고리는 공동체 개념으로서 인간과 인간이 아닌 자연의 사회적 일체감이다. 인간과 식물과 동물과 대지와 강과 바다는 모두 협력하고 경쟁하는 하나의 동적인 공동체 안에서 서로 연결되어 있다. 코페르니쿠스적인 관점은 지구가 거대하고 무서운 우주의 한 작은 혹성에 불과한 것임을 자각하게 하여 지구라는 공동체 안에서 우리의 일체감을 키울 수 있게 한다. 레오폴드와 캘리콧은 둘 다 지구 전체를 고유한 가치를 지닌 하나의 생명체 정도로 간주하고 있는 것이다.

개체론적이든 전체론적이든 생명(생태)중심주의 윤리학은 이론적이고 실천적인 문제점을 드러낸다. 이론적으로 생명이 고유한 가치를 지닌다고 할 때 그러한 가치는 결국 인간이 부여하거나 평가하는 가치일 수밖에 없다는 문제를 제기할 수 있다. 실천적으로 모든 생명이 각기 고유한 가치를 지닌다면, 인간에게 육식은 물론 채식도 금하게 해야 하는(이는 고유한 가치를 지닌 존재에게서 해를 입지 않을 권리를 고의로 박탈하는 일이기에)

Sand County Almanac : Interpretive and Critical Essays, (ed.) J. Baird Callicott, University of Wisconsin Press, 1987, pp.186-214. 레오폴드(1887~1948)는 현대 환경 윤리의 기초를 세웠다고 평가받는 인물로서, 삼림 감시원, 위스콘신대 임산품시험소 부소장, 농경제학과 교수 등의 다채로운 이력을 지녔다. 그의 수필집이 국내에 『모래 군의 열두 달』(송영규 역, 따님, 2000)로 소개되어 있다. 캘리콧은 철학자로서 레오폴드의 '땅 윤리'를 이론적으로 체계화했다.

수용하기 어려운 결과를 낳게 할 것이다. 또한 전체 생태계만이 고유한 가치를 지닌다면, 야생 상태에서 이루어지는 먹이사슬 내지는 약육강식의 논리를 인간 공동체에도 그대로 적용해야 할 것이다. 그래서 전체 생태계의 복지를 위하여 허약한 일부 개인이나 종족을 희생시키는 일도 가능한 일이 될 것이다. 하지만 이는 적어도 우리 인간에게서 상식적으로 가장 비도덕적인 일로 간주되는 일이다. 나아가 생태계 전체가 강조될 때, 인간과 자연의 관계가 주된 문제일 것이고 인간 사회 내부의 부정의 문제는 쉽게 무시될 수 있을 것이다.

이러한 문제들에 임하여 나아갈 방향을 찾기 위하여, 생명중심주의 윤리학이 출현했던 첫 자리로 되돌아가 보는 것이 도움을 줄 수 있을 것이다. 생명중심주의 윤리학은 소위 인간중심주의 시각에 따른 생태 위기를 타개하거나 극복할 수 있는 이론적 기반을 마련하고자 하는 취지에서 나온 것이다. 하지만 이 새로운 윤리학이 그 새로움만큼이나 여러 가지 새로운 문제를 내포하고 있다는 사실을 감안할 때, 오랜 세월에 걸쳐 정착되어온 윤리 이론(소위 인간중심주의적인)이 가지는 장점을 적극 수용할 필요가 있다고 주장할 수도 있을 것이다. 예컨대 롤스톤(Holmes Rolston, III)은 모든 생명이 가지는 고유한 가치를 인정하면서도 그러한 가치에 서열이 있을 수 있음을 받아들인다.[105] 즉, 생명에서 시작하여 지각력과 자기 의식에 이르는 서열을 인정한다는 것이다. 롤스톤에 따르면, 종들 간에 갈등이 일어나는 경우 그러한 서열이 갈등 해결의 지평이 된다.

---

105) Holmes Rolston, III , “Environmental Ethics : Values in and Duties to the Natural World”, *Ecology, Economics, Ethics : The Broken Circle*, (eds.) F. Herbert Bormann and Stephen R. Kellert, Yale Univ. Press, 1991, pp.82-96.

2. 환경 문제의 유형

1) 대기 오염에 따른 문제

지구 온난화

지구 온난화란 지구가 따뜻해지는 현상을 가리키는 것이다. 1988년에 구성된 기후 변동에 관한 정부 간 패널(Intergovernmental Panel on Climate Change, IPCC)은 1995년의 보고서에서 21세기 중반에 대기 중 이산화탄소의 양이 두 배가 되면 지구의 평균 기온은 1.5~4.5℃ 상승하게 될 것으로 보고하였다. 우리가 살고 있는 지구는 과거 100년 사이에 약 0.5℃의 기온 상승을 나타내었다. 우리나라의 기온 변화는 이것보다 더 큰 폭의 기온 상승을 나타내고 있다. 인천과 부산과 목포에서 1904년부터 정규적인 기상 관측을 시작한 이래 관측소의 자료는 전국 평균 기온이 지난 100년간 거의 1.0℃ 상승한 것을 보여주고 있다.

지구 기후는 자연적인 요인(태양의 흑점 활동, 화산 활동, 엘니뇨 등)에 의해서만이 아니라 사람들의 사회 경제적인 활동에 의한 인위적인 요인에 의해서도 변화할 수 있다. 현재 지구 전체의 평균 기온은 15℃ 정도인데 이것은 온실 기체에 의해 지구의 기온이 상승하였기 때문이라고 한다. 온실 효과로 인해 지금과 같이 인간이 살기에 적합한 환경이 유지되고 있는 셈이다. 이처럼 지구 기온을 상승시키는 온실 효과란 어떤 것인가? 유리나 비닐 등으로 만들어진 온실은 내부의 온도가 바깥보다 따뜻하다. 짧은 파장의 태양광은 유리나 비닐을 그대로 통과하여 온실 안으로 유입되지만, 지표에서 방출되는 긴 파장의 적외선은 유리나

비닐을 통과하지 못하고 온실 안에 남아 있기 때문이다. 이러한 현상을 '온실 효과(greenhouse effect)'라고 부른다. 태양으로부터 오는 햇볕의 일부는 공기와 지표에 의해 반사되어 우주 공간으로 나가고 나머지는 지표면에 흡수되어 지표를 따뜻하게 데운다. 따뜻한 지표면은 적외선을 방출하는데, 공기 중의 기체가 이 외부로 나가는 적외선을 흡수하여 다시 지표로 되돌린다.

무엇이 문제일까? 인위적인 요인에 의해 공기 중에 이런 온실 기체가 지나치게 증가하는 것이 문제다. 그러한 온실 기체 증가로 인하여 지구 전체의 온도가 빠르게 상승하면, 불안정한 지구 환경 변화가 일어날 수밖에 없다. 온실 기체에는 대기 중의 수증기와 이산화탄소와 메탄과 아산화질소 등이 있으며, 자동차 배기 가스와 공장 매연과 삼림 벌채 등으로 인하여 이러한 기체의 양은 계속하여 증가하고 있다. 현재 예측하는 바로는 10년마다 0.2~0.5℃씩 기온이 상승한다. 이러한 기온 상승률은 극지방으로 갈수록 더 높아진다. 이로 인한 가장 우려할 만한 사태는 해수면의 상승이다. 기온 상승에 따른 과잉 열이 바닷물의 부피를 증가시키고, 극지방에 존재하는 빙하를 녹여 평균 수위를 상승시킨다는 것이다. 현재의 상태가 계속된다면 해수면이 10년마다 약 6센티미터씩 높아질 것이라고 한다. 결과적으로 2100년쯤에는 해수면이 30~100센티미터 정도 상승하게 되고 해안 지역이나 네덜란드와 같이 낮은 지역은 물에 잠기거나 식수 오염과 해일 등의 피해를 입게 될 것이다. 이 밖에도 강수량과 증발량의 변화로 인한 이상 기상 현상의 발생, 동식물 분포의 변화, 산업 구조의 변화 등이 일어날 것이라고 예측하고 있다.

이러한 지구 온난화 현상은 어떻게 발견되었을까? 19세기 초 물질의 열전도 현상을 연구하던 프랑스의 물리학자 푸리에(Jean

Baptiste Joseph Fourier)는 이러한 의문을 가지고 있었다. 태양에서 빛이 내리쬐어 지구 표면이 가열될 때, 지구가 태양과 같은 온도에 이를 때까지 계속 뜨거워지지 않는 이유가 뭘까? 푸리에는 가열된 지구 표면이 눈에 보이지 않는 적외선 복사의 형태로 열에너지를 우주 공간으로 내보내어 열 평형을 이룬다고 보았다. 그렇지만 이 경우 계산상으로는 지구가 꽁꽁 얼어 있어야만 했다. 푸리에는 그러한 온도 차이가 나는 원인에 대하여 곰곰이 생각해보고, 지구 대기가 지표면에서 나오는 열복사의 일부를 붙잡아 우주 공간으로 나가지 못하게 막는다고 결론지었다. 이처럼 지구를 데워주는 대기의 영향이 온실 효과라는 이름을 가지게 된 것이다.

19세기 중반 영국의 물리학자 틴달(John Tyndall)은 메탄과 이산화탄소와 수증기가 그러한 온실 효과를 지닌다는 것(적외선을 통과시키지 않음)을 밝혀냈다. 즉, 대기 중에 함유되어 있는 수증기와 이산화탄소 등이 지표면에서 방출되는 적외선 복사를 흡수한 후 이를 다시 지표면으로 복사해 가열시킴으로써 지구의 온도를 높게 유지시킨다는 것이다. 19세기 말에 스웨덴의 화학자 아레니우스(Svante August Arrehenius)는 대기 중 이산화탄소의 양이 두 배가 되면 기온은 4~6℃ 상승할 것이고, 온도 상승에 따라 해수 증발에 의한 수증기 양이 많아져 지구 온난화 현상을 일으킬 것이라고 예측했다.106)

1980년대 이후 지구 온난화 문제에 대한 대중의 인식이 크게 높아졌다. 그 문제에 대하여 즉각적으로 대응해야 하느냐, 문제가 더 분명해질 때까지 기다려야 하느냐를 놓고 과학자와 기업

---

106) <http://ca.encarta.msn.com> Greenhouse Effect 참조.

들과 정부 기구들 간에 많은 논쟁이 벌어졌고, 이는 언론과 대중의 관심을 불러일으켰다. 이러한 문제를 국제적으로 해결하기 위하여 1992년의 리우 지구 정상 회의가 열렸고 1997년 「교토의정서」가 채택되는 등, 지구 온난화 문제는 현재 전 지구적인 환경 문제가 되어 있다.

2) 새로운 화학 물질의 사용에 따른 문제

1900년대 화학 산업의 발전과 더불어 인간이 만들어낸 합성화학 물질은 많은 편의를 안겨주었으나 예상치 못한 수많은 문제점을 드러냈다. 남극 오존층에 거대한 구멍이 뚫리게 하여 우리를 자외선에 직접 노출시켰고, 수많은 동식물을 몰살시켜 생태계에 구멍이 뚫리게 하였으며, 호르몬 유사 물질과 저해 물질로 둔갑하여 인간과 동식물의 생식에 치명적인 독소로 작용하게 했다. 그러한 합성 화학 물질을 크게 네 가지로 나누어 그 개발 과정 및 결과 물질이 인간과 자연에 어떤 영향을 미쳤는지 짚어본다.

프레온가스(염화불화탄소 : chloroflurocarbons : CFC)

CFC는 염소와 불소를 포함하는 화합물로서 냉장고용 냉매와 스티로폼의 발포제와 스프레이 캔의 분사제와 전자 산업의 세정제 등으로 산업계에 폭넓게 사용되어 왔다. 이 화합물은 1928년에 미국의 미즐리(Thomas Midgley)가 미국의 화학 회사인 듀퐁(Du Pont)의 의뢰에 따라 냉장고 용매로 쓰일 물질로서 합성한 것으로서, 당시 인체에 독성이 없고 불연성을 지닌 이상적인 물질이라고 간주되었다. CFC는 동물 실험에서 별다른 독성을 나타내지 않았고 화학적으로 안정해 쉽게 분해되지도 않았기 때문에 과학자들은 이 물질이 합성 화합물 중에서 가장 안전한 물질이라고 칭송하기도 하였다. 1930년대 초부터 'Freon'이라는 상표를 달고 냉매로서 사용되기 시작한 CFC는 다른 용도로도 점차 그 쓰임새를 확장했고, 1970년경에는 전 세계적으로 매년 수백만 톤이 소비되는 가장 인기 있는 화합물이 되었다.

지구 생명체설인 가이아 이론을 제창한 러브록(James Lovelock)은 1970년에 1조 분의 1 농도를 가진 화학 물질도 검출해낼 수 있게 하는 고감도 전자포획검출기(electron capture detector)라는 새로운 기구를 사용하여 대기를 측정하기 시작하였고, 자신이 탐사한 지구 모든 곳에서 CFC의 흔적을 발견했다. 그렇지만 당시 이 대기에 잔류하는 화학 물질이 지구 환경에 어떤 영향을 미치는지는 알려지지 않았다. 1974년 6월에 화학자인 롤랜드(F. Sherwood Rowland)와 몰리나(Mario J. Molina)는 『네이처』에 발표한 논문에서 CFC가 성층권으로 올라가 오존층을 파괴한다고 주장하였다. CFC는 쉽게 분해되지도 않고 물에도 잘 녹지 않기에 대류권에서 제거되지 않고 남아 있다. 시간이 흐르면서 CFC는 천천히 성층권으로 올라가게 되고, 거기에서 자외선을 만나 그 화학 결합이 끊어지면서 염소 원자를 내놓게 된다. 이 염소 원자는 소모되지 않고 촉매 역할을 지속하면서 수십 년에 걸쳐 계속적으로 오존 분자를 파괴한다(염소 원자 하나당 10만 개 이상의 오존 분자 파괴). 성층권의 오존이 감소하면 지표면에 도달하는 자외선의 양이 증가한다. 이는 농업 생산성을 감소시키고 해양 생태계를 교란시키며, 또한 피부암이나 백내장 같은 질병을 일으킨다.

롤랜드와 몰리나의 연구 결과는 곧 세간의 관심을 잡아끌며 대재난을 막기 위하여 CFC의 생산을 즉각 중지해야 한다는 여론이 들끓게 하였지만, 실질적인 CFC 규제는 1980년대가 되어서야 이루어지기 시작했다. 롤랜드와 몰리나의 연구는 단지 이론적인 추측에 기초한 것이었고, 당시 실제로 CFC로 인하여 오존층이 파괴되고 있다는 사실이 입증되지 않았기 때문이다. CFC는 전 세계적으로 사용되고 있었고 오존층 파괴로 인한 영향 역시 전 세계가 받을 수밖에 없는 것이기에, CFC 사용을 중단하기 위해서는 국제 협력이 필수적인 것이었다. 하지만 그러한 협력을 이끌어내기 위해서는 분명한 사실 입증이 필요하였다. 또한 이론상 CFC가 성층권까지 올라가려면 수십 년 이상의 오랜 기간이 필요하였기에 당시 세대들이 CFC를 규제하려고 그렇게 조급해할 필요성이 덜하였다는 점도 CFC 규제가 늦추어진 이유 중 하나일 수 있을 것이다. 그리고 무엇보다도 당시 CFC를 대체할 수 있는 마땅한 대체 물질이 없었다.

이러한 복합적인 요인으로 인하여 오존층 파괴 문제는 1980년대 중반까지 거의 논의되지 않다가, 1985년 영국 과학자들이 남극 상공에 거대한 오존 구멍을 발견하면서 상황은 변하기 시작하였다. 당시 오존 구멍이 CFC로 인한 것이라는 사실은 밝히지 못했지만, 많은 과학자들은 분명 그 둘 사이에 인과 관계가 있을 것이라고 추정했다. 그러한 관계에 대한 결정적인 입증은 1988년에 이루어졌다. NASA의 ER-2 비행기가 성층권까지 비행하여 오존 농도가 가장 낮은 곳에서 다량의 염소 원자가 분포하고 있음을 관측한 것이다. 마침내 듀퐁사도 CFC가 오존층 파괴의 원인임을 인정하였고 CFC 생산을 줄여나가겠다고 공식적으로 선언하였다. 1988년 9월 15일에 「오존층 파괴 물질에 관한 몬트

리올 의정서」가 채택되었고, 선진국과 개도국의 이해 관계를 조정하면서 CFC의 생산량을 단계적으로 줄여나가기로 합의하였다(선진국은 1996년, 개도국은 2010년까지 CFC 생산 및 사용을 100% 중단하기로 합의함). 롤랜드와 몰리나는 오존층 파괴 문제와 관련한 공적을 인정받아 1995년에 노벨화학상을 수상했다.

살충제(dichloro-diphenyl-trichloroethane : DDT)

DDT는 염소 원자 한 개를 달고 있는 벤젠 고리 두 개와 세 개의 염소 원자가 결합한 형태의 유기 염소 화합물이다. 상온에서 색이 없는 결정 상태의 고체로 존재하며, 강력한 살충 효과를 가지고 있다. 곤충의 신경 세포에 작용하여 나트륨이 세포막을 이동하는 것을 막아 살충 효과를 낸다. 1939년에 스위스의 과학자 뮐러(P. H. Muller)가 DDT의 강력한 살충 효과를 밝혀냈고, 이 공적으로 그는 1948년에 노벨생리의학상을 수상했다. 뮐러는 DDT의 장점을 이렇게 열거하였다. 곤충에게는 빠르고 강력하게 작용하지만, 사람이나 온혈 동물이나 식물에게는 무해하다. 값이 싸다. 자극적인 냄새가 나지 않는다. 많은 종류의 곤충에게 효과가 있다. 오랫동안 작용할 수 있도록 화학적으로 안정된 성질을 가진다. (하지만 바로 DDT의 이러한 성질들이 나중에는 비극적 요소였음이 드러난다.) 당시 DDT는 신이 내린 축복의 물질이라고 간주되었다. 세계대전 당시 영국 총리였던 윈스턴 처칠이 이 물질에 찬사를 보냈고, 미국곤충학회는 곤충학 역사상 이처럼 모든 부분에서 안심하고 사용할 수 있는 화학 약품은 일찍이 없었다고 공표하기도 했다.

DDT는 위 특징을 가지면서 모기나 벼룩이 옮기는 티푸스나 말라리아를 퇴치하는 데 아주 효과적이었기에 1942년부터 살충제로 널리 사용되었다. DDT를 충분히 희석해서 사용하면 인체에 해가 없다고 결론을 내린 미국은 1943년에 DDT를 이용해 연합군이 점령하고 있던 이탈리아 나폴리의 발진티푸스를 잠재웠다. 태평양 전선의 말라리아 구제에도 DDT는 놀라운 위력을 발휘했다. 제2차 세계대전이 끝난 후에는 열대 지방의 말라리아를 박멸하는 공중 보건 용도로도 널리 사용되었다. 세계보건기구(WHO)는 1955년에 전 세계적인 말라리아 추방 계획을 세우고 DDT를 적극 사용하도록 하였고, 오늘날 DDT 덕분에 수천만의 인명을 말라리아에서 구했다고 평가하기도 한다.

DDT는 미국에서부터 시작하여 전 세계적으로 농작물을 해치는 해충을 구제하는 용도로도 널리 쓰이게 되었다. 그러나 DDT의 대량 사용은 곧 문제점을 드러내기 시작했다. 우선 해충들이 DDT에 대하여 내성을 갖게 되었고, DDT로 인하여 천적이 소멸해버린 해충이 엄청나게 창궐하는 현상도 일어났다. 또한 해충 박멸의 목적으로 살포된 DDT 때문에 조류를 비롯한 야생 동식물이 크게 피해를 입는 사례가 발생하였다. 집 주변에서 흔히 보이던 새와 벌이 사라지고 물고기가 떼죽음 당하는 일이 일어났다. 생물학자이자 작가였던 레이첼 카슨은 1950년대 중반부터 합성 살충제의 해로운 효과에 눈을 돌리기 시작하였고, 1962년 출간된 『침묵의 봄』에서 DDT 등의 합성 살충제가 인간과 자연에게 미치고 있고 미칠 수 있는 위험성을 적나라하게 파헤쳐 보고한다.

DDT의 반감기는 2년에서 15년으로 잘 분해되지 않으며, 생물체의 지방 성분에 주로 쌓인다. DDT 등의 살충제와 관련하여 가장 큰 문제는 그러한 유독성 물질이 먹이사슬을 통하여 다른 생물체로 계속 연결된다는 것이다. 예컨대 DDT가 뿌려진 곡류를 닭이 먹으면 이 닭이 낳은 알에도 DDT가 함유된다. 7~8ppm의 화학 물질이 들어 있는 건초를 여물로 먹은 소에서 짜낸 우유에는 3ppm 정도의 DDT가 들어 있지만, 이 우유를 농축해 만든 버터에서는 65ppm으로 그 수치가 올라간다고 한다. 이런 전이 과정을 통해 처음에는 매우 적은 농도였던 DDT가 결국 상당히 심각하게 농축되는 것이다. 유독 물질은 모체에서 자식 세대로 전해질 수도 있다. 그러한 물질은 모유를 통해서 전해지기도 하고, 태아가 어머니의 자궁 속에 있을 때 전해지기도 한다. 이는 소량의 DDT로도 심각한 해를 끼칠 수 있음을 의미한다.

카슨은 DDT의 전파 경로를 다음과 같이 예시하고 있다.

사람들은 봄철에 느릅나무에 DDT를 뿌렸으며, 7월에 다시 그 절반 정도의 양을 뿌리곤 했다. 키 큰 나무의 구석구석까지 유독 약품을 쏘아 올릴 수 있는 강력한 농약 살포기는 해충인 느릅나무 딱정벌레뿐 아니라 가루받이를 돕는 곤충, 포식성 거미, 다른 딱정벌레 등 모든 곤충들을 죽인다. 유독 약품은 나뭇잎과 나무껍질에 좀처럼 벗겨지지 않는 얇은 막을 형성하는데, 빗물에도 씻겨 내려가지 않는다. 가을이 되어 땅에 떨어져 축축해진 낙엽은 아주 천천히 분해된다. 지렁이들은 자신들이 가장 좋아하는 느릅나무 썩은 잎을 먹어치워 이 과정을 돕는다. 그런데 나뭇잎을 먹은 지렁이들은 어쩔 수 없이 살충제까지 흡수하게 되고 체내에 그 살충제가 축적되고 농축된다. 지렁이의 소화관, 혈관, 신경 조직, 체벽에서 DDT 성분이 발견된다. 물론 많은 지렁이들이 죽었지만, 살아남은 지렁이들은 독극물의 '생물학적 증폭기' 역할을 했다. 그리고 다시 봄이 되면 이런 순환 경로의 한 고리를 연결할 울새들이 날아온다. 큰 지렁이 11마리면 울새에게 치명적인 양의 DDT를 공급하기에 충분하다. 1분에 한 마리씩 지렁이를 먹어치우는 새들에게 지렁이 11마리는 별로 대단치 않은 양이다.[107]

이렇게 흡수된 DDT는 치명적인 중독만이 아니라 불임 효과를 지니고 있어 울새 전체를 멸종으로 이끈다는 것이다. 봄을 알리는 철새들의 소리를 더 이상 들을 수 없게 되는 것이다.

이처럼 DDT와 같은 화학 물질은 복잡한 생물계에 대한 고려 없이 만들어졌고 또한 무분별하게 사용되었다. 자연은 복잡하면서도 정확하고 고도로 잘 짜여 있다. 우리는 자연의 균형이 현상 유지되는 불변의 상태를 지향할 수는 없겠지만, 적어도 유동적이고 계속 변화하면서도 조절과 조정이 가능하도록 자연을 유지해야 한다. 자연계에는 고유의 환경적 저항이 존재함으로써 특정 종마다 개체수가 일정하게 조절된다. 하지만 이러한 환경적 저항이 약해지만 종족을 재생산하려는 폭발적인 힘이 발휘된다. 카슨에 따르면, 인간은 화학 물질을 통하여 천적 역할을 하는 동물을 모두 죽인 후에야 비로소 그 동물이 맡고 있던 조절 기능을 깨닫는다. 살충제의 대량 사용으로 인하여 환경적 저항은 감소하고, 오히려 질병을 옮기고 농작물을 해치는 곤충의 개체 수를 심각하게 증가시킬 수 있다는 것이다.

카슨은 DDT가 또한 인간에게도 치명적인 질병을 가져올 수 있다고 주장한다. DDT가 암을 유발하는 물질일 수 있다는 것이다. 그리고 여러 화학 물질의 합성 및 생산으로 인하여 그러한 물질이 증가하고 있다. DDT와 같은 화학 물질은 정상 세포의 호흡 작용을 방해해 세포에서 에너지 생성을 저해한다. 적은 양의 화학 물질이라고 해도 이런 일이 몇 번이고 반복되면 세포는 심각한 해를 입게 된다. 손상을 입은 세포는 효율적인 회로를 작동할 수 없으므로 원시적인 발효를 통해 에너지를 만들려고 하

107) 레이첼 카슨, 앞의 책, 139-140쪽.

는데, 마침내 발효를 통한 에너지의 양이 호흡을 통한 에너지의 양과 동일해지는 순간에 정상적 체세포에서 암세포가 만들어질 수 있다.

카슨은 DDT와 같은 합성 화학 살충제 대신에 해충을 구제하기 위해 천적의 도입이나 수컷 불임화 등의 자연방제법을 사용하자고 제안한다. 곤충학자 중에서 단지 2%만이 생물학적 방제 분야에서 일하고 있고, 98%는 화학 살충제 관련 연구에 임하고 있는 당시의 실태를 제시하며, 카슨은 그 이유를 화학 회사와 화학자들의 돈을 매개로 한 담합에 의거하여 설명한다. 화학 회사들은 확실한 이윤을 보장하는 화학 방제를 위한 살충제 연구에만 돈을 투자하고 있으며, 화학자들 역시 이러한 돈의 흐름을 좇게 된다는 것이다. 이에 화학 산업계는 『침묵의 봄』 출판 이후에 카슨을 심지어 공산주의자라고까지 매도하며 맹렬하게 공격했다. 하지만 그러한 반격은 오히려 역효과를 내어 환경 운동을 촉발시키는 계기를 마련했고, 미국에서는 1972년에 DDT의 사용이 완전 금지되었다.

DDT가 인간과 같은 생물에서 피부로 접촉할 경우에는 특별한 문제를 일으키지 않지만 음식을 통해 섭취할 경우에는 암을 유발할 수 있고 여성 호르몬과 유사하게 작용하여 내분비계를 교란시킬 수 있다는 우려로 인하여, 현재는 대부분의 나라에서 농약으로 사용하는 것이 금지되어 있다. 우리나라에서도 6·25 전후에 이와 벼룩을 구제하기 위한 소독약으로서 DDT가 널리 사용되었는데, 역시 그 위험성이 알려져 1979년에 사용이 금지되었다. 하지만 아직도 말라리아와 티푸스 등을 방지하기 위하여 DDT 사용을 합법적으로 허용하는 나라들이 있다.

환경 호르몬(내분비 교란 물질 : endocrine disruptor)

해가 갈수록 코펜하겐대의 생식 전문 연구자인 닐스 스카케벡은 전형적인 정자 수의 감소뿐 아니라 점점 더 많은 정자의 기형을 보게 되었다. 동시에 1940년에서 1980년까지 덴마크에서는 고환암의 발생률이 세 배가 되었다. 스카케벡은 또 이런 암을 일으킨 남성의 고환 속에서 정자 수 감소와 정자의 기형을 관찰했다. 이는 서로 관계가 있을까? 스카케벡은 정자 수에 대한 다른 연구, 특히 불임증이나 다른 질병이 없는 남성의 자료를 찾아 문헌 연구를 시작했다. 그와 동료들은 통틀어 61편의 연구를 모을 수 있었는데, 대부분은 유럽과 미국의 것이었지만 인도, 나이지리아, 홍콩, 태국, 브라질, 리비아, 페루, 스칸디나비아의 것도 있었다. 연구자들은 그들이 발견한 사실에 깜짝 놀랐다. 이 자료에 따르면 인간의 평균 정자 수는 1938년에서 1990년 동안 거의 50%나 감소했다. 동시에 고환암의 발생은 덴마크뿐만 아니라 다른 나라에서도 급격히 증가했다. 또한 의학 자료들은 어린 소년들 사이에서 정류 고환이나 요도단축증과 같은 생식기 기형들이 증가하고 있음을 시사했다. 정자의 양과 질의 변화와 생식기 기형의 증가가 짧은 시간 동안 일어났다는 이유 때문에 연구자들은 유전적 원인을 제외시켰다. 대신에 그 변화는 어떤 환경 요인 때문인 것처럼 보였다.[108)]

1952년에 플로리다 해안에서 대머리독수리의 80%가 불임이 되었음을 관찰하였다. 1950년대 후반 영국에서는 그 많던 수달이 사라져버렸다. 1960년대 중반 미시간호에서는 많은 암컷 밍크가 불임이 되어 밍크 사육자들이 망하는 일이 일어났다. 1970

108) 테오 콜본(Theo Colborn) · 다이앤 듀마노스키(Dianne Dumanoski) · 존 피터슨 마이어(John Peterson Myers) 1996, 『도둑 맞은 미래』, 권복규 역, 사이언스북스, 1997, 24-25쪽.

년에 바다갈매기 집단이 장관을 연출하곤 하던 온타리오호에서는 80%의 바다갈매기 새끼들이 부화도 되기 전에 죽어버리는 일이 일어났다. 1970년대 초 남부 캘리포니아에서는 수많은 암컷 갈매기들이 함께 둥지를 틀며 알을 낳는 일이 관찰되었다(이전에는 거의 관찰할 수 없었던). 그리고 다음 20년 동안 이러한 암컷 쌍들은 다른 갈매기 집단에서도 숱하게 발견되었다. 1980년대 플로리다의 한 호수에서는 악어 알의 부화율이 18%에 불과하고 부화된 악어 새끼 중 절반이 열흘 이내에 죽어간다는 사실을 발견했다. 1988년 북유럽에서는 전체 북해 바다표범 수의 40%에 해당하는 1만 8000마리의 바다표범이 떼죽음을 당하는 일이 일어났다. 1990년대 초 지중해에서는 1만 1000마리 이상의 줄무늬돌고래들이 몰살당하는 일이 일어났다.

콜본(Theo Colborn)은 1996년 발표한 『도둑맞은 미래』에서 인용문의 정자 수 감소 사건과 위 일련의 사건들이 어떤 하나의 고리로 연결되어 있음을 드러내고자 하였다. 콜본에 따르면, 그 하나의 고리는 바로 우리가 통상 환경 호르몬이라고 부르고 있는 내분비 교란 물질(endocrine disruptor)이다(환경부에서는 이를 '내분비계 장애 물질'이라고 칭한다). 부모의 몸에서 발견되는 화학 물질은 대물림 독물로서 작용하여 태아와 아주 어린 새끼들을 제물로 삼는다. 생물체의 지방에서 발견되는 대물림 독물들은 한 가지 공통점을 가지고 있다. 그것들은 신체의 필수적인 내부 과정을 조절하고 출생 전 발달의 중요한 단계들을 이끄는 일을 하는 내분비계에 이러저러한 방식으로 작용한다. 즉, 화학 물질이 대물림하면서 호르몬을 교란시키는 것이다.

내분비학계의 권위자인 폼 살(Fred Vom Saal)은 자궁 짝(wombmate) 효과 연구[109]를 통하여 호르몬이 영구적으로 세포,

기관, 뇌, 출생 전의 행동을 조직화하여 많은 면에서 평생의 진로를 결정한다고 주장했다. 호르몬은 유전자를 변화시키거나 돌연변이를 일으키지 않고 이러한 일을 수행하며 유전자 청사진의 발현을 조절한다. 호르몬은 아직 태어나지 않은 아이에게서 적어도 성적인 발달의 일부 측면을 유도함과 동시에 아기의 신경계와 면역계의 발달을 지휘하고 남성과 여성에서 다르게 기능하는 간, 혈액, 신장, 근육 같은 기관과 조직들을 조직화한다. 이 모든 기관 계통에서 정상적인 발생은 정확한 시간에 정확한 장소에서 정확한 양의 정확한 호르몬 메시지를 얻었는가 여부에 달려 있다. 무엇인가가 발생의 중요 시기에 이 신호를 교란시키면 이는 후손들에게 평생 지속되는 심각한 영향을 남긴다.

이러한 내분비 교란 물질 중에는 호르몬 유사 물질과 호르몬 저해 물질이 있다. 자연 호르몬은 정상 상태에서 수용기와 결합하고 핵의 유전자를 활성화시켜 적절한 생물학적 반응을 일으킨

109) 자궁 짝 효과란 폼 살이 분만하기 직전의 암컷 생쥐를 제왕 절개로 분만시켜 작은 태아에게 자궁 안 위치를 확인하는 꼬리표를 붙이고는 생후에 그러한 생쥐들이 어떤 다른 성향을 보이는지 조사하여 밝혀낸 현상이다. 자궁 안에서 암컷 형제들 사이에 위치했던(여성 호르몬인 에스트로겐의 영향을 많이 받은) 암컷이 수컷 형제들 사이에 위치했던(남성 호르몬인 테스토스테론의 영향을 많이 받은) 암컷보다 덜 공격적이고 성적인 면에서 주기가 짧고 훨씬 더 수컷의 주의를 끌었다. 암컷 형제들 사이에 위치했던 수컷과 수컷 형제들 사이에 위치했던 수컷도 공격성 등에서 큰 차이를 보였다. 즉, 자궁 짝 효과란 자궁 짝에 의한 여성 또는 남성 호르몬 영향의 차이에 따라 여성화와 남성화의 정도 및 기타 성향이 달라지는 현상을 가리킨다. 이는 유전자만이 생물의 진로나 운명을 결정하는 것이 아니라 호르몬 또한 그러한 역할을 할 수 있음을 보여주는 실마리가 된다. Fred vom Saal 1984, “The intrauterine position phenomenon : effects on physiology, aggressive behavior and population dynamics in house mice”, *Biological Perspectives on Aggression*, (eds.) K. Flannelly, R. Blanchard and D. Blanchard. <http://ourstolenfuture.org/NewScience/reproduction/wombmate.htm> 참조.

다. 호르몬 유사 물질 역시 수용기와 결합하여 반응을 이끌어낸다. 호르몬 저해 물질은 반응을 유도하지 않고 자연 호르몬이 수용기와 결합하는 것을 방해한다. 합성 화학 물질들은 호르몬 유사 물질이나 저해 물질처럼 기능하여 세포 활동을 왜곡시킬 수 있다. 호르몬 유사 물질로서 DES 사례와 호르몬 저해 물질로서 PCB 사례를 들어 내분비 교란 물질이 어떤 문제점을 지니고 있는지 살펴보자.

호르몬 유사 물질(합성 에스트로겐 : diethylstilbestrol : DES)

DES는 영국의 과학자 도즈(Charles Dodds)가 1938년에 합성해낸 물질이다. DES(두 개의 고리 구조)는 천연 에스트로겐(네 개의 고리 구조)과 화학 구조가 전혀 유사하지 않음에도 체내에 들어가면 에스트로겐과 같은 반응을 일으킨다. 당시 산부인과 의사들은 DES가 많은 가능성을 지닌 놀라운 약이라고 찬양하며 임신 중 문제가 생긴 여성들에게 DES를 투여했다. 불충분한 에스트로겐 수준이 유산과 조산의 원인이 된다고 믿었기 때문이다. 또한 의사들은 DES가 유산을 방지할 뿐만이 아니라 크고 건강한 아이를 낳을 수 있게 한다고 임신에 적극 사용하기를 권했다. 기록에 의하면 1940년대 후반부터 1971년까지 산부인과 의사들은 미국에서만도 수백만의 임신한 여성들에게 이 약을 처방했다. 1971년에 미국 식약청(FDA)은 의사들에게 DES가 여아에게 자궁암을 유발할 위험이 있기에 그 사용을 자제하라고 권고하였다. 하지만 이 약은 이후에도 계속 사용되었다고 한다(미국과 유럽 등지에서는 1978년까지, 다른 나라에서는 1994년까지도).[110]

---

110) <http://en.wikipedia.org/wiki/Diethylstilbestrol> 참조.

의사들은 임산부 말고도 출산 후 모유 생산 억제와 생리 때의 증상 완화와 여드름 제거와 전립선암 치료와 어린이의 임질과 너무 키가 큰 소녀들의 성장 억제를 위해서도 DES를 처방했다. 대학 병원에서는 DES를 피임약으로 환자들에게 분배하기도 했다. DES는 또한 축산 농가에서 가축의 성장을 촉진시킨다고 믿으면서 가축들에게 먹이기도 했다.

하지만 1950년대 초에 이미 DES가 위와 같은 증상을 치료하는 데 효과가 없다는 사실이 밝혀졌다. 동물 실험을 통하여 드러난 더욱 충격적인 사실은 DES가 임신한 동물의 경우 대물림 독물로서 작용한다는 것이었다. 그 후 임신 초기에 DES를 복용한 여성이 낳은 딸들과 아들에게서 암이나 생식기 기형 등이 나타난 사례가 속속 보고되었다. 1966년과 1969년 사이에 50세 이하의 여성에서는 거의 일어나지 않는 질투명세포암(clear cell carcinoma)이 일곱 차례나 15세에서 22세 사이의 젊은 여성들에서 발견되었다. 자궁과 질을 절제하는 수술을 단행하였으나 이 환자들 중 한 명은 1968년에 18세의 나이로 죽었다. 이 환자들의 어머니는 모두 임신 초 3개월 동안 DES를 복용했음이 밝혀졌다. DES 딸들 60명 중 40명이 자궁 기형 현상을 보이고 있음이 밝혀지기도 하였다. 또한 DES 아들들(자궁 내에서 DES에 노출된 남성)은 생식기 기형, 정자 수의 감소와 질의 저하, 관절염을 비롯한 면역계 이상 등의 문제를 가지고 있음이 보고되었다.

호르몬 저해 물질(폴리염화비닐 : polychlorinated biphenyl : PCB)

북유럽에서 감소중인 바다표범 집단을 연구하는 이들은 표범들이 상당한 농도의 PCB를 지방에 가지고 있음을 발견했고, 이것이 면역 저하와 자궁 및 난소로부터 난자를 수송하는 난관의 기형 등 암컷에게 치명적인 문제를 일으키기에 충분함을 발견했다. 1980년대 후반과 1990년대 초반에 있었던 바다표범과 줄무늬돌고래의 집단적인 죽음을 조사하던 연구자들은 죽은 동물들이 면역 계통의 약화를 보였으며 PCB와 같은 오염 물질을 고농도로 가지고 있음을 발견하였다. 면역 계통의 약화가 바이러스 감염에 기여했다는 것이다. PCB는 수세기 동안이나 없어지지 않고 남아 생명체에게 지속적인 해를 미칠 수 있다고 한다.

PCB는 19세기 말에 처음 합성되었고(바이페닐이라고 알려진 두 개의 육각형 벤젠 고리에 염소 원자를 추가하여) 20세기 초에 상업적으로 생산되기 시작하였다. 당시 PCB는 비인화성이면서 아주 안정한 화합물이라고 평가되었다. 미국의 화학 회사는 바로 이 제품을 생산하기 시작하였고, 전기 산업에서 비인화성 냉각 재료의 수요에 맞추어 PCB는 곧 폭발적인 인기를 끌었다. PCB는 또한 윤활제와 유압액, 절삭유, 접착제로도 사용되었고, 인조 목재와 플라스틱과 콘돔을 만드는 데 쓰였으며, 페인트와 잉크, 살충제의 성분이 되었다.

덴마크 태생의 화학자인 옌센(Soren Jensen)은 1964년에 스톡홀름대 분석화학연구소에서 일하고 있었는데 인체 혈액 안의 DDT 농도를 측정하려다가 이상한 화합물과 마주쳤다. 그는 무엇이든 보이는 것마다에서(동물 표본, 연안 해수, 아내와 딸의 머리카락 등) 그 물질을 발견했고, 그의 이러한 발견은 1966년 영국의 과학 잡지 『뉴 사이언티스트(*New Scientist*)』[111]에 처음 보고되었다. 이에 다른 과학자들도 PCB를 찾기 시작했고 흙과 공기와 물과 강물과 바다와 새와 물고기와 다른 육상 동물들에

111) Soren Jensen, "Report of a New Chemical Hazard", *New Scientist*, Vol. 32 (1966), p.612.

서 그것을 발견할 수 있었다. 1976년 미국은 PCB의 생산을 금지시켰고 다른 나라들도 뒤를 따랐지만, 이미 엄청난 양의 PCB가 환경 속에 퍼져나간 다음이었다. 오늘날에도 당시 PCB로 제작되었던 전자 제품은 여전히 존재하고 있다고 한다.[112)]

다른 동물만이 아니라 인간 역시 이 PCB를 광범위하게 체내 지방에 보유하고 있다. 특히 공업과 인구 중심지로부터 멀리 떨어진 곳에 사는 사람들이 더 극심한 오염을 보이고 있다고 한다. 극지방 등은 이동이 제한되어 있어서, 화학 물질이 도달하는 최종 목적지일 수 있는 것이다. 이 합성 화학 물질은 모든 곳에 가며 심지어 태반을 거쳐 자궁에도 들어가 가장 저항력이 없는 발달 시기에 태아에게 영향을 미칠 수 있다. 콜본은 이를 다음과 같이 표현한다.

> 엄마가 아기에게 젖을 먹일 때 그녀는 사랑과 영양 이상의 무언가를 준다. 그녀는 고농도의 잔류 화학 물질도 전해주는 것이다.[113)]

PCB와 같은 합성 호르몬 저해 물질은 호르몬을 저해하며 생식력을 손상시키고 발달을 간섭하며 면역 계통을 훼손한다는 사실이 멸종 위기에 처한 동물들을 조사하면서 드러났다. 그러한 물질이 얼마나 있어야 인간에게 해를 미칠 수 있는지 그리고 신체 이상을 일으키는 메커니즘은 무엇인지 아직 정확히 규명되어 있지는 않다고 한다. 하지만 적어도 콜본 등의 연구는 아주 적은 양의 호르몬 저해 물질만으로도 능히 태아와 같이 발달 과정에

---

112) <http://www.foxriverwatch.com/monsanto2a-pcb-pcbs.html> pcb의 역사 참조.

113) 테오 콜본 외, 앞의 책, 134쪽.

있는 생명체의 운명을 전반적으로 바꾸어놓는 데 충분함을 보여주고 있다.

콜본을 주축으로 한 과학자들은 1991년 환경 내의 내분비 교란 화학 물질의 분포와 영향에 대한 학술 회의를 개최하고 그 합의 결과를 「윙스프레드 선언문(Wingspread Statement)」을 통하여 발표했다. 선언문에서 과학자들이 확신한다고 주장한 내용을 간추리면 다음과 같다.

> 환경 내로 방출된 많은 수의 인공 화학 물질은 인간을 포함한 동물의 내분비계를 교란시킬 수 있다. 많은 야생 동물 집단은 이미 이 화합물에 의해 영향을 받았다. 일반적으로 내분비 교란 화학 물질은 배아나 태아에게 성체와는 전혀 다른 영향을 미칠 수 있다. 그 효과는 흔히 화학 물질에 노출된 성체가 아닌 후손에서 뚜렷하다. 발생 중인 유기체의 노출 시점이 그 특성과 미래의 위해를 결정하는 데 중요하다. 배 발생 기간에 화학 물질에 노출되는 일이 일어나지만, 그 뚜렷한 발현은 성숙할 때까지 나타나지 않을 수 있다.[114]

이 선언문은 바로 환경 속에 살고 있는 인간이 환경이 가지고 있는 고유한 체계를 화학 물질 등의 유포 등을 통하여 마음대로 바꾸려고 할 때, 인간에게 어떤 일이 일어날 수 있는지 경고하고 있는 것이다.

3) 유전자 조작 농산물에 따른 문제

유전자 조작(genetically modified) 농산물이란 한 생물체의 유

114) 테오 콜본 외, 앞의 책, 부록(「윙스프레드 선언문」 전문), 297-306쪽.

전자(DNA) 중 일부를 잘라내어 다른 유전자에 붙여 만든, 완전히 새로운 기능을 갖는 생물체로서 저장성이 좋거나 제초제와 병충해 등에 강한 특성을 갖도록 개조한 농산물을 말한다. 교배라는 전통적인 육종 방법이 아니라 유전자 하나하나를 분자생물학적으로 미세하게 조작해 얻는 것으로서, 1994년 미국에서 처음으로 이러한 방법을 써서 껍질이 무르지 않도록 한 토마토를 개발하였다. 이후 옥수수와 콩과 감자와 면화와 유채와 담배 등 전 세계적으로 수십 종이 이미 생산 판매되고 있다. 게다가 이들 유전자 조작 농산물을 상업적으로 유통시키는 국가는 미국과 캐나다, 중국, 호주, 멕시코, 아르헨티나 등 우리나라의 주요 곡물 수입국들이다. 우리나라에는 1995년쯤부터 미국산 유전자 조작 곡물이 들어오기 시작했을 것으로 추정되지만 국민들은 이런 사실을 거의 모르고 있었다고 한다. 90% 이상을 수입하는 콩의 경우 주요 수출국인 미국에서 유전자 조작된 콩이 재배되고 그 중 상당량이 정상 콩과 함께 섞여 수입되기 때문에, 우리나라에서 수입 콩을 가공해 만든 1000여 종류의 콩 가공 식품(두유와 간장과 두부 등)은 모두 유전자 조작 곡물로 만들어진 식품이라고 할 수 있다. 우리나라에서도 쌀 등 곡류와 배추 등 채소류를 대상으로 유전자 조작 농작물을 개발하고 있으나 아직 상품화 단계에는 미치지 못하고 있다.

생물체의 유전적 성질에 대한 지식을 이용하는 방법은 1970년대 들어 획기적인 변화를 겪게 된다. 생물체의 유전 정보를 담고 있는 유전자를 조작함으로써 인위적으로 생물체가 특정 형질을 발현하도록 만드는 유전자 재조합 실험이 1973년에 최초로 성공한 것이 그 계기가 되었다. 물론 그 이전에도 농작물을 서로 교배하여 원하는 형질을 얻으려는 시도가 있었지만, 유전자 재조합에 의한 형질의 변화는 두 가지 점에서 이전과 질적으로 다른 것이었다. 첫째, 이전 시기의 교배는 특정 형질을 얻어내기 위해 여러 번의 교잡을 거쳐야만 했지만, 유전자 재조합에 의한 조작은 원하는 형질을 나타내는 유전자의 해당 부분을 직접 대상 세포에 집어넣음으로써 특정한 형질을 발현하게 할 수 있다. 둘째, 종전의 교잡은 서로 생물학적으로 근친 관계에 있는 종들끼리만 가능한 것이었지만, 유전자 재조합은 미생물이나 동물의 유전자를 식물에 집어넣는 등의 방식을 통해서 정확히 원하는 형질만을 나타내면서 지구상에 자연적으로는 결코 존재할 수 없는 생물 종을 만들어낼 수 있다. 이런 유전자 조작의 과정은 종의 경계를 완전히 뛰어넘는다는 점에서 근친 관계에 있는 종들끼리 교배시켜 새로운 잡종을 얻어내는 전통적인 종자 개량 방식과는 질적으로 다르다.

유전자 조작은 하나의 유전자가 하나의 특정한 형질을 발현시킨다는 일 대 일 대응의 전제에 기반하고 있다. 즉, 어떤 유전자가 어떤 기능을 하는지를 알아내서 그것을 뽑아내 다른 유기체에 넣어주면 그 유기체 역시 같은 기능을 갖게 된다는 것이다. 하지만 유전자와 관련하여 또한 다음과 같은 사실이 밝혀져 있다. 유전자는 그것이 놓인 맥락과 무관하게 작동하는 것이 아니라 극도로 복잡한 유전자 네트워크 속에서 작동하며 그 외부의 생리적이고 생태적인 환경으로부터도 영향을 받는다. 따라서 어떤 특정한 개체 내지는 종에서 특정한 형질을 발현시키는 유전자가 다른 개체 내지 종으로 전이되면 전혀 다른 결과를 낳을 수 있고, 외부 환경으로 인하여 유전자의 기능이나 배열이 달라질 수도 있다. 또한 유전자는 그것이 삽입된 개체 속에 얌전하게 머물러 있는 것이 아니라 바깥으로 빠져 나와서 다른 유기체를

‘감염’시키는 수평적 유전자 전이(horizontal gene transfer)를 일으킬 수 있다.115)

환경론자들은 바로 이러한 맥락에서 유전자 조작 농산물의 안전성과 환경 친화성(유전공학자와 다국적 거대 농산물 기업들이 주장하는)에 대하여 문제를 제기한다. 현재 유통되고 있는 유전자 조작 콩과 옥수수와 감자 등이 인체에 해가 없는 것인지에 대한 안전성 평가는 소위 ‘실질적 동등성’ 원칙에 의해 이루어지고 있다. 이는 유전자 조작에 의해 만들어진 새로운 식품이 원래의 식품과 주요한 생화학적 성분에서 차이를 보이지 않는다면 이 둘은 ‘실질적으로 동등’하기에 안전한 것으로 간주하여 별다른 추가 시험을 하지 않는다는 원칙이다. 그러나 유전자 조작의 과정에서 외래 유전자의 삽입에 의해 유전자 네트워크가 교란되어 원하지 않는 유전자가 발현되거나 감지하기 힘든 정도의 새로운 독소를 축적하는 등 예기치 못한 결과를 초래할 수 있다.

유전자 조작 작물이 환경에 어떤 영향을 가져올 수 있는가에 대한 논쟁 역시 유사한 대립 구도를 보이고 있다. 현재 미국 몬산토(Monsanto)사를 비롯한 다국적 농산 기업들은 제초제 저항성을 갖거나 해충 저항성을 갖도록 만든 콩과 옥수수와 면화 등을 개발하여 판매하면서, 이러한 작물들이 제초제와 살충제의 사용을 줄여 환경 친화적인 농업을 가능하게 할 것이라고 주장하고 있다. 그러나 환경론자들은 이렇게 반박한다. 제초제 저항성 작물을 제초제와 함께 사용하면 오히려 제초제를 무분별하게 사용하여 그 사용량이 늘어나게 되고, 결과적으로 환경 오염과 생태

115) 김명진, 「농업 생명공학, 무엇이 문제인가?」, 『성균』 제65호(1999년 여름) 참조.

계 파괴가 더욱 가중될 수 있다. 또한 제초제 저항성 작물과 잡초들 간의 수평적 유전자 전이의 결과로 제초제 저항성을 지닌 '슈퍼 잡초'가 생겨나 생태계를 교란할 수 있다. 일단 이렇게 생태계로 방출된 유전자나 생물은 회수 또는 통제가 불가능하다는 점에서 핵폐기물이나 합성 화학 물질보다 훨씬 더 무서운 '유전자 오염'을 가져올 수 있다. 유전자와 생태적 외부 환경 사이의 상호작용과 피드백을 간과하고 있다는 것이다. 한편, 해충 저항성 작물이 해충뿐만 아니라 이로운 곤충에게도 독성을 나타내는 것이 확인되었는데, 해충 저항성을 주는 독소 성분이 먹이사슬을 통해 새와 포유류에까지 해를 끼치게 될지 모른다. 해충 저항성 작물의 재배 증가로 오히려 해충이 그 저항 독소에 내성을 갖게 되면 더욱 강력한 살충제를 개발해내야 할 것이고, 이는 농업과 환경 모두에 해를 끼치는 악몽의 시나리오가 될 것이다.

식물 유전공학자들은 1980년대 초에 가뭄을 견디고 질병에 저항하는 기적의 작물을 손쉽게 만들어낼 수 있을 것으로 전망했다. 그들은 질소 비료를 주지 않아도 잘 자라는 옥수수와 살충제를 뿌리지 않아도 해충에 견디는 면화와 황폐한 땅에서도 잘 자랄 수 있는 가뭄 저항성 작물 등을 꿈꿨다. 그러나 오늘날 그러한 작물 개발은 실현하기 어렵고 설령 개발이 가능하다고 하더라도 많은 시간과 돈이 든다고 판명되었다. 별 무리 없이 제대로 조작할 수 있는 유전자의 수가 기껏해야 두 개에서 다섯 개 정도임을 발견한 것이다. 또한 공기로부터 직접 질소를 고정하거나 수확량을 증가시키거나 가뭄에 저항하는 것 같이 가장 바람직한 특성들은 여러 개의 유전자들이 결정한다는 사실이 알려졌고, 그러한 유전자들의 상보적 관계는 아직 제대로 밝혀지지 않고 있다. 그래서 유전공학자들은 기대치를 낮추어야 했고, 우리에게 잘 알려진 제초제 저항성 작물과 해충 저항성 작물과 보존 기간을 연장한 식품이 나타나게 된 것은 이런 맥락에서라고 한다.116)

유전자 조작 생물체의 국가 간 이동을 규제하고 환경 방출로 인한 생태계 파괴 위험을 막기 위한 국제 협약으로 「바이오 안전성에 관한 카르타헤나 의정서(Cartagena Protocol on Biosafety)」가 있다. 이 의정서는 2000년 1월 29일 캐나다 몬트리올에서 「생물다양성협약(Convention on Biological Diversity)」(1992)의 부속 의정서로서 채택되어, 2003년 9월 11일에 발효되었다. 「바이오 안전성 의정서」는 환경(나무, 어류, 종자)과 유전자 조작 농산물(식품, 사료용 옥수수, 곡물)을 대상으로 하고 있으며, 생물 다양성의 보존 및 지속 가능한 이용에 해로운 영향을 미칠 수도 있는 유전자 조작 생물체의 국가 간 이동을 안전하게 관리하는 절차를 마련하고 있다. 그 골자를 보면 사전 예방의 원칙 아래 유전자 조작 생물체의 국가 간 이동시 사전 통보를 의무화하고, 유전자 조작 생물체가 환경에 미치는 영향과 위해성을 평가하고 관리하도록 하고 있다.117)

4) 생물 다양성(biodiversity)의 상실에 따른 문제

생물은 통상 유전적으로 개체마다 다르며 유전자 수준에서 개체마다 변이가 매우 크다는 것이 밝혀지고 있다. 이러한 종 내부

116) 디클랜 버틀러(Declan Butler) · 토니 렐치하트(Tony Relchhardt) 1999, 「농업에서의 생물 다양성에 가해지는 위협을 평가한다」, 『시민과학』 제9호, 1999년 8월, 15-18쪽 참조.

117) <http://www.biodiv.org/biosafety/protocol.shtml> 참조.

에서 일어나는 유전자의 변이를 유전적 다양성이라고 부른다. 또한 생물은 종류에 따라 고유한 유전적 조성을 갖고 있기에, 다른 종류의 생물과는 교배하지 못하는 생식적 격리를 보인다. 이러한 생물의 종류를 '생물학적인 종'이라 하고, 그 다양한 정도를 종 다양성이라고 부른다. 윌슨(E. O. Wilson)은 생물학적 종을 가리켜 '다른 종들과 유전자를 교환하지 않는 하나의 폐쇄적인 유전학적 집단'이라고 말한다. 이러한 종들이 모여 주위 환경과 물리적이고 화학적으로 영향을 주고받으며 하나의 체계를 이룰 때 이 전체 체계를 생태계라고 하고, 그 다양한 정도를 생태계 다양성 또는 생물 다양성이라고 부른다. 이러한 생물 다양성은 단순한 원시 생명체로부터 끊임없이 분화하면서 복잡한 모습을 띠게 된 진화의 산물이라고 할 수 있다.

오늘날 지구상에는 이러한 생물의 종이 적게는 500만 종에서 많게는 1억 종까지 존재하고 있다고 말해지곤 하는데(대략 200만 종이 기록되고 있음), 끊임없이 일어나는 지구 환경의 변화 속에서 숱한 종들이 멸종하기도 하고 새로 출현하기도 하는 역사를 보여왔다. 그러나 오늘날에는 지구 환경이 극도로 악화되고 생물 서식지가 파괴되어 새로 출현하는 종보다 사라지는 종의 수가 훨씬 더 많아지게 되었다. 대기 오염, 해양과 담수 오염, 삼림의 남벌, 녹지 감소 등으로 인하여(특히 열대 우림 지역의 급속한 환경 훼손으로 인하여) 무수한 생물 멸종이 가속화되고 있다. 지구상 생물 종의 2분의 1 이상이 지구 육지 면적의 6%에 불과한 열대 지방에서 집중적으로 서식하고 있는데, 이 열대 우림이 대규모 벌목과 개간 등으로 인하여 매년 남한 면적의 거의 두 배에 달하는 면적만큼 사라지고 있고 그에 따라 생물도 매년 수만 종씩 멸종하고 있다고 보고되고 있다.

생물 다양성의 손실은 생태계의 균형을 파괴시켜 궁극적으로는 지구의 존립 기반 자체를 위협할 수 있다. 예컨대 천적인 뱀이 멸종된다면 들쥐의 수가 늘어나게 되어 유행성 출혈열을 비롯한 전염병을 옮기게 될 것이다. 개구리가 멸종된다면 곤충이나 기타 해충이 크게 번식하여 농작물에 피해를 줄 것이다. 숲에 사는 연약한 초식 동물을 보호하고자 늑대를 섬멸시켰다고 가정해보자. 늑대가 사라지면 어떤 일이 일어날까? 늑대가 사라지면 사슴이 급속도로 번식한다. 급증한 사슴은 숲의 초지를 완전히 사라지게 할 것이고, 이는 결국 숲을 황폐하게 한다. 이렇듯 생물 다양성의 파괴는 해충과 질병에 취약한 환경을 만들고 생물의 자연 보호 역할을 감소시키며, 생물 종의 유전적 다양성을 해칠 것이다. 따라서 지구의 지속 가능한 미래와 인류 생존을 위해서도 생물 다양성을 보존하는 것이 필수적이고 긴급한 문제라고 아니 할 수 없다.

생물 다양성의 보존을 위하여 야생 보호 지역을 설정하여 생물 서식처를 보호하는 방안과 토착민들의 보전 지역을 인정함으로써 그들 스스로가 전통적인 방식으로 야생 동식물을 보호하도록 만드는 방안이 제시되고 있다. 또한 열대 우림의 환경 파괴는 주로 관련 국가의 사회적 빈곤으로 인한 것이라는 인식 아래, 국제적인 차원의 빈곤 해소책이 마련되어야 한다는 제안도 나오고 있다.

생물 다양성의 보존과 관련한 국제 협약으로서, UN환경개발회의가 1992년에 리우에서 채택하고 1993년 12월 29일에 발효된 「생물다양성협약(Convention on Biological Diversity : CBD)」이 있다. 그 협약은 생물 다양성의 보전과 지속 및 유전자 자원의 이용에 따른 이익의 배분을 골자로 하고 있다. 이는 생물 종의 소멸과 생태계 파괴 등 생물 다양성의 훼손이라는 전 지구적인 사태와 마주하여, 원시 상태의 생물 자원을 보유하고 있는 개발

도상국에게 그 자원의 활용에 따른 혜택을 주고 생물 자원에 대한 주체적 권리를 인정함으로써 생물 다양성 보전을 유도하는 형식을 취했다. 생물 다양성이 생태 유전학적인 가치와 사회 경제적인 가치와 과학 문화적인 가치를 지니고 있음에도 불구하고 인간의 무분별한 훼손 행위로 말미암아 현저히 감소하고 있음을 인정하고, 이를 방지하기 위하여 생물 다양성에 대한 정보와 지식을 공유하고 보존하며, 과학적이고 기술적이며 제도적인 역량을 발전시키고자 한 것이다. 또한 그 협약은 유전자 자원의 이용으로부터 발생하는 이득을 공평하게 배분하고자 하는 목표도 가지고 있다.118)

3. 환경 문제의 해결

1) 환경윤리관

앞서 인간의 도덕(인륜)에서 결과론적 요소와 비결과론적 요소를 결합하여 인간 존중의 원리와 선행의 원리 및 정의의 원리를 얻을 수 있었다. 우리는 또한 여러 유형의 환경 문제를 살펴보며 인간이 문화적 존재이기도 하지만 다른 생물과 같은 생물학적 존재로서, 서로 기대며 지구 생태계의 일원으로 살아갈 수밖에 없다는 사실을 절실히 깨닫게 되었다. 그렇다면 이제 우리는 능히 문화의 면에서 인간 존중의 원리와 함께 생명의 면에서 생명 존중의 원리를 가장 근본적인 도덕 원리로서 받아들일 수 있

118) <http://www.biodiv.org/convention/convention,shtml> 참조.

을 것이다. 그리고 생명을 도덕적으로 고려할 수 있다면, 도덕적 행위의 근간이 되는 선행의 원리와 정의의 원리에 기초하여 우리가 생명계에 대하여 어떤 태도를 취해야 할 것인지 고려해볼 수 있을 것이다.

인간 존중의 원리는 인간을 목적으로 대우하고 한갓 수단으로서 대우해서는 안 된다고 말한다. 생명계에는 개체의 생명보다는 전체 생태계의 유지가 우선시되기에(진화의 원리에 의하여), 생명 존중의 원리는 생명계 전체를 고유한 가치를 지니는 것으로 대우하고 한갓 도구로서 취급해서는 안 된다고 말한다. 그동안 생명계의 일부일 뿐인 인간은 바로 이 생명 존중의 원리를 어김으로 인하여 생명계 전체를 파괴로 몰아넣는 (생명계 전체를 마음대로 이용하고 통제할 수 있다는) 자기 오만에 기초한 도덕적 불경죄(hybris)를 저질렀다. 이제 우리는 전체 생명계에 대하여 겸손한 자세를 취하고, 인륜만이 아니라 생명 윤리에 기초하여 죄 갚음의 길을 걸어야 한다.

인륜은 역지사지하여 서로를 존중하고, 선을 행하고 악을 피하며 삶을 위하여 필요한 것들을 공정하게 나누라고 명한다. 생명 윤리 역시 전체의 생명계를 존중하면서 그러한 일을 하라고 명할 것이다. 일단 고통을 느낄 수 있는 존재에게 불필요한 고통을 주어서는 안 될 것이다. 동물 실험이 공리주의적 관점에서 꼭 필요한 것이라고 하여도 고통을 야기할 수 있는 것이기에, 연구자는 실험 동물의 수를 가능한 줄이고 동물의 고통을 가능한 경감시키며 궁극적으로 동물 실험을 대체할 수 있는 다른 방안을 강구해야 한다. 또한 불필요한 가축의 도살 역시 피해야 한다. 전체 생태계를 고려하여 가축과 야생 동물의 조화를 꾀해야 한다. 이를 위하여 지나치게 가축을 번성시켜 야생 동식물의 터전을 빼앗는 일은 피해야 할 것이다. 인간이 생명계에 죄를 저지른 것이기에 그 죄를 갚기 위하여, 멸종 위기에 처한 동식물을 보호해야 하고 파괴된 환경을 복원해야 한다. 파괴된 환경의 복원은 이미 바뀌어버린 생태계의 먹이사슬 구조와 주위 환경에 유념하여 신중하게 이루어져야 한다. 어설픈 복원은 더 큰 파괴를 낳을 수 있기 때문이다. 우리는 항상 우리가 생명계를 조금밖에는 모른다는 사실에 주의해야 한다.

생태중심주의에 기초한 환경론자들의 운동은 분명 이러한 일에 도움을 준다. 그렇지만 그 목표와 방법에서 주의해야 할 점이 있다. 지나치게 이상적이거나 원론적인 구호는 일반 대중으로 하여금 오히려 환경 문제에 눈을 닫아버리게 만들 위험이 있다. "응, 그래야 한다는 것에는 공감이 가지만, 현실적으로 나는 그러한 일에 역부족이야. 나는 빼줬으면 좋겠어." 극은 바로 극으로 통하기 때문이다. 우리는 사람들이 공감하고 실제로 따를 수 있는 현실적인 대안을 제시할 수 있어야 한다. 또한 옛날의 자연(사람들의 발길이 닿지 않았던)을 고집하는 태도도 대중의 발걸음을 돌리게 만들 위험성이 있다. 인간과 자연은 늘 변화한다는 사실에 유념할 필요가 있다. 아무리 인공적인 자연이라고 하더라도 적당한 시간과 조건이 주어진다면 소위 본래적인 의미의 자연에 잘 동화할 수 있는 것이다. 단 어떤 한도(생명계가 감당할 수 있는)를 벗어난 과도한 변화는 자연이라는 말 자체를 쓸 수 없는 환경을 만들어버릴 것이다. 앞서 살펴본 합성 화학 물질과 유전자 조작 생물체가 그러한 변화에 해당할 수 있다.

정의의 원리는 생명계와 관련하여 그 각 구성원들이 조화로운 관계를 유지할 것을 요구한다. 인간과 자연의 조화로운 공존을 위하여 기본적인 삶의 욕구에 따른 자연 파괴를 방지할 필요가 있다. 이는 물질적인 부의 공정한 배분을 요구한다. 현대 세계는 물질적인 부가 지나치게 북반구에 치우쳐 있다. 그리고 다양한 생물 자원은 대부분 인구가 조밀하면서 빈곤한 남반구에 자리하고 있다. 남반구의 빈곤한 나라에서는 식량난을 해소하기 위해서나 기초적인 생필품을 조달하기 위하여 삼림을 훼손하고 개간하려고 시도할 수밖에 없을 것이다. 그러한 기본적인 욕구가 충족되지 않는 한 지구 전체의 환경 내지는 생태계를 생각하라는 요구는 다만 배부른 자의 소리에 지나지 않을 것이기 때문이다. 지구 생태계 전체의 선을 낳고 악을 방지하기 위하여 빈곤국의 가장 기본적인 삶의 욕구가 충족될 수 있도록 물질적인 부의 분배가 이루어질 필요가 있다. 그리고 장기적인 안목에서 선진국에서는 정착된 환경 기술을 개도국에 적극적으로 이전하고 개도국에서는 그러한 기술을 이해하고 실행할 수 있는 능력을 갖추려는 시도들이 필요하다.

2) 인간과 환경의 관계

인간은 이성적으로 자신의 고유한 문화를 창출하는 고도의 문화적 존재다. 자연에 소속된 자로서 거기에 머물지 않고 자연을 도구로서 사용하는 존재가 바로 인간이다. 자연 환경을 도구로서만 생각하다보니 인간은 이미 회복이 어려울 정도로 그 자연 환경을 파괴해버렸다. 인간들은 그러한 파괴가 자연을 단지 인간의 시각에서만 보려한 까닭임을 알지 못하고 다시 똑같은 방식으로 자연을 개발하여 자연을 복원할 수 있다고 주장한다. 아니 그들은 자신들이 인위적으로 만들어낸 인공 환경이 자연 환경과 아무런 질적 차이도 없으며, 오히려 인공 환경이 통제 가능하도록 잘 짜인 것이기 때문에 자연 환경보다 더 나을 수 있다고 주장한다.

그러나 엄밀한 경계를 어디에다 그어야 할지는 확실하게 지적할 수 없겠지만, 자연과 인공의 차이 내지 구분은 분명히 존재한다. 그리고 자연이 감당할 수 없을 정도로 인공화될 때, 인간이 예측할 수 없는 무수한 문제들이 나타날 수 있다. 인간 역시도 자연의 일부로서 장구한 기간에 걸친 진화의 도정을 걸어온 존재일 뿐이다. 진화의 과정은 생태계를 마치 하나의 생물체를 이루는 것처럼 유기적인 관계를 갖게 했다. 그리고 그러한 유기적인 관계 중 일부를 정도 이상으로 파괴시킬 경우 전체 생태계 전반에 영향을 미쳐 돌이킬 수 없는 파국을 낳을 수 있는 것이다. 이를 여실히 보여주는 것이 바로 생태계에 미친 합성 화학 물질의 악영향과 유전자 조작 생물체가 드러내고 있는 부작용들이라고 할 수 있을 것이다. 콜본은 이에 관하여 다음과 같이 이야기하고 있다.

> 인간과 동물들은 공통적인 진화의 유산뿐 아니라 공통적인 환경을 공유한다. 인간이 만든 환경 속에 살며 우리는 우리의 복지가 자연계에 뿌리를 두고 있음을 쉽게 잊어버린다. 그러나 모든 인간의 성취는 눈에 보이지 않는 수많은 생명 유지 서비스를 제공하는 자연계에 근거를 둔다. … 지난 반세기 동안 잔류 화학 물질을 가지고 한 우리의 후회스러운 실험은 이 깊고 복잡한 상호 관계의 실체를 보여준다. 도쿄나 뉴욕에 살든지 아니면 농장이나 산업 오염 지대로부터 수천 마일 떨어진 북극의 이누이트 마을에 살든지 간에 우리 모두는 우리의 체지방에 잔류 합성 화학 물질들을 축적하고 있다. 피할 수 없이 연관

된 이 그물을 통해 화학 물질들은 새나 바다표범, 악어, 표범, 고래 그리고 북극곰에서와 마찬가지로 우리 각자에게서도 자신들의 자리를 찾아간다. 이 생물과 환경의 공유를 고려한다면 인간만이 오랫동안 별도의 운명을 가질 것이라 기대할 만한 어떤 근거도 없다.[119]

지구에 생명체가 만들어지는 데 수억 년이 걸렸다. 영겁과도 같은 이 기간 동안 생물은 진화하고 분화하면서 주변 환경에 적응하고 적절한 균형을 이루어나갔다. 이렇게 시간은 생명체가 변화하는 환경에 적응하는 데 필수적인 요소였다. 하지만 오늘날에는 생명체의 적응을 위하여 그러한 충분한 시간이 주어지지 않는다. 충동적이고 부주의한 인간의 활동에 의해 신중한 자연의 속도와는 차원이 다른 새로운 변화가 급속도로 일어난다. 매년 쏟아져 나오는 수백 수천 종의 화학 물질과 유전자 조작된 생물체에 이르기까지, 이러한 환경적 변화에 적응하는 것은 생물학적 한계를 넘어서는 일이다. 이는 인류와 지구상의 모든 생물을 실험 대상화하는 전 지구적인 실험이라고 할 수 있을 것이다. 지구의 기후가 크게 변화하였고 우리 몸의 화학 조성이 또한 크게 바뀌었다. 남극의 오존층에 커다란 구멍이 뚫리고 인간 정자 수가 급격하게 감소하였다. 유전자 조작된 생명체들이 지구를 떠돌고 있고, 이러한 것들이 어떤 모습을 하고 공격해올지 누구도 알지 못한다. 카슨의 말처럼 생태계는 한편으로 너무나 연약해서 쉽게 파괴되지만, 다른 한편으로는 믿을 수 없을 정도로 튼튼하고 회복력이 강해서 예상치 못한 방식으로 역습해올 수 있는 것이다. 자연을 통제할 수 있다는 인간의 믿음은 섬세하면서도 위대한 자연의 능력을 조금도 알지 못하는 무지하고 경솔

119) 테오 콜본 외, 앞의 책, 206-207쪽.

한 자들의 오만일 따름이다.

3) 과학 기술의 개발과 환경 문제의 해결

과학 기술의 개발을 통해서만 환경 문제를 해결할 수 있다는 사람들이 있다. 인구 증가와 변화된 지구 환경을 고려할 때 친환경적인 과학 기술의 개발을 통해서만 환경 문제를 해결할 수 있다는 것이다. 하지만 문제는 어떤 기술이 '친환경적'이라는 것을 우리가 어떻게 알 수 있느냐 하는 것이다. 과거의 경험을 회고해 보자. 소위 '해충'을 박멸한다고 살충제를 마구 뿌려댔지만, 해충은 살충제 살포 후 생존 능력이 더 강해져서 이전보다 오히려 그 수가 더 많아졌다. 그리고 살충제에 포함된 화학 물질들은 인간을 비롯한 동식물의 체내에 쌓여 자연 환경을 오염시키고 인간마저 질병과 죽음으로 몰고 가고 있다. 카슨의 말처럼 곤충을 향해 겨누었다고 생각하는 무기가 사실은 이 지구 전체를 향하고 있었던 것이다.

CFC의 경우와 같이 우리가 가장 안전하다고 생각했던 화학 물질이 가장 위험한 것으로 판명날 수도 있다. 그러한 화학 물질을 덜 해롭다고 여겨지는 새로운 화합 물질로 대치하려고 시도할 수도 있다. 하지만 예컨대 오존층에 안전하다고 제안된 대체 화합물도 열을 발산하지 않는 성질 때문에 온실 효과를 촉진시켜 다른 위험을 야기한다는 것이 판명되었다. 즉, 능히 다른 예상치 못한 결과를 일으킬 수 있는 것이다. 인류가 치달리며 개발해 온 새로운 과학 기술들은 전체 인류 중 극히 일부에게는 더할 나위 없는 부와 안락을 주었다. 그러나 새로운 과학 기술은 한

세대가 지나서야 그 분명한 효과(극히 해로울 수 있는)가 드러나는 면을 가지고 있으며, 그때가 되어 그 기술을 되돌리기에는 너무 늦을 것이다. 새로운 과학 기술은 전 지구에 영향을 미치는 효과를 가지고 있기 때문이다. 유전자 조작된 생물체를 환경에 풀어놓는 위험에 의문이 제기될 때, 우리들의 용감한 유전공학 개척자와 그 지지자들은 새로운 기술로 인하여 얻을 수 있는 인류(?)의 이익을 위하여 우리 사회가 과감할 필요가 있으며 불확실성이 다소 있다손 치더라도 신기술 개발에 적극적으로 투자해야 한다는 주장을 제기하곤 한다. 그렇지만 무고한 우리(생태계를 포함하여)가 왜 그 소수의 경솔하고 어리석은 이들 때문에 돌이킬 수 없는 피해를 당해야 하는가? 콜본은 우리가 안개 속에서 한치 앞을 못 보는 과학자들에게만 의존한 채 이리저리 맹목비행을 하고 있다고 경고한다.

> 우리가 직면한 문제는 우리의 기술적 만용과 생명을 유지하는 생명계에 대한 이해 사이에 있는 이 단절에서 비롯된다. 우리는 놀라운 속도로 새 기술을 고안해내고 전 지구적인 엄청난 규모로 그것을 받아들이고 난 후, 한참 지나서야 지구 생태계나 우리에게 미치는 영향을 측량하기 시작한다. 우리는 모험의 핵심에 있는 위험한 무지는 인정하지 않으면서 미래를 향해 대담하게 나아간다. … 우리의 딜레마는 지도나 안내서 없이 안개 속에서 비행을 하는 것과 비슷하다. 믿을 만한 레이더를 제공해주는 대신 과학자들은 어떤 방해물을 경고하려고 애쓰며 유리창을 힐끗대고 있다. 그리고 대개의 경우 그들이 할 수 있는 말은 시야에 들어오는 검은 덩어리가 구름이라는 것 정도다. 어쩌면 그것은 산일 수도 있는 것이다.[120)]

---

120) 위의 책, 292-293쪽.

4) 생명 다양성과 문화 다양성의 보존

원시적 농업 시대에 곤충은 농부들에게 별로 고민거리가 아니었다고 한다. 대규모 농지에 단일 작물을 재배하는 일이 늘어나면서 곤충이 문제가 되었다. 해당 지역에는 단일 작물만이 존재하기에 특정한 곤충 개체(다른 작물이 견제하던)의 수가 폭발적으로 증가할 수 있는 환경이 조성되는 것이다. 자연 환경 속에 있는 다양한 생물들은 서로 견제하면서 균형을 유지한다. 그리고 인간은 단일 작물 경작으로 인하여 이러한 견제와 균형을 깨뜨려버리는 것이다. 이러한 파괴 행위를 하지 않고 자연을 변화시키려면, 생명체와 환경의 특성 및 상호 관계에 대한 깊은 지식이 우선적으로 갖추어져 있어야 한다.

윤리의 꽃은 역지사지의 정신이다. 내가 소속한 사회의 다른 구성원, 그리고 내가 소속한 자연계의 다른 구성원의 입장이 되어 생각해보는 것은 그들을 내가 대우받기를 바라는 대로 대우해야 한다는 소명 의식을 우리에게 줄 수 있다. 여기에 열거한 여러 유형의 환경 문제들은 바로 우리에게 우리가 자연을 대상으로 삼는 존재가 아니라 자연의 일부에 불과한 것임을 똑똑히 가르치고 있다. 우리는 우리가 자연에 대하여 안다는 사실보다는 모르는 것이 훨씬 더 많다는 사실을 깨달아 자연의 순리를 거스르는 오만과 방자함에 사로잡히지 말아야 한다. 이 세상은 인간만의 것이 아니라 모든 생물이 공유하는 것이다. 우리는 살아 있는 생물과 관계를 맺으며, 생물은 서로 밀고 밀리면서 전진과 후퇴를 거듭한다. 우리는 생명계의 조화를 위하여 생물이 지닌 힘을 고려하고 그 생명력을 호의적인 방향으로 인도하려고 해야 한다.

멈추어 서서 과학 기술의 무서운 질주 앞에 무시해버렸던 윤리적인 물음을 던져볼 수 있다. 지구 환경을 바꾸는 우리의 행위는 정당한가? 정당하지 않다고 생각한다면 화학 물질을 줄이고 대기 오염을 줄이며 유전자 조작된 생명체를 엄격하게 통제하여야 한다. 또한 삼림을 보호하고 삼림 파괴의 원인이 되는 물질적 부의 불균형으로 비롯한 남북의 차이를 줄여나가도록 노력해야 한다. 이러한 일을 벌이기 위하여 관련 기업이나 정부나 과학기술자나 환경론자를 넘어서는 지혜롭고 선의에 찬 모든 이들이 참여하는 광범위한 논의를 시작할 수 있다. 이 논의에는 인간 경험과 지혜의 풍부함과 다양성을 반영하는 모든 이들이 참여할 수 있을 것이다.

지구촌이 한 문화가 됨으로써 과학 기술을 주축으로 한 환경 파괴가 가속화되었다면, 생명 다양성만큼이나 문화 다양성을 보전하려는 노력을 경주할 수 있을 것이다. 다양한 문화적 시각이 존재하지 않는다면, 우리의 문화를 비판적으로 바라볼 수 없기 때문이다. 이러한 반성적 시각에서 우리는 우리의 시대가 배출한 여러 사회 제도들을 재구성할 필요가 있다. 현실적으로 인간의 기본적인 욕구를 만족시키면서도 지구 생태계가 온전하게 보전될 수 있는 안전하고 현명한 길을 찾아내야 한다. 과학적 지식의 가치를 무시하지 않으면서도 우리가 그렇게 많이 알고 있는 것은 아님을 항상 자각하고 있어야 한다. 캘리콧은 이러한 자각이 오직 다양성 속에서 이루어질 수 있다고 논하고 있다.

유전학적인 다양성은 종이 생존하는 데 필수다. 어떤 농업 재해가 어느 한 종을 덮치는 경우를 가정하자. 예를 들어, 어떤 전염병이 생명력이 강한 새로운 균주에게서 퍼져나간다면, 유전학적으로 변화된 2차 집단은 생명력 강한 개체들을 포함하고 있을 가능성이 많다. 그리고 이 개체들은 생존 번식하여 그 집단의 수를 이전 상태로 회복하기 시작할 것이다. 이와 마찬가지로, 대단히 복잡하고 따라서 대단히 허약한 지구촌 문화가 마침내 붕괴될 경우에, 문화적 다양성은 호모사피엔스의 멸종을 막아주는 방벽이 되어줄 것이다. 만일 화학 비료나 경운기를 사용하지 않고 농사짓는 법을 아는 사람이 한 명도 남지 않게 된다면, 활과 화살로 사냥하는 법을 아는 사람이 한 명도 남지 않게 된다면, 독침을 쏘기 위해 입으로 대롱을 부는 방법이나 막대기 두 개로 혹은 부싯돌 하나와 금속으로 불을 피우는 방법을 아는 사람이 한 명도 남지 않게 된다면 어떤 일이 벌어질까? 만일 우리가 이미 완성되어 있는 음식을 전자레인지에 다시 데우고, 자동차를 운전하고, 인터넷 웹사이트를 항해하고, 휴대폰을 이용하는 것 말고는 아무것도 할 줄 아는 일이 없게 된다면, 위기가 도래할 때 호모사피엔스라는 존재는 갑자기 사라져버릴 수도 있다.[121)]

121) 캘리콧(Baird Callicott) 외 2000, 『자연은 살아 있다』, 윤미연 역, 창해, 2004, 125쪽.

참고 문헌

공지영, 「살인범에게 가장 큰 벌이 과연 '죽음'일까」, 『프레시안』 2005. 5. 22일자.
김국현, 『과학 기술과 윤리』, 정림사, 2001.
김대공, 「정직한 과학에 부도덕한 과학자?」, 『과학동아』(2002. 11월).
김명진, 『대중과 과학 기술』, 잉걸, 2001.
______, 「현대 사회에서 과학-기술-사회의 관계」, 서강대 과학기술강좌, 1996.
______, 「농업 생명공학, 무엇이 문제인가?」, 『성균』 제65호(1999년 여름).
______, 「한국의 과학 윤리 현황과 앞으로의 과제」, 『과학사상』 제43호, 2002.
______, 「황우석 사건과 연구 부정 행위에 대한 대응」, 『시민과학』 제59호 (2006. 3/4).
김영식, 「한국 과학의 특성과 반성」, 『근현대 한국 사회의 과학』, 창작과비평사, 1998.
______, 『한국의 과학 문화 그 현재와 미래』, 생각의 나무, 2003.
김영진, 『한국인을 위한 윤리와 논리』, 철학과현실사, 2000.
김옥주, 「뉘른베르그 강령과 인체 실험의 윤리」, 『의료·윤리·교육』 제5권 제1호, 2002년 6월.
김진, 「과학 및 공학과 윤리의 만남」, 『공학윤리』, 철학과현실사, 2003, 15-44쪽.
김진 외 9인, 『공학윤리』, 철학과현실사, 2003.

김환석, 「과학 기술 시대의 연구 윤리」, 『토지문화관자료실』, 2001.
도성달 · 박찬구 · 추병완 · 유병열 · 김복수, 『과학 기술 시대의 삶의 양식과 윤리』, 정신문화연구원 엮음, 울력, 2002.
디클랜 버틀러(Declan Butler) · 토니 렐치하트(Tony Relchhardt) 1999, 「농업에서의 생물 다양성에 가해지는 위협을 평가한다」, 『시민과학』 제9호, 1999년 8월, 15-18쪽.
레이첼 카슨(Rachel Carson) 1962, 『침묵의 봄(*Silent Spring*)』, 김은령 역, 에코리브르, 2002.
K. Z. 로렌츠, 『재미있는 동물 이야기』, 정성호 역, 오늘, 1993.
로리 앤드루스(Lori B. Andrews) · 도로시 넬킨(Dorothy Nelkin) 2001, 『인체 시장(*Body Bazaar*)』, 김명진 · 김병수 역, 궁리, 2006.
로버트 K. 머튼 1973, 『과학사회학(*The Sociology of Science*)』, 석현호 외 2인 역, 민음사, 1998.
박성래, 『다시 보는 민족 과학 이야기』, 두산동아, 2002.
박종현 편역, 『플라톤의 네 대화편 — 에우티프론, 소크라테스의 변론, 크리톤, 파이돈』, 서광사, 2003.
W. 브로드(Broad) · N. 웨이드(Wade), 『과학사에 오점을 남긴 배신의 과학자들(*Betrayers of the Truth*)』, 박익수 역, 겸지사, 1996.
송성수 편, 『우리에게 기술이란 무엇인가』, 녹두, 1995.
________, 『과학 기술은 사회적으로 어떻게 구성되는가』, 새물결, 1999.
스노우(C. P. Snow) 1959, 「두 문화와 과학 혁명」, 『두 문화(*The two cultures*)』, 오영환 역, 민음사, 1996.
신상구, 「제2차 함춘 강좌」, 서울대 병원 임상의학연구소, 1999. 12. 12일자.
알도 레오폴드(Aldo Leopold), 『모래 군의 열두 달』, 송영규 역, 따님, 2000.
유네스코한국위원회, 『과학 기술과 인권』, 당대, 2001.
윌리엄 프랑케나(William Klaas Frankena) 1963, 『윤리학(*Ethics*)』, 황경식 역, 철학과현실사, 2003.
임종식, 『생명의 시작과 끝』, 로뎀나무, 1999.
이중원 · 홍성욱 · 임종태 엮음, 『인문학으로 과학 읽기』, 실천문학사, 2004.
이영완, 「세계적 과학자 세상을 속이다」, 『과학동아』(2002년 10월).
이충웅, 『과학은 열광이 아니라 성찰을 필요로 한다』, 이제이북스, 2005.
제임스 레이첼즈(James Rachels), 『도덕철학(*The Elements of Moral Philosophy*)』, 김기순 역, 서광사, 1986. 80-81쪽.

캘리콧(Baird Callicott) 외 2000, 『자연은 살아 있다』, 윤미연 역, 창해, 2004.
테오 콜본(Theo Colborn) · 다이앤 듀마노스키(Dianne Dumanoski) · 존 피터슨 마이어(John Peterson Myers) 1996, 『도둑 맞은 미래(*Our Stolen Future*)』, 권복규 역, 사이언스 북스, 1997.
페르난도 사바테르, 『청소년을 위한 이야기 윤리학』, 안성찬 역, 웅진닷컴, 2005.
플라톤, 『크리톤』, 『플라톤의 네 대화편(에우티프론, 소크라테스의 변론, 크리톤, 파이돈)』, 박종현 역주, 서광사, 2003, 191-245쪽.
최종덕 2005, 「과학 지식도 사회 지식이다」, <education.sangji.ac.kr>.
하인리히 창클(Heinrich Zankl) 2003, 『과학의 사기꾼(*Falscher, Schwindler, Scharlatane*)』, 도복선 역, 시아출판사, 2006.
한면희, 『초록문명론』, 동녘, 2004.
한면희 외, 『현대 사회와 윤리』, 철학과현실사, 1999.
C. E. 해리스 1986, 『도덕 이론을 현실 문제에 적용시켜 보면(*Applying Moral Theories*)』, 김학택 · 박우현 역, 서광사, 1994.
해리 콜린스(Harry Collins) · 트레버 핀치(Trevor Pinch) 1998, 『골렘(*The Golem*)』, 이충형 역, 새물결, 2005.
홍경남, 『일반 논리학』, 성균관대 출판부, 2006.
홍성욱, 『과학은 얼마나』, 서울대 출판부, 2004.
홍영석, 『과학 기술의 윤리성』, 교우사, 2002.
힐러리 퍼트남 2004, 『존재론 없는 윤리학』, 홍경남 역, 철학과현실사, 2006,

Alfven, Hannes, "Science, Progress and Destruction", *Ethics for Science Policy : Proceedings of a Nobel Symposium*, (ed.) Segerstedt, Torgny, Pergamon Press, 1979, pp.153-159.
Annas, George J., and Grodin, Michael A., (eds.), *The Nazi doctors and the Nuremberg Code : human rights in human experimentation*, Oxford Univ. Press, 1992.
Anscombe, G. E. M., *Ethics, Religion and Politics*, Basil Blackwell, 1981.
__________, "War and Murder", *Ethics, Religion and Politics*, Basil Blackwell, 1981, pp.51-61.
__________, "Mr Truman's Degree", *Ethics, Religion and Politics*, Basil Blackwell, 1981, pp.62-71.

__________, "The Justice of the Present War Examined", *Ethics, Religion and Politics*, Basil Blackwell, 1981, pp.72-81.
Baghramian, Maria, *Relativism*, Routledge, 2004.
Bayertz K., *Genethics*. Cambridge University Press, 1994.
Benkler, Yochai, "Commons-Based Strategies and the Problems of Patents", *Science* 305, 20 August 2004, pp.1110-1111.
Callicott, J. Baird, "The Conceptual Foundations of the Land Ethic", *Companion to a Sand County Almanac : Interpretive and Critical Essays*, (ed.) J. Baird Callicott, University of Wisconsin Press, 1987, pp.186-214.
Davidson, Elizabeth W. et al., "Data Manipulation in the Undergraduate Laboratory : What Are We Teaching?", *Proceedings of the First International ORI Research Conference on Research Integrity*, Nov 2000.
Donagan, Alan, *The Philosophical Papers of Alan Donagan Volume II*, (ed.) Malpas, J. E., The Univ. of Chicago Press, 1994.
__________ 1977, "Informed Consent in Therapy and Experimentation", *The Philosophical Papers of Alan Donagan Volume II*, (ed.) Malpas, J. E., The Univ. of Chicago Press, 1994, pp.169-193.
__________ 1988, "The Relation of Moral Theory to Moral Judgments : A Kantian Review", *The Philosophical Papers of Alan Donagan Volume II*, (ed.) Malpas, J. E., The Univ. of Chicago Press, 1994. pp.194-216.
__________ 1989, "Philosophical Ethics : What It Is and What It Should Be", *The Philosophical Papers of Alan Donagan Volume II*, (ed.) Malpas, J. E., The Univ. of Chicago Press, 1994, pp.262-282.
Frankena, W. K., "The Naturalistic Fallacy", *Mind*, 1939, pp.464-477.
Friedman, Paul J., "An Introduction to Research Ethics", *Science and Engineering Ethics*, 2 : 4(1996), pp.443-456.
Fromm, Erich Pinchas, *Man for himself : an inquiry into the psychology of ethics*, Henry Holt and Company, 1946.
Glannon, Walter, *Biomedical Ethics*, Oxford University Press, 2005.
Grodin, Michael A., "Historical Origins of the Nuremberg Code", *The Nazi Doctors and the Nuremberg Code : human rights in human experimentation*, (eds) Annas, George J., and Grodin, Michael A., Oxford Univ.

Press, 1992, pp.121-144.
Harman, Gilbert, *Explaining Value*, Clarendon Press, 2000.
Hume, David, *A Treatise of Human Nature*, Clarendon Press, [1739]1978.
Jensen, Soren, "Report of a New Chemical Hazard", *New Scientist*, Vol. 32 (1966), p.612.
Kant, Immanuel, *Grundlegung zur Metaphysik der Sitten*, 2d ed. (Riga : J. F. Hartknoch, 1786).
Lafollette H. ed., *The Oxford Handbook of Practical Ethics*, Oxford University Press, 2003.
Lederer, Susan E., *Subjected to Science : Human Experimentation in America before the Second World War*, Johns Hopkins Univ. Press, 1995.
Leopold, Aldo, "The Land Ethic", *A Sand County Almanac with Other Essays on Conservation from Round River*, Oxford Univ. Press, 1949.
J. L. Mackie 1977, *Ethics : Inventing Right and Wrong*, Penguin Books, 1990.
Merges, Robert P., "Property Rights Theory and The Commons : The Case of Scientific Research", *Social Philosophy and Policy*, 1996, pp.145-167.
O'Connor, D. J., *Aquinas and Natural Law*, Macmillan, 1968.
Plato, Protagoras, *The Collected Dialogues of Plato*, (eds.) Edith Hamilton and Huntington Cairns, Princeton Univ. Press, 1982, pp.308-352.
____, *Phaedrus, The Collected Dialogues of Plato*, (eds.) Edith Hamilton and Huntington Cairns, Princeton Univ. Press, 1982, pp.475-525.
Patterson, Orlando, "Guilt, Relativism, and Black-White Relations", *The American Scholar* 43(1), 1973.
Pappworth, Maurice Henry, *Human Guinea Pigs : Experimentation on Man*, Beacon Press, 1968.
Putnam, Hilary, *The Collapse of the Fact / Value Dichotomy*, Harvard Univ. Press, 2002.
Regan, Tom, "The Case for Animal Rights", *Defense of Animals*, (ed.) Singer, Peter, Basil Blackwell, 1985, pp.13-26.
Resnik, David B., *The Ethics of Science*, Routledge, 1998.
Rollin, Bernard E., *Science and Ethics*, Cambridge, 2006.
Rolston, Holmes, III, "Environmental Ethics : Values in and Duties to the Natural World", *Ecology, Economics, Ethics : The Broken Circle*, (eds.)

Bormann, F. Herbert, and Kellert, Stephen R., Yale Univ. Press, 1991, pp.82-96.

Segerstedt. Torgny., ed., *Ethics for Science Policy : Proceedings of a Nobel Symposium*, Pergamon Press, 1979.

Singer, Peter, *Practical Ethics*, Cambridge Univ. Press, 1979.

__________ 1973, “Animal Liberation”, *The New York Review of Books*, April 5, 1973.

Sokal, Alan, “Transgressing the Boundaries : Towards a Transformative Hermeneutics of Quantum Gravity”, *Social Text* No. 46 / 47, 1996, pp.217-252.

Sylvan, Richard 1973, “Is There a Need for a New, an Environmental Ethic?”, *Proceedings of the XV World Congress of Philosophy*, No. 1, Varna, Bulgaria, 1973, pp.205-210.

Taylor, Telford, “Opening Statement of the Prosecution December 9, 1946”, *The Nazi Doctors and the Nuremberg Code : human rights in human experimentation*, (eds.) Annas, George J., and Grodin, Michael A., Oxford Univ. Press, 1992, pp.67-93.

Taylor, Paul W. 1981, “The Ethics of Respect for Nature”, *Environmental Ethics* Vol. 3 No. 3 (Fall 1981), pp.197-218.

Thomson, Anne, *Critical Reasoning in Ethics*, Routledge, 1999.

Thompson, P. B., *The Spirit of the Soil : Agriculture and Environmental Ethics.*, Routeledge, 1995.

Vandeveer, D., and Pierce, C., *The Environmental Ethics & Policy Book.* Wadsworth, 2003.

vom Saal, Fred, “The intrauterine position phenomenon : effects on physiology, aggressive behavior and population dynamics in house mice”, *Biological Perspectives on Aggression*, (eds.) Flannelly, K. et al., 1984.

Westermarck, Edward, *Ethical Relativity*, Harcourt, 1932.

Zimmerman, Michael E. (ed.), *Environmental Philosophy*. Prentice Hall, 1993.

『참세상』(2006. 3. 28일자), <http://www.newscham.net>.

『한겨레』 신문(2006. 2. 6일자).

Nature 438, 03 Nov 2005, p.7.

Nature 439, 19 Jan 2006, pp.248-249.

Science 311, 03 Feb 2006, p.595.

<http://blog.naver.com/lsh108/120001919616>, 「저온 핵융합의 현주소」.

<http://blog.navet.com/orthospine/120017316642>, Bankert, Elizabeth · Cooper, Jeffrey A., "History and Ethical Principles."

<www.natur.com/wcs/m12s.html>, "Declaration on Science and the Use of Scientific Knowledge", *UNESCO ICSU World* Conference on Science, Budapest, Hungary, 1999.

<http://ca.encarta.msn.com> Greenhouse Effect.

<http://en.wikipedia.org/wiki/Diethylstilbestrol>

<http://en.wikipedia.org.wiki/Tuskegee Syphilis Study>

<http://essay.studyarea.com/Old-Essay/science/a-bomb.html>

<http://ohsr.od.nih.gov/guidelines/belmont.html>

<http://ori.dhhs.gov/documents>

<http://ourstolenfuture.org/NewScience/reproduction/wombmate.htm>

<http://www.biodiv.org/biosafety/protocol.shtml>

<http://www.biodiv.org/convention/convention.shtml>

<http://www.foxriverwatch.com/monsanto2a-pcb-pcbs.html> pcb의 역사.

<http://www.wma.net/e/policy/b3.html>

찾아보기

□ 지은이/홍경남

성균관대 철학과를 졸업하고 같은 대학원에서 지각 이론에 관한 논문으로 박사 학위를 받았으며, 지금은 성균관대에서 강의하고 있다. 주요 논문으로는 「개념주의와 표상주의」, 「시 지각 이론에서 지각 주체의 지위에 관하여」 등이 있으며, 저서로는 『일반논리학』, 역서로는 『존재론 없는 윤리학』이 있다.

과학 기술과 사회 윤리

초판 1쇄 인쇄 / 2007년 1월 15일
초판 1쇄 발행 / 2007년 1월 20일

■

지은이 / 홍 경 남
펴낸이 / 전 춘 호
펴낸곳 / 철학과현실사
서울특별시 서초구 양재동 338의 10호
전화 579—5908～9

■

등록일자 / 1987년 12월 15일(등록번호 : 제1—583호)

■

ISBN 89-7775-612-X 03190
*잘못된 책은 바꾸어 드립니다.

값 15,000원